高等职业教育教材

供临床、护理、口腔、药学、影像、检验等专业使用

生物化学

第三版

李玉白 主编

化学工业出版社
·北京·

内容简介

《生物化学》共计十章,主要内容包括:绪论、蛋白质化学、酶与维生素、生物氧化、糖代谢、脂类代谢、氨基酸代谢、核酸代谢与蛋白质的生物合成、肝胆生物化学、水盐代谢和酸碱平衡,并附有生物化学实验指导。为便于学生复习和掌握所学知识,除第一章绪论外,其余各章后都有本章知识要点、复习导图和目标检测。全书内容通俗易懂、简洁明了,基础知识够用、实用,重点突出,特色鲜明。另外,本书配套有相关知识内容的数字资源(阅读材料、教学课件等),通过扫描书中二维码即可获取。

本教材供全国高等职业技术学院、中等职业技术学校、高等医学成人教育学院的临床医学、护理、医学生物技术、医学影像技术、口腔医学技术、药学、医学检验技术、食品药品管理类、食品工业类等专业学生使用。

图书在版编目(CIP)数据

生物化学 / 李玉白主编. — 3版. — 北京:化学工业出版社,2022.8(2023.9重印)
高等职业教育教材
ISBN 978-7-122-41423-6

Ⅰ.①生… Ⅱ.①李… Ⅲ.①生物化学-高等职业教育-教材 Ⅳ.①Q5

中国版本图书馆 CIP 数据核字(2022)第 082208 号

责任编辑:旷英姿　王　芳　　　　　　　　　装帧设计:史利平
责任校对:王　静

出版发行:化学工业出版社(北京市东城区青年湖南街13号　邮政编码100011)
印　　装:大厂聚鑫印刷有限责任公司
787mm×1092mm　1/16　印张 13¼　字数 322 千字　2023 年 9 月北京第 3 版第 3 次印刷

购书咨询:010-64518888　　　　　　　　　售后服务:010-64518899
网　　址:http://www.cip.com.cn
凡购买本书,如有缺损质量问题,本社销售中心负责调换。

定　　价:39.00元　　　　　　　　　　　　　　　　　版权所有　违者必究

编写人员

主　编　李玉白
副主编　高　岭
编　者　（以姓名笔画为序）
　　　　王　宇　辽宁科技学院
　　　　李　平　湖南环境生物职业技术学院
　　　　李玉白　湖南环境生物职业技术学院
　　　　陈　晗　荆楚理工学院
　　　　陈加红　杭州万向职业技术学院
　　　　陈武哲　永州职业技术学院
　　　　罗海勇　湖南环境生物职业技术学院
　　　　高　岭　日照职业技术学院

前　言

《生物化学》第一版于 2009 年出版，第二版于 2013 年出版，教材在使用过程中深受广大师生的好评与肯定，2015 年获"中国石油和化学工业优秀出版物奖（教材奖）"一等奖。鉴于"互联网＋"教育背景及生物化学和分子生物学的迅速发展以及我国医学高职高专教育改革和发展的需要，现对其内容进行更新和调整。

本次修订在保留原来基本框架与内容基础之上，结合教学方法改革，融合互联网新技术，进行了"纸质教材＋数字课程"内容一体化设计，创新了内容与形式，丰富了教学内容载体和表现形式，既适应了"互联网＋"教育模式和生物化学学科的发展，又符合医学高职高专学生培养目标。为此，本次修订我们对内容和形式进行了以下整合和完善。

1. 删减部分内容：①精简代谢化学变化过程的描述，强调其生物学与医学意义。②删除了临床生化检验基础，这部分内容在生物化学检验等课程中有详细介绍。删去目前在临床上应用较少的实验方法，删除实践应用不广的实验项目。

2. 补充部分内容：①补充新知识、新概念，充分反映生物化学的最新进展及其在现代医学研究中的地位与作用，体现分子生物学领域新成果。②每章增设考点提示、复习导图并在每章末补充了知识要点的归纳，以突出医学高职高专特点。③教材配套相关阅读材料和教学内容的 PPT。扫描书中二维码，即可阅读查看。

3. 调整部分内容结构：如糖代谢、脂肪酸代谢中的能量计算方法，按照目前最新的理论逐一修订。将维生素一章并入酶，更好地体现酶与维生素的关系及维生素在人体内的作用。

4. 调整编写格式："知识要点"将全章知识重点作了归纳，"考点提示"更明确地指出学习要点，"复习导图"将全章知识脉络清晰展现。"阅读材料"注重临床或现代生物技术知识的引进，进一步拓展了学生的视野，"目标检测"增加了实例分析等与临床紧密相关的内容，有利于培养学生分析问题和解决问题的能力。

本教材由李玉白担任主编并负责全书统稿。全书编写分工如下：陈武哲编写第一章，高岭编写第二章，李玉白编写第三章、全书各章目标检测、全书各章的知识要点、考点提示、复习导图及制作本教材的配套 PPT。工宇编写第四章、第八章，罗海勇编写第五章、第七章，陈晗编写第六章、第九章，陈加红编写第十章，李平编写实验指导部分。

由于我们学术水平有限，教材可能存在诸多不足之处，期盼同行专家、使用本教材的师生和读者批评、指正。

编　者
2022 年 5 月

第一版前言

本教材按照全面推进素质教育和21世纪职业教育课程改革的总体要求，根据《教育部关于加强高职高专教育人才培养工作的意见》，以"需用为准、够用为度、实用为先"为原则编写。重点围绕以就业为导向，以岗位需求为标准，培养技能型高素质劳动者的人才培养目标，体现以能力为本位，以发展技能为核心的职教理念。供高等职业技术学院、中等职业技术学校、高等医学成人教育学院等各专业学生使用。

本教材共12章，并附有10个实验。在编写中力求做到内容精练、通俗易懂，便于教与学。与其他生物化学教材比较，本教材根据新形势下职业教育培养目标降低了理论难度，补充临床生化基础知识，增加实用的实验指导内容，适当联系与临床或现代生物技术有密切联系的成熟的有关生化的新进展，努力培养学生的创新思维和实践能力。每章后附有具有特色的相关阅读材料。

为了适应不同专业的教学需要，对教学内容尽量重视理论与实践相结合，突出实用性。各院校可根据具体情况选择使用教学内容。

本教材由李玉白主编、高岭副主编。全书编写分工如下：陈武哲编写第一章，高岭编写第二、第三章，王宇编写第四、第八章，徐雄波编写第五、第七章，陈晗编写第六、第九章，陈加红编写第十、第十一章，李玉白编写第十二章，生物化学实验由全体人员参与编写。全书由李玉白统稿。本教材编写中，全体编者都付出了艰辛的劳动，在此深表谢意。

由于学识水平有限，书中疏漏和不妥之处在所难免，敬请同行专家和使用本教材的师生批评指正。

编 者
2009年2月

第二版前言

本教材按照全面推进素质教育和21世纪职业教育课程改革的总体要求,根据《教育部关于加强高职高专教育人才培养工作的意见》,以"需用为准、够用为度、实用为先"为原则编写。重点围绕以就业为导向,以岗位需求为标准,培养技能型高素质劳动者的人才培养目标,体现以能力为本位,以发展技能为核心的职教理念。供高等职业技术学院、中等职业技术学校、医学高等专科学校及成人教育学院生物技术、临床医学、护理、医学技术、卫生管理类等专业学生使用。

本教材共12章,并附有10个实验。在编写中力求做到内容精练、通俗易懂,便于教与学。与其他生物化学教材比较,本教材根据新形势下职业教育培养目标降低了理论难度,补充临床生化基础知识,增加实用的实验指导内容,适当联系与生物技术、临床医学等专业有密切联系并成熟的有关生物化学的新进展,努力培养学生的创新思维和实践能力。每章后附有具有特色的相关阅读材料。为方便教学,本书还配有电子课件。

为了适应不同专业的教学需要,对教学内容尽量重视理论与实践相结合,突出实用性。各院校可根据具体情况选择使用教学内容。

本教材由李玉白担任主编、高岭担任副主编,李玉白负责全书统稿。全书编写分工如下:陈武哲编写第一章,高岭编写第二、第三章,王宇编写第四、第八章,徐雄波编写第五、第七章,陈晗编写第六、第九章,陈加红编写第十、第十一章,李玉白编写第十二章,罗海勇编写各章习题,生物化学实验由全体人员参与编写。全书由李玉白统稿。本教材编写中,全体编者都付出了艰辛的劳动,在此深表谢意。

本教材自2009年8月第一次印刷使用以来,得到了广泛的认可。在本次教材的修订过程中同时得到了化学工业出版社及各参编单位的大力支持和帮助,在此一并表示感谢。在今后的教学使用过程中,我们欢迎各校教师继续就有关内容提出修订、补充以及更新的意见和建议。

编 者
2013年1月

目 录

第一章　绪论 ········· 1
一、生物化学的任务 ········· 1
二、生物化学的主要内容 ········· 1
三、生物化学的发展 ········· 2
四、生物化学与医学的关系 ········· 3
五、生物化学的应用和发展前景 ········· 3

第二章　蛋白质化学 ········· 5
第一节　蛋白质的分子组成 ········· 5
一、蛋白质的组成元素 ········· 5
二、蛋白质的基本组成单位——氨基酸 ········· 5
三、肽键连接氨基酸——肽 ········· 10
第二节　蛋白质的分子结构 ········· 12
一、蛋白质的一级结构 ········· 12
二、蛋白质的二级结构 ········· 12
三、蛋白质的三级结构 ········· 14
四、蛋白质的四级结构 ········· 16
第三节　蛋白质结构与功能的关系 ········· 16
一、一级结构决定蛋白质的构象 ········· 16
二、构象决定蛋白质的功能 ········· 16
第四节　蛋白质的分类 ········· 18
一、按组成分类 ········· 18
二、按形状分类 ········· 19
第五节　蛋白质的理化性质 ········· 19
一、蛋白质的两性解离 ········· 19
二、蛋白质的高分子性质 ········· 20
三、蛋白质的沉淀 ········· 20
四、蛋白质的变性 ········· 21
五、蛋白质的吸收光谱及呈色反应 ········· 22
本章知识要点 ········· 23
复习导图 ········· 23
目标检测 ········· 23

第三章　酶与维生素 ········· 25
第一节　酶的催化作用特点 ········· 25
一、酶易失活 ········· 25
二、酶具有极高的催化效率 ········· 25
三、酶具有高度的专一性 ········· 26
四、酶活性受调节和控制 ········· 27
第二节　酶的结构与功能 ········· 28
一、酶的化学组成 ········· 28
二、酶的分子构成 ········· 28
三、酶的活性中心 ········· 29
四、酶原与酶原的激活 ········· 30
五、同工酶 ········· 31
第三节　影响酶促反应速率的因素 ········· 32
一、底物浓度 ········· 32
二、酶浓度 ········· 33
三、pH ········· 34
四、温度 ········· 34
五、激活剂 ········· 35
六、抑制剂 ········· 35
第四节　酶的命名与分类 ········· 37
一、酶的命名 ········· 37
二、酶的分类 ········· 37
第五节　酶与医学的关系 ········· 38
一、酶与疾病的关系 ········· 38
二、检测酶辅助诊断 ········· 39
三、酶制品治疗疾病 ········· 40
第六节　维生素 ········· 40
一、维生素概况 ········· 40
二、脂溶性维生素 ········· 42
三、水溶性维生素 ········· 44
本章知识要点 ········· 50
复习导图 ········· 51
目标检测 ········· 51

第四章　生物氧化 ……………………………………………………………………………… 53

第一节　生物氧化概述 …………………… 53
一、生物氧化的概念 …………………… 53
二、生物氧化的特点 …………………… 53
三、生物氧化反应的类型 ……………… 54

第二节　生物氧化中 CO_2 的生成 ………… 54
一、体内生成 CO_2 的特点 …………… 55
二、有机酸的脱羧方式 ………………… 55

第三节　生物氧化中 H_2O 的生成 ………… 56
一、呼吸链 ……………………………… 56
二、水的生成过程 ……………………… 58

第四节　ATP 的代谢 ……………………… 58
一、ATP 的结构 ………………………… 58
二、ATP 的作用 ………………………… 59
三、ATP 的生成 ………………………… 59

第五节　非线粒体氧化体系和生物转化 …… 60
一、微粒体氧化体系 …………………… 60
二、过氧化物酶体氧化体系 …………… 60

本章知识要点 …………………………… 61
复习导图 ………………………………… 62
目标检测 ………………………………… 62

第五章　糖代谢 …………………………………………………………………………………… 64

第一节　概述 ……………………………… 64
一、糖的消化吸收 ……………………… 64
二、糖的生理功能 ……………………… 65

第二节　葡萄糖分解代谢 ………………… 65
一、糖的无氧酵解 ……………………… 65
二、糖的有氧氧化 ……………………… 69
三、磷酸戊糖途径 ……………………… 73

第三节　糖原的代谢 ……………………… 75
一、糖原合成 …………………………… 75
二、糖原分解 …………………………… 76

第四节　糖异生 …………………………… 77
一、糖异生的基本过程 ………………… 77
二、甘油和乳酸的糖异生途径 ………… 78
三、糖异生的生理意义 ………………… 78

第五节　血糖 ……………………………… 79
一、血糖的来源和去路 ………………… 79
二、血糖浓度的调节 …………………… 79
三、糖耐量及耐糖曲线 ………………… 79
四、高血糖与低血糖 …………………… 80

本章知识要点 …………………………… 81
复习导图 ………………………………… 81
目标检测 ………………………………… 82

第六章　脂类代谢 ………………………………………………………………………………… 83

第一节　概述 ……………………………… 83
一、脂类的分布 ………………………… 83
二、脂类的理化性质 …………………… 83
三、脂类的消化吸收 …………………… 84
四、体内脂类的功用 …………………… 85

第二节　三酰甘油的分解代谢 …………… 86
一、三酰甘油的动员 …………………… 86
二、甘油的氧化分解 …………………… 86
三、脂肪酸的氧化分解 ………………… 87
四、酮体的生成和利用 ………………… 90

第三节　三酰甘油的合成代谢 …………… 92
一、α-磷酸甘油的合成 ………………… 92
二、脂肪酸的合成 ……………………… 93
三、三酰甘油的合成 …………………… 96

第四节　磷脂的代谢 ……………………… 96
一、磷脂的基本结构与分类 …………… 96
二、甘油磷脂的代谢 …………………… 97

第五节　胆固醇的代谢 …………………… 100
一、胆固醇的合成部位和原料 ………… 100
二、胆固醇的合成过程 ………………… 101
三、胆固醇合成代谢的调节 …………… 101
四、胆固醇的酯化、转变与排泄 ……… 102

第六节　血脂及血浆脂蛋白 ……………… 103
一、血脂 ………………………………… 103
二、血浆脂蛋白 ………………………… 104
三、高脂血症与高脂蛋白血症 ………… 107

本章知识要点 …………………………… 107
复习导图 ………………………………… 108
目标检测 ………………………………… 108

第七章　氨基酸代谢 ……………………………………………………………………………… 110

第一节　概述 ……………………………… 110
一、蛋白质的营养作用 ………………… 110

二、蛋白质的消化、吸收与腐败作用 …… 111
　第二节　氨基酸的一般代谢 …………… 112
　　一、氨基酸脱氨基作用 ………………… 112
　　二、氨的代谢 …………………………… 115
　　三、α-酮酸的代谢 ……………………… 119
　　四、氨基酸、糖、脂肪之间的联系 …… 120
　第三节　个别氨基酸的代谢 …………… 120
　　一、氨基酸的脱羧成胺 ………………… 120
　　二、一碳单位代谢 ……………………… 122
　　三、含硫氨基酸的代谢 ………………… 123
　　四、苯丙氨酸和酪氨酸的代谢 ………… 125
　本章知识要点 …………………………… 126
　复习导图 ………………………………… 127
　目标检测 ………………………………… 128

第八章　核酸代谢与蛋白质的生物合成 …… 129
　第一节　核酸化学 ……………………… 129
　　一、核酸的分类与分布 ………………… 129
　　二、核酸的分子组成 …………………… 129
　　三、核酸的分子结构 …………………… 131
　第二节　核苷酸的代谢 ………………… 132
　　一、核苷酸的合成代谢 ………………… 132
　　二、核苷酸的分解代谢 ………………… 133
　　三、核苷酸合成的抑制剂 ……………… 133
　第三节　核酸的生物合成 ……………… 135
　　一、DNA 的复制 ………………………… 135
　　二、RNA 的转录 ………………………… 136
　　三、基因工程与聚合酶链反应 ………… 137
　第四节　蛋白质的生物合成 …………… 137
　　一、RNA 在蛋白质合成中的作用 …… 137
　　二、蛋白质的合成过程 ………………… 139
　　三、蛋白质合成与医学的关系 ………… 140
　本章知识要点 …………………………… 142
　复习导图 ………………………………… 143
　目标检测 ………………………………… 143

第九章　肝胆生物化学 …………………… 145
　第一节　胆汁酸的代谢 ………………… 146
　　一、胆汁 ………………………………… 146
　　二、胆汁酸的代谢 ……………………… 146
　　三、胆汁酸的生理作用 ………………… 148
　第二节　非营养物质的代谢 …………… 149
　　一、生物转化的反应类型 ……………… 150
　　二、生物转化作用的特点 ……………… 152
　　三、影响生物转化作用的因素 ………… 153
　第三节　胆色素代谢 …………………… 153
　　一、血红素的化学 ……………………… 153
　　二、胆红素与黄疸 ……………………… 158
　第四节　肝病的临床生化 ……………… 159
　　一、肝硬化 ……………………………… 159
　　二、酒精性肝病 ………………………… 160
　　三、肝性脑病 …………………………… 161
　本章知识要点 …………………………… 164
　复习导图 ………………………………… 164
　目标检测 ………………………………… 165

第十章　水盐代谢和酸碱平衡 …………… 166
　第一节　体液 …………………………… 166
　　一、体液的含量与分布 ………………… 166
　　二、体液中电解质含量及特点 ………… 167
　　三、体液的交换 ………………………… 168
　第二节　水代谢 ………………………… 168
　　一、水的功用 …………………………… 168
　　二、水的来源与去路 …………………… 169
　　三、婴幼儿水代谢的特点 ……………… 169
　　四、激素的调节 ………………………… 169
　第三节　无机盐代谢 …………………… 170
　　一、无机盐功用 ………………………… 170
　　二、钠、氯、钾、镁的代谢 …………… 170
　　三、钙磷代谢 …………………………… 172
　第四节　微量元素 ……………………… 174
　　一、铁 …………………………………… 175
　　二、体内微量元素的代谢概况 ………… 175
　第五节　酸碱平衡 ……………………… 177
　　一、体内酸性和碱性物质的来源 ……… 177
　　二、酸碱平衡的调节 …………………… 178
　　三、判断酸碱平衡常用的生化指标及其
　　　　临床意义 …………………………… 181
　本章知识要点 …………………………… 182
　复习导图 ………………………………… 183
　目标检测 ………………………………… 183

生物化学实验指导 ······ 185
- 第一部分 实验室规则与安全 ······ 185
  - 一、实验室规则 ······ 185
  - 二、实验室安全 ······ 185
- 第二部分 实验室操作技能 ······ 187
  - 一、分光光度计的使用 ······ 187
  - 二、标准曲线的绘制 ······ 189
  - 三、低速离心机的使用 ······ 190
- 第三部分 实验项目 ······ 190
  - 实验一 温度、pH 对酶促反应的影响 ······ 190
  - 实验二 血清蛋白醋酸纤维薄膜电泳 ······ 192
  - 实验三 比色分析法和 721 分光光度计的使用 ······ 194
  - 实验四 血清丙氨酸氨基转移酶测定（赖氏比色法） ······ 196
  - 实验五 尿酮体定性实验 ······ 196
  - 实验六 胡萝卜素的柱色谱分离法 ······ 197
  - 实验七 血清钙测定（邻甲酚酞络合酮法） ······ 198

参考文献 ······ 201

第一章 绪 论

绪论

【学习目标】

掌握生物化学的定义、内容和任务；了解生物化学的发展简史；熟悉生物化学与其他学科的关系；熟悉其发展应用前景。

生物化学是研究生物体内化学分子与化学反应的科学，从分子水平上探讨生命现象的本质。生物化学主要研究生物体分子结构与功能，物质代谢与调节，以及遗传信息传递的分子基础与调控规律。生物化学的研究主要采用化学的方法与原理，但同时也融入了生物物理学、生理学、细胞生物学、遗传学和免疫学等的理论和技术，使之与众多学科有着广泛的联系与交叉。

一、生物化学的任务

构成生物体最基本的结构单位是细胞。因此，生物化学的任务是从分子水平上来阐述和解释活细胞内和细胞之间的一系列化学反应及其与生命活动的关系，同时将生物化学的理论和规律应用于为人类的身体健康服务，这是每个生物化学工作者肩负的义不容辞的职责。

在生物化学研究过程中，首先应从活细胞中分离、纯化出成千上万种化学分子，从而确定它们的结构与性质，了解它们在体内进行的化学反应以及作用机理等内容，因此是非常艰巨的任务。其次是揭示自然界生命起源的奥秘，此方面的研究更加复杂、艰巨，目前仍然未取得什么进展。

二、生物化学的主要内容

生物化学包含的内容相当广泛。当代生物化学内容归纳为以下三个方面。

1. 生物大分子的结构与功能

所谓生物大分子是指分子量大而结构复杂的分子，是由某些结构单位按一定顺序和方式连接而成的多聚体，分子量一般在一万以上。例如，由核苷酸作为基本组成单位，通过磷酸二酯键形成多聚核苷酸链，即为核酸；氨基酸作为基本单位，通过肽键而形成多肽链，即为蛋白质；淀粉也是由一定的基本单位聚合而成的。一般来说，生物大分子的重要特征是具有信息功能，因此也被称为生物信息分子。

在研究生物大分子过程中，首先要确定其基本结构也就是一级结构，其次更重要的是研究其空间结构及其与功能的关系。例如蛋白质，结构是功能的基础，而功能是结构的表现。同时生物分子的功能还通过分子间的相互识别及相互作用而完成。例如，蛋白质与蛋白质、蛋白质与核酸、核酸与核酸相互联系，在基因表达的调节中起着决定性作用。综上所述，分子结构、分子识别和分子的相互联系是执行生物信息分子功能的基本条件。

2. 物质代谢及调控

物质代谢是指体内物质按一定规律进行的化学反应。正常的物质代谢是生命过程的必备条件，如果物质代谢发生紊乱则可引起疾病的发生，甚至危及生命。物质代谢中绝大部分化学反应是由酶催化而完成的，酶结构及量的变化对物质代谢的调节起着十分重要的作用。此外，细胞信息传递参与多种物质代谢及其相关的生长、增殖、分化等生命过程各环节的调节。

3. 生命信息传递

生命信息传递涉及遗传、变异、生长、分化等多方面生命过程，也与遗传疾病、心血管病、恶性肿瘤等多种疾病发病机制有关。故生命信息传递的研究在生命科学中的地位显得越来越重要。现已确定，DNA是遗传信息的载体，也是遗传的主要物质基础，信息单位就是DNA分子的功能片段。目前，信息分子生物学除进一步研究DNA的结构与功能外，还要研究DNA的复制、RNA的转录及蛋白质的生物合成等生命信息传递过程的机制及信息表达的调控规律。

三、生物化学的发展

生物化学的起始研究可追溯到18世纪，而在20世纪初期作为一门独立的学科得到蓬勃发展，近60年来又有许多重大的进展和突破，可谓是一门既古老又年轻的学科。

我国劳动人民远在古代，就已在生产或医疗和营养等方面的实践中积累了许多有关生物化学的经验，而且有很多发明创造，对生物化学的发展做出了许多贡献。在4000多年前的夏禹时代就已经发明用粮食酿酒，酿酒用的酒母称为曲，即含有大量现在所称的酶。商周时期即公元前12世纪已经知道制造酱、醋和饴的技术。酒、酱、醋、饴都属于发酵酿造业，是利用生物体内的酶所催化的化学反应产物。

20世纪50年代以来，生物化学有了突飞猛进的发展。生物科学的研究已经从过去的整体、组织器官等宏观水平进入现在的亚细胞和分子水平等微观水平，即所谓的分子生物学。许多生命现象的本质可以在分子水平得到阐明，成为人类改造自然和征服自然的有力武器之一。分子生物学通过对蛋白质、酶和核酸等生物大分子的结构和运动规律的研究来探讨生命现象的本质，同时物质代谢途径的研究继续发展，且重点进入代谢调节与合成代谢的研究。例如20世纪50年代后期揭示了蛋白质生物合成途径，确定了由合成代谢与分解代谢网络组成的"中间代谢"概念。这一阶段，细胞内两类重要的生物大分子——蛋白质与核酸，成为研究的焦点。例如50年代初期发现了蛋白质的α-螺旋的二级结构形式；完成了胰岛素的氨基酸全序列分析等。更具有里程碑意义的是 J. D. Waston 和 F. H. Crick 于1953年提出DNA双螺旋结构模型，为揭示遗传信息传递规律奠定了基础，是生物化学发展进入分子生物学时期的重要标志。此后，对DNA的复制机制、DNA转录过程以及各种RNA在蛋白质合成过程中的作用进行了深入研究；提出了遗传信息传递的中心法则，破译了RNA分子中的遗传密码等。这些成果深化了人们对核酸与蛋白质的关系及其在生命活动中作用的认识。20世纪70年代，重组DNA技术的建立不仅促进了对基因表达调控机制的研究，而且使人们主动改造生物体成为可能。由此相继获得了许多基因工程产品，大大推动了医药工业和农业的发展。转基因动植物和基因剔除动物模型的成功建立是重组DNA技术发展的结果。基因诊断与基因治疗也是重组DNA技术在医学领域中应用的重要方面。20世纪80年代，核酶的发现是人们对生物催化剂认识的补充。聚合酶链式反应（PCR）技术的发明，使人们有可能在体外高效率扩增DNA。这些成果是分子生物学发展史上的重大事件。

20世纪末开始的人类基因组计划是人类生命科学中的又一伟大创举。人类基因组计划是描述人类基因组和其他模式生物基因组特征，包括基因组图谱绘制和测序、发展基因组学技术等的一个国际性研究项目。人类基因组计划于20世纪80年代中期提出，1990年正式启动。通过测序技术的不断发展和计算机手段的完善，在实验模式生物（如酵母和线虫）测序的工作基础上，大规模的人类基因组序列于1993年3月开始。人类基因组计划采用了先产生"工作草图"的策略，即获取能覆盖全基因组的有用数据，然后再补充很多未知序列的间隙和经验不确切序列，终于在2001年2月由人类基因组计划和Cerela共同公布了人类基因组草图，这个无疑是人类生命科学历史上的一个重大里程碑。它揭示了人类遗传学图谱的基本特点，将为人类的健康和疾病的研究带来根本性的变革。

我国对生物化学的发展做出了重要贡献。1965年，我国首先利用人工法合成了具有生物活性的胰岛素。1981年，又成功地合成了酵母丙氨酰-tRNA。近年来，我国的基因工程、蛋白质工程、人类基因组计划及新基因的克隆和功能研究等方面获得重大成果，已跻身世界前列。

四、生物化学与医学的关系

生物化学是一门医学的必修课程，讲述正常人体的生物化学以及疾病过程中的生物化学相关问题，与医学有着紧密的联系。生物化学又是生命科学中进展迅速的基础学科，它的理论和技术已经渗透到基础医学和临床医学的各个领域，使之产生了许多新兴的交叉学科，如分子遗传学、分子免疫学、分子微生物学、分子病理学和分子药理学等。从分子水平上阐述疾病的发病机制、药物作用的原理及其在体内的代谢过程等，都应该以生物化学的知识为基础。生物化学还为人体提供认识健康及维持健康的基本知识，提供了解疾病及有效治疗疾病的理论基础知识，即医务工作者接触生物化学知识的两个重要的方面。例如生物化学阐明各种维生素在物质代谢及生命活动中的作用，这就为预防维生素缺乏症，维持人体健康或者治疗有关疾病提供了重要的基本知识。生物化学的研究成果从分子水平上阐明了健康与疾病规律诸多方面的基本问题；同时健康与疾病两个方面的研究又为生物化学提供了广阔的前景。例如异常血红蛋白的研究为血红蛋白结构与功能关系的研究开辟了广阔的前景，而且数百种异常血红蛋白研究所积累的资料又成为从各方面说明血红蛋白结构与功能关系的理论知识。因此，生物化学与医学之间是相互促进、共同发展的。

五、生物化学的应用和发展前景

生物化学在生产和生活中的作用主要体现在以下三方面。

首先是生化知识的应用。随着对生命活动分子机制的逐步了解，人们对各种生理和疾病过程的认识不断深化，并将这些知识应用于医疗保健和工农业生产中。在医学上，人们根据疾病的发展机制以及病原体与人体在代谢上和调控上的差异，设计或筛选出各种高效低毒的药物；按照生长发育的不同需要，配制合理的饮食。在工业生产尤其是发酵工业上，人们根据某种产物的代谢规律，通过控制反应条件，突破其限制步骤的调控，以大量生产所需要的生物产品。利用发酵法成功地生产出维生素C和许多氨基酸就是出色的例证。在农业上，对养殖动物和种植农作物代谢过程的深刻认识，成为制定合理的饲养和栽培措施的依据。人们根据农作物与病虫害和杂草在代谢和调控上的差异，设计各种农药和除草剂。此外，农产品、畜产品、水产品的储藏、保鲜、加工业等已广泛地利用了有关的生化知识。

其次是生化技术的应用。生化分析已经成为现代工业生产和医药实践中常规的检测手段。在工业生产上，利用生化分析检验产品质量，监测生产过程，指导工艺流程的改造。在农业上，利用生化分析进行品种鉴定，促进良种选育。在医学上，生化分析用于帮助临床诊断、跟踪和指导治疗过程，同时还为探讨疾病产生机制和药物作用机制提供了重要的线索。生化分离纯化技术和生物合成技术不仅极大地推动了近代生物化学，特别是分子生物学和生物工程的发展，而且必将给许多传统的生产领域带来一场深刻的变革。

再次是生化产品的广泛应用。这一方面最突出的当首推酶制剂的应用。例如，蛋白酶制剂被用作助消化和溶血栓的药物，还用于皮革脱毛和洗涤剂的添加剂；淀粉酶和葡萄糖异构酶用于生产高果糖浆；纤维素酶用作饲料添加剂；某些固定化酶被用来治疗相应的酶缺陷疾病；一些酶制剂已在工农业产品的加工和改造、工艺流程的革新和"三废"治理中得到应用。各种疫苗、血液制品、激素、维生素、氨基酸、核苷酸、抗生素和抗代谢药物等，已经广泛应用于医疗实践。此外，许多食品添加剂、营养补剂和某些饲料添加剂也是生化制品。

植物的抗寒性、抗旱性、抗盐性以及抗病性的研究离不开生物化学，豆科植物的共生固氮作用也是生物化学的一个重要课题，同时生物化学的理论还可以作为病虫害防治和植物保护的理论基础，用于研究植物被病原微生物侵染以后的代谢变化，了解植物抗病性机制、病菌及害虫的生物化学特征、化学药剂（如杀菌剂、杀虫剂和除草剂）的毒性机制，以提高植物对环境的适应能力，增强植物生产力，使植物资源更好地为人类服务。

目前应用生物工程技术手段已经大规模地生产出动植物体内含量少而为人类所需的蛋白质，如干扰素、生长素、胰岛素、肝炎疫苗等，展示出广阔的应用前景，对人类的生产和生活产生了巨大而深远的影响，是21世纪新兴技术产业之一。

因此，作为新世纪的科技工作者，学习生物化学的基础理论和基本技能，密切关注生物化学发展的前沿知识和发展动态是十分必要的。

第二章　蛋白质化学

蛋白质化学

【学习目标】

了解氨基酸的分类、结构和两性性质；掌握肽键、蛋白质一级结构的概念；了解蛋白质的空间结构及维持力量。

蛋白质广泛存在于生物界，是一类最重要的生物大分子。生物体的生长、发育、繁殖、代谢、运动、免疫、物质的运输等生命活动都离不开蛋白质。可以说蛋白质是一切生命活动的基础，没有蛋白质就没有生命。蛋白质种类繁多，结构复杂，但它们都是由大约 20 种氨基酸按照一定的顺序通过肽键缩合而成的，具有较稳定的构象，并具有一定生物功能的生物大分子。

第一节　蛋白质的分子组成

一、蛋白质的组成元素

构成蛋白质的基本元素主要有碳、氢、氧、氮和硫。有些蛋白质还含有微量的磷、铁、锌、铜、钼、碘等元素。其中氮的含量在各种蛋白质中都比较接近，平均为 16%。因此，一般可由测定生物样品中的氮，粗略地计算出其中蛋白质的含量（1g 氮相当于 6.25g 蛋白质）。

二、蛋白质的基本组成单位——氨基酸

蛋白质分子量大，结构复杂，但如果用酸或蛋白酶处理使其彻底水解，最后可以得到各种氨基酸。实验证明氨基酸是蛋白质的基本组成单位。

从各种生物体中发现的氨基酸已有 180 多种，但是参与蛋白质组成的常见氨基酸或称基本氨基酸只有 20 种。此外，某些蛋白质中还存在若干种不常见的氨基酸，它们都是在已合成的肽链上由常见的氨基酸经专一酶催化的化学修饰转化而来。180 多种天然氨基酸中，大多数不参与蛋白质的组成，这些氨基酸被称为非蛋白质氨基酸。参与蛋白质组成的 20 种氨基酸被称为蛋白质氨基酸。

1. 氨基酸的结构特点

20 种基本氨基酸中，除脯氨酸外，均为 α-氨基酸，即羧酸分子中 α-碳原子上的一个氢原子被氨基取代的化合物。

α-氨基酸的结构可用下式来表示。式中 R 基为 α-氨基酸的侧链，方框内的基团为各种氨基酸的共同结构。

不带电形式　　两性离子形式

不同的 α-氨基酸，其 R 侧链不同，它对蛋白质的空间结构和理化性质有重大的影响。除了 R 基为 H 的甘氨酸外，其他氨基酸的 α-碳原子都是手性碳原子，因此，第一，除甘氨酸以外的所有氨基酸都有旋光性；第二，除甘氨酸以外的所有氨基酸都可以形成两种不同的构型：D-型和 L-型。书写时将羧基写在 α-碳原子上端，则氨基在左边的为 L-型，氨基在右边的为 D-型。

$$\begin{array}{cc} \text{COOH} & \text{COOH} \\ H_2N-C-H & H-C-NH_2 \\ R & R \end{array}$$

L-α-氨基酸　　　D-α-氨基酸

构型和旋光性之间没有直接对应关系。各种 L-型氨基酸中有的为左旋，有的为右旋，即使同一种氨基酸，在不同的溶液中测定时，其旋光值和旋光方向也会不同。

从蛋白质中水解得到的 α-氨基酸（除甘氨酸外）都是 L-型。所以习惯上书写氨基酸都不标明构型和旋光方向。

2. 氨基酸的分类

各种氨基酸的区别就在于侧链 R 基的不同。组成蛋白质的 20 种基本氨基酸可以按照 R 基的化学结构或极性大小进行分类。

按照 R 基的化学结构，可以将 20 种基本氨基酸分为脂肪族、芳香族和杂环族 3 类。

按照 R 基的极性性质，可以将 20 种基本氨基酸分为非极性氨基酸和极性氨基酸两大类（指在细胞内的 pH 值范围，即 pH≈7 时的解离状态）。极性氨基酸又分为不带电的极性 R 基氨基酸、带正电荷的 R 基氨基酸和带负电荷的 R 基氨基酸。

氨基酸的分类见表 2-1。

表 2-1　氨基酸的分类

极性状况	带电荷状况	氨基酸名称	缩写符号三字母	单字符号	化学结构式
极性氨基酸	不带电荷	丝氨酸	Ser	S	$HO-CH_2-CH-COO^-$ 　　　　　$\underset{NH_3^+}{\mid}$
		苏氨酸	Thr	T	$CH_3-CH-CH-COO^-$ 　　　　$\underset{OH}{\mid}\ \underset{NH_3^+}{\mid}$
		天冬酰胺	Asn	N	$\underset{}{\overset{O}{\parallel}}$ $H_2N-C-CH_2-CH-COO^-$ 　　　　　　　$\underset{NH_3^+}{\mid}$
		谷氨酰胺	Gln	Q	$\underset{}{\overset{O}{\parallel}}$ $H_2N-C-CH_2CH_2CHCOO^-$ 　　　　　　　　$\underset{NH_3^+}{\mid}$
		酪氨酸	Tyr	Y	$HO-\!\!\bigcirc\!\!-CH_2-CHCOO^-$ 　　　　　　　$\underset{NH_3^+}{\mid}$
		半胱氨酸	Cys	C	$HS-CH_2-CH-COO^-$ 　　　　　$\underset{NH_3^+}{\mid}$

续表

极性状况	带电荷状况	氨基酸名称	缩写符号三字母	单字符号	化 学 结 构 式
极性氨基酸	带负电荷	天冬氨酸	Asp	D	$^-OOC-CH_2-CH-COO^-$ $\quad\quad\quad\quad\quad\quad\quad\ |$ $\quad\quad\quad\quad\quad\quad\quad NH_3^+$
		谷氨酸	Glu	E	$^-OOC-CH_2-CH_2-CHCOO^-$ $\quad\quad\quad\quad\quad\quad\quad\quad\quad\quad\ |$ $\quad\quad\quad\quad\quad\quad\quad\quad\quad NH_3^+$
	带正电荷	组氨酸	His	H	咪唑环—$CH_2-CH-COO^-$ $\quad\quad\quad\quad\quad\quad\quad\ |$ $\quad\quad\quad\quad\quad\quad NH_3^+$
		赖氨酸	Lys	K	$H_3\overset{+}{N}-CH_2-CH_2-CH_2-CH_2-CHCOO^-$ $\quad\quad\quad\quad\quad\quad\quad\quad\quad\quad\quad\quad\quad\quad |$ $\quad\quad\quad\quad\quad\quad\quad\quad\quad\quad\quad\quad NH_3^+$
		精氨酸	Arg	R	$H_2N-C-NH-CH_2-CH_2-CH_2-CHCOO^-$ $\quad\quad\quad\ ||$ $\quad\quad\quad\overset{+}{N}H_2\quad\quad\quad\quad\quad\quad\quad\quad\quad\quad NH_3^+$
非极性氨基酸		甘氨酸	Gly	G	$H-CH-COO^-$ $\quad\quad\ |$ $\quad\quad NH_3^+$
		丙氨酸	Ala	A	$CH_3-CH-COO^-$ $\quad\quad\quad\ |$ $\quad\quad\ NH_3^+$
		缬氨酸	Val	V	$CH_3-CH-CH-COO^-$ $\quad\quad\quad\ |\quad\ |$ $\quad\quad\ CH_3\ NH_3^+$
		亮氨酸	Leu	L	$CH_3-CH-CH_2-CH-COO^-$ $\quad\quad\quad\ |\quad\quad\quad\ |$ $\quad\quad\ CH_3\quad\quad\ NH_3^+$
		异亮氨酸	Ile	I	$CH_3-CH_2-CH-CH-COO^-$ $\quad\quad\quad\quad\quad\ |\quad\ |$ $\quad\quad\quad\quad\ CH_3\ NH_3^+$
		苯丙氨酸	Phe	F	苯环—$CH_2-CH-COO^-$ $\quad\quad\quad\quad\quad\ |$ $\quad\quad\quad\quad NH_3^+$
		甲硫氨酸(蛋氨酸)	Met	M	$CH_3-S-CH_2-CH_2-CH-COO^-$ $\quad\quad\quad\quad\quad\quad\quad\quad\quad |$ $\quad\quad\quad\quad\quad\quad\quad\quad NH_3^+$
		脯氨酸	Pro	P	吡咯烷环—COO^- $\overset{+}{N}H_2$
		色氨酸	Trp	W	吲哚环—$CH_2-CH-COO^-$ $\quad\quad\quad\quad\quad\quad |$ $\quad\quad\quad\quad\ NH_3^+$

3. 氨基酸的重要理化性质

(1) 一般物理性质

氨基酸为无色晶体，熔点极高，一般在 200℃ 以上。不同的氨基酸其味有所不同，有的无味，有的味甜，有的味苦，谷氨酸的单钠盐有鲜味，是味精的主要成分。

各种氨基酸在水中的溶解度差别很大，能溶解于稀酸或稀碱中，但不能溶于有机溶剂。

通常酒精能将氨基酸从其溶液中沉淀析出。

(2) 两性解离和等电点

同一个氨基酸分子上既有氨基又有羧基,氨基可以接受质子呈碱性,而羧基可以给出质子呈酸性,所以,氨基酸既有酸性又有碱性,这一性质称为氨基酸的两性性质。氨基酸在晶体或水溶液中主要以兼性离子亦称两性离子的状态存在。

$$R-CH(COO^-)-NH_2 \underset{OH^-}{\overset{H^+}{\rightleftharpoons}} R-CH(COO^-)-NH_3^+ \underset{OH^-}{\overset{H^+}{\rightleftharpoons}} R-CH(COOH)-NH_3^+$$

阴离子　　　　　　两性离子　　　　　　阳离子
pH>pI　　　　　　pH=pI　　　　　　　pH>pI

氨基酸溶于水后,可以调节溶液的pH值,使氨基酸带上正电荷或负电荷,也可以使它处于正、负电荷数相等即净电荷为零的兼性离子状态。当氨基酸所带的净电荷为零时溶液的pH值称为该氨基酸的等电点(pI)。在等电点时,氨基酸在电场中既不向阳极移动,也不向阴极移动。

由于静电作用,在等电点时,氨基酸的溶解度最小,容易沉淀,利用这一性质可以分离制备某些氨基酸。利用各种氨基酸的等电点不同,可以通过电泳法、离子交换法等在实验室或工业上进行混合氨基酸的分离或制备。

氨基酸的等电点除了用酸碱滴定的方法测定以外,还可以按氨基酸的可解离基团的pK值计算。先写出氨基酸的解离方程,然后取两性离子两边的算术平均值,即可求出该氨基酸的等电点。

对中性氨基酸和酸性氨基酸来说：　pI=(pK_1+pK_2)/2

对碱性氨基酸来说：　　　　　　　pI=(pK_2+pK_3)/2

由于羧基解离度大于氨基的解离度,所以,含有一个氨基和一个羧基的中性氨基酸的等电点都在pH6.0左右。

各种氨基酸在25℃时pK和pI见表2-2。

表2-2　各种氨基酸在25℃时 pK 和 pI

氨基酸名称	pK_1	pK_2	pK_3	pI
甘氨酸	2.34	9.60		5.97
丙氨酸	2.34	9.69		6.0
缬氨酸	2.32	9.62		5.96
亮氨酸	2.36	9.60		5.98
异亮氨酸	2.36	9.68		6.02
丝氨酸	2.21	9.15		5.68
苏氨酸	2.71	9.62		6.18
半胱氨酸(30℃)	1.96	8.18(—SH)	10.28($\overset{+}{NH_3}$)	5.07
胱氨酸(30℃)	1.00	1.7(—COOH)	7.58和9.02	4.60
甲硫氨酸	2.28	9.21		5.74
天冬氨酸	1.88	3.65(β-COO$^-$)	9.60($\overset{+}{NH_3}$)	2.77
谷氨酸	2.19	4.25(γ-COO$^-$)		3.22
天冬酰胺	2.02	8.80		5.41

续表

氨基酸名称	pK_1	pK_2	pK_3	pI
谷氨酰胺	2.17	9.13		5.65
赖氨酸	2.18	8.95(α-$\overset{+}{N}H_3$)	10.53(ε-$\overset{+}{N}H_3$)	9.74
精氨酸	2.17	9.04(α-$\overset{+}{N}H_3$)	12.58(胍基)	10.76
苯丙氨酸	1.83	9.13		5.48
酪氨酸	2.20	9.11(α-$\overset{+}{N}H_3$)	10.07(OH)	5.66
色氨酸	2.38	9.39		5.89
组氨酸	1.82	6.00(咪唑基)	9.17(α-$\overset{+}{N}H_3$)	7.59
脯氨酸	1.99	10.60		6.30
羟脯氨酸	1.92	9.73		5.83

(3) 氨基酸的化学性质

除氨基酸的 α-氨基和 α-羧基能参加反应外,其侧链的 R 基团也能参加反应。下面重点介绍几种常见的反应。

① 与茚三酮的反应 茚三酮在弱酸性溶液中与 α-氨基酸共热,引起氨基酸氧化脱氨、脱羧反应,最后茚三酮与反应产物——氨和还原型茚三酮发生作用,生成蓝紫色物质。脯氨酸和羟脯氨酸与茚三酮反应产生黄色物质。氨基酸与茚三酮的反应非常灵敏,几微克氨基酸就能显色。根据蓝紫色的深浅,在 570nm 波长下(或根据黄色深浅在 440nm 波长)下测吸光值,再与标准样的吸光值进行比较,就可测定样品中氨基酸的含量。

采用纸色谱、离子交换色谱和电泳等技术分离氨基酸时,常用茚三酮溶液作显色剂,以定性定量测定氨基酸。多肽和蛋白质与茚三酮也有反应,但多肽分子量越大,灵敏度越差。

② 与亚硝酸反应 氨基酸在室温下与亚硝酸作用生成氮气。其反应式如下:

$$R-\underset{NH_2}{\underset{|}{CH}}-COOH + HNO_2 \longrightarrow R-\underset{OH}{\underset{|}{CH}}-COOH + H_2O + N_2 \uparrow$$

在标准条件下测定生成的氮气的体积,即可计算出氨基酸的量。这是 Van Slyke 法测定氨基氮的基础。此法可用于氨基酸定量测定和蛋白质水解程度的测定。这里值得注意的是生成的氮气只有一半来自氨基酸。除 α-NH_2 外,赖氨酸的 ε-NH_2 也能与亚硝酸反应,但反应速率较慢,而 α-NH_2 作用 3~4min 即反应完全。

③ 与甲醛的反应 氨基酸溶液中存在如下平衡:

$$R-\underset{\overset{+}{N}H_3}{\underset{|}{CH}}-COO^- \rightleftharpoons R-\underset{NH_2}{\underset{|}{CH}}-COO^- + H^+$$

氨基酸虽然是两性电解质,既是酸又是碱,但却不能直接用酸、碱滴定来进行定量测定。这是因为氨基酸的酸、碱滴定的化学计量点 pH 过高(12~13)或过低(1~2),没有适当的指示剂可被选用。如果向氨基酸溶液中加入过量的甲醛,再用 NaOH 标准溶液滴定时,由于甲醛合氨基酸中的—NH_2 作用形成羟甲基和羟二甲基氨基酸,使上述平衡向右移动,促使氨基酸分子上的—$\overset{+}{N}H_3$ 解离释放出 H^+,从而使溶液酸性增加,就可以用酚酞作指示剂用 NaOH 标准溶液来滴定。

$$\underset{\mathrm{NH_3^+}}{\mathrm{R-CH-COO^-}} \rightleftharpoons \underset{\mathrm{NH_2}}{\mathrm{R-CH-COO^-}} + \mathrm{H^+} \xrightarrow{\mathrm{OH^-}} 中和$$

$$\downarrow \mathrm{HCHO}$$

$$\underset{\mathrm{NHCH_2OH}}{\mathrm{R-CH-COO^-}} \quad 羟甲基氨基酸$$

$$\downarrow \mathrm{HCHO}$$

$$\underset{\mathrm{N(CH_2OH)_2}}{\mathrm{R-CH-COO^-}} \quad 二羟甲基氨基酸$$

由滴定所消耗的 NaOH 标准溶液的体积可以计算出氨基酸中氨基的含量，也即氨基酸的含量。蛋白质水解时放出游离的氨基酸，蛋白质合成时游离氨基酸减少，因此，可用甲醛滴定法测定游离氨基量，就可以大致判断蛋白质水解或合成的速率。

三、肽键连接氨基酸——肽

1. 肽和肽键

一个氨基酸的氨基和另外一个氨基酸的羧基脱水缩合而成的化合物称为肽。两个相邻氨基酸之间脱水后形成的键称酰胺键，又称肽键。由两个氨基酸组成的肽称为二肽，由三个氨基酸组成的肽称为三肽。一般含有几个至十几个氨基酸残基的肽链称为寡肽，更长的肽链称为多肽，也称多肽链。肽的形成示意图见图 2-1。

$$\mathrm{H_2N}-\underset{\mathrm{R^1}}{\mathrm{CH}}-\boxed{\mathrm{CO-NH}}-\underset{\mathrm{R^2}}{\mathrm{CH}}-\boxed{\mathrm{CO-NH}}-\underset{\mathrm{R^3}}{\mathrm{CH}}-\boxed{\mathrm{CO-NH}}-\underset{\mathrm{R^4}}{\mathrm{CH}}-\boxed{\mathrm{CO-NH}}-\underset{\mathrm{R^5}}{\mathrm{CH}}-\mathrm{CO}-\cdots-\mathrm{NH}-\underset{\mathrm{R^n}}{\mathrm{CH}}-\mathrm{COOH}$$

图 2-1　肽的形成

肽链的结构有主链和侧链之分。主链骨架是指除侧链 R 基以外的部分。肽链中的每一个氨基酸由于参与肽键的形成，已经不是原来的完整分子，因此称为氨基酸残基。一条多肽链的主链通常在一端含有一个游离的末端氨基，在另一端含有一个游离的末端羧基。两个游离的末端基团有时连接形成环状肽。

2. 肽的命名和结构

肽的命名是根据参与其组成的氨基酸残基来确定的。规定从肽链的氨基末端的氨基酸开始，称为某氨基酰某氨基酰……某氨基酸。例如具有下列结构的五肽命名为丝氨酰甘氨酰酪氨酰丙氨酰亮氨酸，简写为 Ser-Gly-Tyr-Ala-Leu。肽链像氨基酸一样，也有极性，通常总是把 $\mathrm{NH_2}$ 末端氨基酸残基放在左边，COOH 末端氨基酸残基放在右边，除特别指明外。注意反过来书写的 Leu-Ala-Tyr-Gly-Ser 是一个不同的五肽。

从上面五肽的结构可以看出，肽链的主干是由 —N—C_α—C— 重复排列而成，称为共价主链，这里的 N 是酰胺氮，C_α 是氨基酸残基的 α-碳原子，C 是羰基碳。各种肽的主链结构都是一样的，但侧链 R 基的序列（也即氨基酸序列）不同。

3. 肽平面

根据 X 射线衍射法研究结果和测定有关肽的键长和键角，得出肽链的空间结构，提出肽单位的概念。肽单位是指多肽链中从一个 α-碳原子到相邻 α-碳原子之间的结构。

肽平面的构象（见图 2-2）具有以下三个特征。

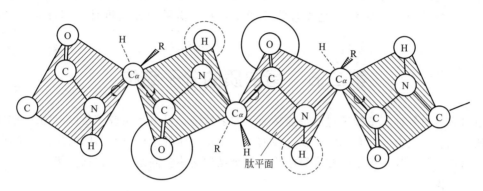

图 2-2　多肽链主链骨架的构象

① 肽单位是一个刚性的平面结构。

这是由于肽键中 C—N(0.132nm) 比一般的 C—N 单键(0.147nm) 要短些，而比一般的 C=N(0.128nm) 要长些，因而具有部分双键的性质，不能自由旋转。使得肽平面上 6 个原子处于同一个平面上，这个平面又称酰胺平面或称肽平面。

② 肽单位中羰基的氧与亚氨基的氢绝大多数为反式排布（ $-\overset{O}{\underset{H}{\overset{\|}{C}-\overset{}{N}-}}$ ），在 X-Pro（X 可以是其他任意一种氨基酸）序列中的肽键，它可以是反式的，也可以是顺式的。

③ C_α 和亚氨基 N 及羰基 C 之间的键都是单键，即可自由旋转。

这样就可以设想多肽链的主链是由许多肽平面组成的，平面之间以 α-碳原子隔开，并且以 α-碳原子为顶点做旋转运动。这样多肽链上所有的肽平面都可以相互旋转，从而使蛋白质主链形成各种不同的构象。事实上，一个天然蛋白质多肽链在一定条件下，往往只有一种或很少几种构象，这是因为主链上有 1/3 是 C—N 键，不能自由旋转，使多肽链的构象数目受到很大的限制，另外主链上还有很多侧链 R 基的影响，R 基团有大有小，相互间或者相斥或者相吸。一个蛋白质的主链受到侧链的相斥或相吸的作用力影响，二者互相制约，从而使多肽链的构象数目受到进一步的限制。

注意：在研究蛋白质一级结构时，氨基酸残基被看成是一个最小的单位，在研究蛋白质高级构象时，肽链中的最小单位是肽单位。多肽链中的骨架结构可以写成锯齿状。

4. 肽的物理和化学性质

大多数小肽具有一定的结晶形状，熔点较高，有自己的等电点。在 pH0～14 的范围内，肽键中的酰胺氢不解离，肽的酸碱性主要取决于肽链中的游离末端的 $\alpha-NH_2$ 和游离末端的 $\alpha-COOH$ 及侧链 R 基上的可解离基团。在长肽和蛋白质中，可解离的基团主要是侧链上的。肽链中末端的 $\alpha-COOH$ 的 pK_a 比要比游离氨基酸中的大些，而末端 $\alpha-NH_2$ 的 pK_a 要比游离氨基酸中的小一些，R 基的 pK_a 在两者之间区别不大。只需记住这样一个规则：当溶液的 pH 大于解离侧链的 pK_a 时，占优势的离子形式是该侧链的共轭碱，当溶液的 pH 小于解离侧链的 pK_a 时，占优势的离子形式是该侧链的共轭酸。

$$pH>pK_a \Rightarrow [HA]<[A^-]$$
$$pH<pK_a \Rightarrow [HA]>[A^-]$$

肽的化学反应也和氨基酸一样，游离 α-NH$_2$ 和游离的 α-COOH 及侧链 R 基可以发生和氨基酸中相应的基团类似的反应。含有两个或两个以上肽键的化合物，都能和硫酸铜碱性溶液发生双缩脲反应而生成紫红色或蓝紫色的复合物，借助分光光度计可以测定蛋白质的含量。

第二节　蛋白质的分子结构

蛋白质是由各种氨基酸通过肽键连接而成的多肽链，再由一条或一条以上的多肽链按照各自的特殊方式组合成具有完整生物活性的分子。蛋白质的结构具有不同的层次，为了认识方便，通常将其分为一级结构和高级结构。高级结构又称空间结构，包括二级结构、三级结构、四级结构。

一、蛋白质的一级结构

蛋白质分子中氨基酸残基的排列顺序就是蛋白质的一级结构。蛋白质的一级结构是由基因上的遗传信息决定的，是蛋白质的基本结构。维持蛋白质一级结构的主要的化学键是肽键，另外，在两个半胱氨酸残基之间形成的二硫键，对维持蛋白质的结构也起重要作用。第一个被阐明一级结构的蛋白质分子是牛胰岛素。

```
                        ┌─S─S─┐
A链H₂N-甘-异亮-缬-谷-谷酰-半胱-半胱-苏-丝-异亮-半胱-丝-亮-酪-谷酰-亮-谷-天冬酰-酪-半胱-天冬酰-COOH
      1  2  3  4  5  6   7   8 9  10  11 12 13 14 15 16 17 18 19 20  21
                 S              S─S
                 │
                 S
B链H₂N-苯丙-缬-天冬酰-谷酰-组-亮-半胱-甘-丝-组-亮-缬-谷-丙-亮-酪-亮-缬-半胱-甘-谷-精-苷-苯丙-苯丙
      1   2  3    4   5  6  7  8 9 10 11 12 13 14 15 16 17 18 19 20 21 22 23 24 25
酪-苏-脯-赖-丙-COOH
26 27 28 29 30
```

蛋白质的一级结构是最基本的，它包含着决定蛋白质高级结构的因素。随着蛋白质化学的进展，大量的蛋白质分子的一级结构已经确定，为了查找和研究，人们把这些资料分类整理后全部储存在计算机（光盘）中，并称为蛋白质数据库。

二、蛋白质的二级结构

蛋白质分子的多肽链并不是线性伸展，而是按照一定方式折叠盘绕成特有的空间结构。蛋白质的空间结构通常称为蛋白质的构象，是指蛋白质分子中所有原子在三维空间的排列分布和肽链的走向。

蛋白质的二级结构主要是指蛋白质多肽链部分主链骨架的折叠和盘绕方式。包括 α-螺旋、β-折叠、β-转角和无规卷曲四种形式。

1. α-螺旋结构

① α-螺旋结构是一个类似棒状的结构。从外观上看，紧密卷曲的多肽链构成了棒状的中心部分，侧链 R 基伸出到螺旋排布的外面。完成一个螺旋，需 3.6 个氨基酸残基。螺旋每上升一圈，相当于向上平移 0.54nm，即螺旋的螺距为 0.54nm。相邻两个氨基酸残基之

间的轴心距为 0.15nm（见图 2-3）。

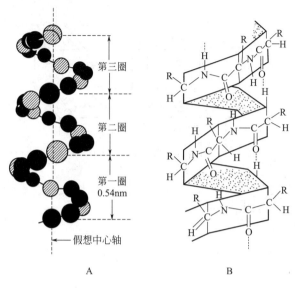

图 2-3　α-螺旋结构

② α-螺旋结构的稳定主要靠链内的氢键。氢键形成于第一个氨基酸的羧基与线性顺序中第五个氨基酸的氨基之间。氢键环内包含 13 个原子，因此称这种螺旋为 3.6（13）螺旋。

③ 大多数蛋白质中存在的 α-螺旋均为右手螺旋。

④ 一条肽链螺旋结构的形成以及是否稳定，与其氨基酸组成有关。

一般来说，甘氨酸、脯氨酸不易形成 α-螺旋结构。两个或两个以上相邻氨基酸上带有相同电荷时，如多聚赖氨酸和多聚谷氨酸不易形成 α-螺旋结构。两个或两个以上相邻的氨基酸残基上带有较大的侧链时，也会阻止 α-螺旋结构的形成。连续几个丝氨酸或苏氨酸，由于羟基有强烈相吸的倾向，而破坏 α-螺旋结构的形成。

不同蛋白质 α-螺旋含量不同。有些蛋白质中，如肌红蛋白、血红蛋白，主要由 α-螺旋结构组成；有的蛋白质中，如 γ-球蛋白、肌动蛋白中几乎不含 α-螺旋结构；有的蛋白质中，如毛发中的 α-角蛋白，以 α-螺旋为基本结构。

2. β-折叠

β-折叠又称 β-片层结构（见图 2-4）。该结构的特点如下。

① 肽链充分伸展使肽肽平面之间折叠成锯齿状结构，侧链 R 基团交替分布于锯齿结构的上下方。

② 肽链平行排列，相邻肽链之间的肽键交替形成的氢键是稳定 β-折叠的主要次级键。

③ 相邻排列的两条 β-折叠结构走向相同，即 N-端在同侧，称为平行（顺向平行），如 β-角蛋白；反之，称为反平行（逆向平行），如丝心蛋白；从能量的角度来讲，反平行的 β-折叠更为稳定。

β-折叠除了在不同肽链间形成以外，也可以通过多肽链的反折回转在同一条多肽链内形成。

3. β-转角

β-转角是球状蛋白中广泛存在的一种结构（见图 2-5）。蛋白质多肽链上经常出现 180°回

(a) 顺向平行　　　　(b) 逆向平行

图 2-4　β-折叠结构

折，在这种肽链的回折角上就是 β-转角结构，它是由第一个氨基酸残基的羰基氧与第四个氨基酸残基的亚氨基氢之间形成的氢键。

$$\mathrm{O=C-(NH-CH-CO)_2-N\overset{H}{-}}$$
$$\quad\quad\quad\quad\quad\ \ \ |$$
$$\quad\quad\quad\quad\quad\ \ R$$

甘氨酸残基侧链为氢原子，适于充当多肽链大幅度转向的成员。脯氨酸残基的环状侧链的固定取向有利于多肽链 β-转角的形成，它往往出现在转角部位。

图 2-5　β-转角结构

4．无规卷曲（又称自由回转）

无规卷曲是指没有一定规律的松散肽链结构。酶的功能部位常常处于这种构象区域内。

三、蛋白质的三级结构

多肽链首先在某些区域内与相邻的氨基酸残基形成有规则的二级结构单元，然后进一步折叠、盘绕，形成了三级结构。蛋白质的三级结构指多肽链上所有原子（包括主链和侧链）在三维空间的排布。对活性蛋白质来讲，绝大部分是球状蛋白。虽然每种球状蛋白都有自己独特的三维结构，但他们仍然有某些共同的特征。

① 球状蛋白分子含有多种二级结构元件。例如溶菌酶含有 α-螺旋、β-折叠、β-转角和无规卷曲等。不同的球状蛋白中各种元件的含量不同。鸡卵清溶菌酶和肌红蛋白的三级结构见图 2-6。

② 球状蛋白分子是紧密的球状或椭球状实体。多肽链在折叠的过程中各种二级结构紧密装配，它们之间也插入松散的肽段。松散的区域有较大的空间可塑性，使蛋白的构象容易发生变化，这是酶与底物、别构物与调节物、其他功能蛋白与效应物相互作用的结构基础。

③ 球状蛋白的疏水侧链埋藏在分子内部，亲水侧链暴露在分子表面。球状蛋白分子 80%～90% 疏水侧链被埋藏，分子表面主要是亲水侧链，因此球状蛋白是水溶性的。

(a) 鸡卵清溶菌酶的三级结构　　　　　　(b) 肌红蛋白的三级结构

图 2-6　鸡卵清溶菌酶和肌红蛋白的三级结构

④ 球状蛋白分子表面有一个空穴（也称裂沟、凹槽或口袋）。这种空穴常是结合底物、效应物等配体并行使生物功能的活性部位。

各 R 基团间相互作用产生的化学键如疏水键、氢键、离子键、二硫键、范德华力等（见图 2-7），维持三级结构的稳定。其中，疏水键是维持三级结构稳定的最主要作用力。

图 2-7　三级结构间的作用力
ⓐ—离子键；ⓑ—氢键；ⓒ—疏水键；ⓓ—范德华力；ⓔ—二硫键

三级结构研究最早的是肌红蛋白。肌红蛋白是哺乳动物肌肉中运输氧的蛋白质，由一条多肽链组成，有 153 个氨基酸残基和一个血红素辅基。分子量为 17800。肌红蛋白的整个分子是由一条多肽链盘绕成的一个外圆中空的不对称结构。全链共折叠成八段长度为 7~24 个氨基酸残基的 α-螺旋。在拐角处，α-螺旋遭到破坏。段间拐角处都有一段 1~8 个氨基酸残基的松散肽链，在 C 端也有 5 个氨基酸残基组成的松散肽链。脯氨酸以及难以形成 α-螺旋的氨基酸，如异亮氨酸、丝氨酸都存在于拐角处，形成一个致密结实的肌红蛋白分子。分子内部只有 1 个适于包含 4 个水分子的空间。具有极性侧链基团的氨基酸残基几乎全部分布在分子的表面，而非极性的残基则被包埋在分子的内部，不与水接触。分子表面的极性基团正好与水分子结合，从而使肌红蛋白具有可溶性，血红素垂直地伸出分子表面，并通过肽链上的组氨酸残基与肌红蛋白分子内部相连。

四、蛋白质的四级结构

有些蛋白质分子中含有多条肽链，每一条肽链都具有各自的三级结构。这种由数条具有独立的三级结构的多肽链彼此通过非共价键连接而成的聚合体结构就是蛋白质的四级结构。在具有四级结构的蛋白质中，每个具有独立的三级结构的多肽链称为该蛋白质的亚单位（亚基）。亚单位一般只由一条多肽链组成，亚单位单独存在时没有生物学活力或活力小，只有通过亚单位相互聚合成四级结构时，蛋白质才具有完整的生物学活性。在一种蛋白质中，亚单位可以相同，也可以不同。亚单位一般以 α-、β-、γ-等命名。例如血红蛋白的四级结构，见图2-8。

图2-8　血红蛋白四级结构示意图

第三节　蛋白质结构与功能的关系

蛋白质分子具有的多种多样的生物功能是以其化学组成和极其复杂的结构为基础的。这不仅需要一定的化学结构，还需要一定的空间构象。蛋白质结构和功能的关系，已经成为当前分子生物学研究的一项重要内容。

一、一级结构决定蛋白质的构象

蛋白质的一级结构决定蛋白质构象的最直接最有力的证据来自某些蛋白质的可逆变性实验。在20世纪60年代，Anfinsen C. 进行了牛胰核糖核酸酶（RNA酶）复性的经典实验。

核糖核酸酶分子中含有124个氨基酸残基，一条肽链经不规则折叠形成一个近似球形的分子。构象的稳定除了氢键等非共价键以外，还有四个二硫键。

在8mol/L尿素或6mol/L盐酸胍（蛋白质变性剂）的存在下，用β-巯基乙醇（还原剂）处理天然的核糖核酸酶，发现酶分子中的4个二硫键全部断裂，紧密的球状结构伸展成松散的无规则卷曲的构象，酶的催化活性完全丧失。但是当用透析的方法慢慢除去尿素（或盐酸胍）和巯基乙醇以后，发现二硫键重新形成，酶又可恢复活性，最后达到原来活性的95%～100%。并发现如果不事先加入尿素或盐酸胍使酶变性，则RNA酶很难在37℃和pH7的条件下被β-巯基乙醇还原。核糖核酸酶A的变性与复性示意图见图2-9。

经多方面的分析表明，复性后的产物与天然的RNA酶并无区别，在复性的过程中肽链上的8个—SH借助空气中的氧重新氧化成4个二硫键时，它们的配对与天然的RNA酶完全相同，准确无误。

以上事实说明，蛋白质变性是可逆的；RNA酶肽链上的一维信息控制肽链自身折叠成特定的天然构象，并由此确定了Cys残基两两相互接近的正确位置；二硫键对肽链的正确折叠并不是必要的，但它对稳定折叠结构具有重要的作用。

二、构象决定蛋白质的功能

蛋白质的一级结构决定其空间结构，而空间结构又决定其生物学功能。若空间结构发生改变，蛋白质的功能也随之发生改变。生物体内的各种蛋白质都有特定的空间结构（构象），而这种空间结构是与它们各自的功能相适应的。

图 2-9 核糖核酸酶 A 的变性与复性示意图

1. 胰岛素的结构与功能

分析比较各种哺乳动物、鸟类、鱼类等动物的胰岛素，发现尽管不同种属来源的胰岛素的氨基酸组成有差别，但绝大多数是由 51 个氨基酸组成，其排列顺序也大致相同，而且最终形成的有活性的构象相同，功能也相同。据研究对胰岛素正确构象形成起决定作用的是其一级结构中的相同部分。

A、B 两条链中的 6 个半胱氨酸残基的位置始终不变，这使不同来源的胰岛素具有相同的连接方式，在不同来源的胰岛素形成相同的构象的过程中起关键作用。

2. 血红蛋白的结构与功能

蛋白质的构象并不是一成不变的，有些蛋白质在表现其生物功能时，其构象发生变化，从而改变了整个分子的性质，这种现象称为别构现象，是蛋白质在表现其生物功能过程中一种相当普遍又十分重要的现象。例如血红蛋白在表现其输氧功能时的别构现象就是一个例子。血红蛋白是由两个 α-亚基和两个 β-亚基组合而成的四聚体，具有稳定的高级结构，和氧的亲和力很弱，但当氧和血红蛋白分子中的一个亚基血红素铁结合后，即引起该亚基的构象发生改变，一个亚基构象的改变又会引起另外三个亚基相继发生变化，亚基间的次级键被破坏，结果，整个分子的构象发生改变，使所有的亚基血红素铁原子的位置都变得适宜与氧结合，所以血红蛋白与氧结合的速率大大加快。

3. 蛋白质分子的修饰和多肽链的局部断裂赋予它新的功能

许多蛋白质合成以后，肽链中的某些氨基酸需进行修饰后才能表现其生物活性。例如新合成的凝血酶原，其多肽链 N 端附近的大约 10 个谷氨酸必须在依赖于维生素 K 的酶系催化下，换变为 γ-羧基谷氨酸后才表现其生物活性。因为 γ-羧基谷氨酸是一个强的钙离子螯合剂，可与钙离子结合，这是新合成的凝血酶原转变成有活性的凝血酶原所必需的。

有些蛋白质在刚合成出来时，以前体的形式存在，无生物活性，必须经特定分子断裂才能成为有活性的蛋白质。例如胃蛋白酶原由胃黏膜细胞分泌，在胃液中的盐酸或已有活性的胃蛋白酶的作用下，自 N 端切下几个多肽碎片。其中一个大的多肽碎片对胃蛋白酶有抑制作用。在 pH 高的情况下，它与胃蛋白酶以非共价的方式结合，所以胃蛋白酶原没有活性。而在 pH 高的条件下，它很容易由胃蛋白酶原上解离下来，所以，胃蛋白酶原在 H^+ 作用下能转化为胃蛋白酶。

蛋白质分子中多肽链的修饰和局部断裂，具有很高的专一性，是生物活性蛋白质的形成并执行特定生物学功能所必需的过程。在生物机体中普遍存在。

现在可以比较肯定地说，蛋白质的高级结构归根到底是由一级结构决定的。由于特定的蛋白质高级结构的形成，出现了它特有的生物学活性。

第四节　蛋白质的分类

一、按组成分类

根据分子组成可以将蛋白质分为简单蛋白质和结合蛋白质两大类。

1. 简单蛋白质

蛋白质分子仅由氨基酸组成。按照其溶解度等理化性质又可以分为清蛋白、球蛋白、醇溶蛋白、谷蛋白、精蛋白、组蛋白及硬蛋白七类，见表 2-3。

表 2-3　简单蛋白质分类

简单蛋白	存　在	举　例	溶　解　度
清蛋白	一切动植物中	血清蛋白、卵蛋白、麦清蛋白	溶于水和稀盐溶液，加热即凝固，不溶于饱和硫酸铵溶液
球蛋白		血清球蛋白、大豆球蛋白、免疫球蛋白	不溶于水，可溶于稀盐溶液，不溶于半饱和硫酸铵溶液
醇溶蛋白	各类植物种子中	小麦胶体蛋白、玉米蛋白	不溶于水，可溶于稀酸、稀碱溶液，可溶于 70%~80% 酒精
谷蛋白		米、谷蛋白	不溶于水，可溶于稀酸、稀碱溶液，受热不凝固
精蛋白	与核酸结合成核蛋白，存在于动物体中	鱼精蛋白	溶于水及稀酸，遇热不凝固。分子量较小、结构较简单的碱性蛋白质
组蛋白		胸腺组蛋白	溶于水及稀酸，不溶于稀氨溶液中，遇热不凝固
硬蛋白	毛、发、角、爪、筋、骨等组织中，起结缔保护功能的蛋白质	角蛋白、胶原蛋白、弹性蛋白	不溶于水、盐溶液及稀酸、稀碱溶液中

2. 结合蛋白质

蛋白质的分子组成中除了蛋白质成分以外，还含有非蛋白成分，其非蛋白部分通常称为辅基或配体。也有人认为只有非蛋白部分对蛋白质的功能是关键的才能称为辅基。如果非蛋白部分是通过共价键连接于蛋白质的，则必须对蛋白质进行水解才能释放它；不是与蛋白质共价结合的，则只要使蛋白质变性即可把它除去。结合蛋白质可以按其非氨基酸成分进行分类，见表 2-4。

表 2-4 结合蛋白质分类

结合蛋白	非氨基酸成分	举　例
糖蛋白	糖类	许多细胞外基质属糖蛋白，如纤连蛋白、胶原蛋白、蛋白聚糖；γ-球蛋白等
脂蛋白	三酰甘油、胆固醇、磷脂	血浆脂蛋白
核蛋白	核酸	核糖体、AIDS 病毒、腺病毒
磷蛋白	与丝氨酸、苏氨酸或色氨酸残基的羟基酯化的磷酸基	酪蛋白、糖原磷酸化酶 a
金属蛋白	Fe、Zn、Cu、Mo、Mn	铁蛋白、乙醇脱氢酶、细胞色素氧化酶、固氮酶、丙酮酸羧化酶
血红素蛋白（实际上为金属蛋白的一个亚类）	辅基为血红素，是卟啉化合物	血红蛋白、细胞色素 c、过氧化氢酶、硝酸盐还原酶
黄素蛋白	含黄素，辅基为 FMN 和 FAD	琥珀酸脱氢酶（含 FAD）、NADH 脱氢酶（含 FMN）、亚硝酸盐还原酶（含 FMN 和 FAD）

二、按形状分类

根据蛋白质的形状可以将蛋白质分为两大类。

1. 球状蛋白

分子接近于球形或椭球形。较易溶于水。细胞中的大多数可溶性蛋白，都属于球状蛋白。大多数球状蛋白有特异的生物学活性，例如血红蛋白、酶、免疫球蛋白等。

2. 纤维状蛋白

具有比较简单、有规则的线性结构，形状呈细棒或纤维状。这类蛋白在体内主要起结构作用。典型的纤维状蛋白质有胶原蛋白、弹性蛋白、角蛋白和丝心蛋白等。不溶于水和稀盐溶液。有的纤维状蛋白质如肌球蛋白和血纤蛋白原是可溶的。

第五节　蛋白质的理化性质

蛋白质由氨基酸组成，因此蛋白质的性质有些与氨基酸相似，但也有其特殊的性质。

一、蛋白质的两性解离

蛋白质如同氨基酸那样，是两性电解质，既能和酸作用，也能和碱作用。蛋白质分子中可解离的基团除肽链末端的 α-氨基和 α-羧基以外，主要的还是肽链氨基酸残基上的侧链基团，例如 ε-氨基、β-羧基、γ-羧基、咪唑基、胍基、酚基、巯基等。在一定的 pH 值条件下，这些基团能解离为带电基团，从而使蛋白质带电。当蛋白质所带的正、负电荷恰好相等，即净电荷为零时，蛋白质所处溶液的 pH 称为该蛋白质的等电点。

各种蛋白质具有特定的等电点，这与它所含的氨基酸的种类和数量有关。如蛋白质分子中含碱性氨基酸较多，等电点偏碱，如果蛋白质分子中含酸性氨基酸较多，等电点偏酸。含酸性和碱性氨基酸残基数目相近的蛋白质，其等电点大多为中性偏酸。几种蛋白质的等电点见表 2-5。

$$\text{Pr}\begin{cases}NH_2\\COOH\end{cases}$$

$$H_2O + \text{Pr}\begin{cases}NH_2\\COO^-\end{cases} \underset{OH^-}{\overset{H^+}{\rightleftharpoons}} \text{Pr}\begin{cases}NH_3^+\\COO^-\end{cases} \underset{OH^-}{\overset{H^+}{\rightleftharpoons}} \text{Pr}\begin{cases}NH_3^+\\COOH\end{cases}$$

阴离子　　　　　等电点　　　　　阳离子
pH>pI　　　　　pH=pI　　　　　pH<pI

表 2-5　几种蛋白质的等电点

蛋白质名称	等电点	蛋白质名称	等电点
鱼精蛋白	12.00～12.40	胰岛素(牛)	5.30～5.35
胸腺蛋白	10.8	明胶	4.7～5.0
溶菌酶	11.0～11.2	血清清蛋白(人)	4.64
细胞色素 c	9.8～10.3	鸡蛋清蛋白	4.55～4.90
血红蛋白	7.07	胰蛋白酶(牛)	5.0～8.0
血清 γ_1-球蛋白(人)	5.8～6.6	胃蛋白酶	1.0～2.5

蛋白质在等电点时，以两性离子的形式存在，其总净电荷为零，这样的蛋白质颗粒在溶液中因为没有相同电荷相互排斥的影响，所以最不稳定，溶解度最小，极易借静电引力迅速结合成较大的聚集体，因而沉淀析出。这一性质在蛋白质分离、提纯时应用。同时，在等电点时，蛋白质的黏度、渗透压、膨胀性及导电能力均为最小。

根据蛋白质的解离性质，可以利用电泳的方法对其进行分离、纯化和鉴定。电泳是指带电粒子在电场中向电性相反的电极泳动的现象。蛋白质电泳的方向和速度取决于其所带净电荷的性质、所带电荷的多少以及分子颗粒的大小。

二、蛋白质的高分子性质

蛋白质是高分子的化合物，由于分子量大，它在水中所形成的颗粒直径在 1～100nm 之间，具有一般胶体溶液的特征，例如：布朗运动、丁达尔现象、电泳现象、不能透过半透膜、具有吸附能力等。

蛋白质的水溶液是一种稳定的亲水胶体溶液。使其稳定的基本因素主要有两个方面：一是因为蛋白质颗粒表面带有很多极性基团，和水具有高度亲和性，当蛋白质遇到水时，水就很容易被蛋白质吸住，在蛋白质外面形成一层水膜（又称水化层）。水膜的存在使蛋白质颗粒相互隔开，颗粒之间不会碰撞而聚集成大颗粒，因此，蛋白质在水溶液中比较稳定而不易沉淀。蛋白质能形成稳定亲水胶体的另一个原因是蛋白质在非等电点状态时带有相同电荷，使蛋白质颗粒之间相互排斥，保持一定的距离，不致互相凝集沉淀。

在实验室或工业生产上常用透析法除去蛋白质中的小分子杂质。透析就是利用蛋白质不能透过半透膜的性质，除去小分子杂质来分离纯化蛋白质。具体的操作是将含有小分子杂质的蛋白质放入一个透析袋中，然后置流水中进行透析。此时，小分子化合物不断从透析袋中渗出，而大分子蛋白质仍然留在袋内，经过一定时间后，就可达到纯化的目的。

三、蛋白质的沉淀

蛋白质分子因为表面带有相同的电荷和水化层，因而在水溶液中能够形成稳定的胶体。

如果向蛋白质溶液中加入脱水剂以除去它的水化层或者改变溶液的 pH 值，达到蛋白质的等电点，从而使蛋白质颗粒表面失去净电荷或者加入电解质中和蛋白质颗粒表面的电荷，那么蛋白质分子就会凝集成大的颗粒而从溶液中沉淀出来。

沉淀蛋白质的方法主要有以下几种。

（1）盐析法

向蛋白质溶液中加入大量的中性盐（硫酸铵、硫酸钠、硫化钠等），既破坏了蛋白质分子的水化层，又中和了蛋白质分子表面的电荷，从而使蛋白质颗粒聚集而产生沉淀，这种加盐使蛋白质沉淀的方法称为盐析。不同蛋白质盐析时所需盐的浓度不同，因此，调节盐浓度，可以使混合蛋白质溶液中的几种蛋白质分段析出，这种方法称分段盐析。例如血清中加硫酸铵至50%饱和度，球蛋白首先沉淀析出；继续加硫酸铵至饱和，则清蛋白沉淀析出。盐析一般不引起蛋白质变性，当除去盐后，蛋白质又可以溶解，因此常用于酶、激素等具有生物活性的蛋白质的分离制备。

（2）有机溶剂沉淀法

向蛋白质溶液中加入一定量的可以与水互溶的有机溶剂（甲醇、乙醇、丙酮等），破坏蛋白质水化层，降低溶液的介电常数，从而使蛋白质分子易于聚集而沉淀。在等电点时加入有机溶剂更易使蛋白质沉淀。不同蛋白质所需的有机溶剂的浓度各异。有机溶剂沉淀法的缺点是容易引起蛋白质的变性，变性程度与有机溶剂的浓度、沉淀的温度、操作时间等因素有关。为了尽量减少变性，操作宜在低温下快速进行。

（3）重金属盐沉淀法

当溶液 pH 值大于等电点时，蛋白质颗粒带负电荷，这样，它就容易与重金属离子（Hg^{2+}、Pb^{2+}、Cu^{2+}、Ag^+等）结合成不溶性盐而沉淀。误服重金属盐的病人可口服大量牛乳或豆浆等蛋白质进行解救就是因为它能和重金属离子形成不溶性盐，然后再服用催吐剂排出体外。长期从事重金属作业的人，应该吃高蛋白的食物，以防止重金属离子被机体吸收造成的损害。

（4）生物碱试剂和某些酸类沉淀法

当 pH 值小于等电点时，蛋白质颗粒带正电荷，容易与生物碱试剂（例如鞣酸、苦味酸、磷钨酸、碘化钾等）和酸类（例如三氯乙酸、磺基水杨酸、硝酸等）的酸根负离子发生反应生成不溶性盐而沉淀。这类沉淀反应经常被临床检验部门用来除去体液中干扰测定的蛋白质。

（5）加热变性沉淀法

几乎所有的蛋白质都因加热变性而凝固。加入少量的盐类可以促进蛋白质加热凝固。当蛋白质处于等电点时，加热凝固最完全、最迅速。加热可能引起蛋白质高级结构的破坏，疏水基团外露，因而破坏了水化层，同时由于蛋白质处于等电点也破坏了带电状态。将大豆蛋白的浓溶液加热，并加入少量卤盐制成豆腐，就是成功地应用加热变性使蛋白质沉淀的一个例子。

四、蛋白质的变性

天然蛋白质因受物理化学因素的影响，其空间构象改变，导致蛋白质的理化性质和生物学性质都有所改变，但并不导致蛋白质一级结构的破坏，这种现象称变性作用，变性后的蛋白质称变性蛋白。

使蛋白质变性的因素很多，化学因素有强酸、强碱、尿素、胍、去污剂、重金属盐、三氯乙酸、磷钨酸、苦味酸、浓乙醇等。物理因素有加热、剧烈振荡或搅拌、紫外线及X射线照射、超声波等。不同的蛋白质对各种因素的敏感程度不同，因而变性程度各异。

蛋白质变性的本质是外界因素破坏了维持蛋白质空间结构的次级键，导致蛋白质分子空间构象的改变和破坏，而不涉及蛋白质一级结构的改变和肽键的断裂。

蛋白质变性的主要标志是生物学功能的丧失。如酶的催化能力，蛋白质类激素的代谢调节功能，抗原抗体的反应能力，血红蛋白运输氧和二氧化碳的功能都会丧失。此外，某些理化特征也会改变，如溶解度降低，黏度增加，扩散系数降低，易被蛋白酶水解等。

某些蛋白质变性后可以在一定的条件下恢复原来的空间构象和生物学活性，这个过程称为蛋白质的复性。蛋白质变性的可逆性与导致变性的因素、蛋白质的种类、蛋白质分子结构改变的程度都有关系。如核糖核酸酶的复性，胰蛋白酶在酸性条件下短时间加热可使其变性，但缓慢冷却，胰蛋白酶可以复性。血红蛋白在酸性条件下容易变性，但如果用碱缓慢中和，可使活性部分恢复。

在临床上，应用乙醇、高温高压、紫外线照射等手段使细菌等病原体的蛋白质变性失活，可以达到消毒、抗感染的目的。在低温条件下，制备或保存一些蛋白质生物制剂，如激素、疫苗等，是为了防止蛋白质变性从而有效保持其活性。

五、蛋白质的吸收光谱及呈色反应

1. 蛋白质的吸收光谱

参与蛋白质组成的 20 种氨基酸在可见光区都没有光吸收，在红外区和远紫外区（$\lambda <$ 200nm）都有光吸收。但在近紫外区（200～400nm）只有芳香族氨基酸有吸收光的能力。酪氨酸的最大光吸收波长（λ_{max}）在 275nm，苯丙氨酸的 λ_{max} 在 257nm，色氨酸的 λ_{max} 在 280nm。

蛋白质由于含有这些氨基酸，所以也有紫外吸收能力，一般最大吸收在 280nm 波长处，因此，可以通过测量蛋白质样品在 280nm 处的光吸收值（A_{280}）对蛋白质进行定量。这种方法快速、简便，不消耗样品。当被测样品不纯，尤其是含有核酸时，常用 A_{280} 和 A_{260} 吸收差法。经验公式为：

$$蛋白质浓度(mg/mL) = 1.45 A_{280} - 0.74 A_{260}$$

2. 蛋白质的呈色反应

在蛋白质的分析工作中，常利用蛋白质分子中某些氨基酸或某些特殊结构与某些试剂产生的颜色反应，作为测定的依据。

（1）双缩脲反应

双缩脲是两分子尿素缩合而成的化合物。将尿素加热到 180℃，则两分子尿素合成一分子双缩脲，并释放出一分子氨。

双缩脲在碱性溶液中鲜红，能与硫酸铜反应产生红紫色络合物，此反应称双缩脲反应。蛋白质分子中含有很多和双缩脲结构相似的肽键，因此，也能产生双缩脲反应，形成红紫色络合物。通常可用此反应来定性鉴定蛋白质，也可根据 A_{280} 对蛋白质进行定量。

（2）酚（福林试剂）试剂反应

蛋白质分子中一般都含有酪氨酸，而酪氨酸中的酚基能将福林试剂中的磷钼酸基磷钨酸还原成蓝色化合物（即钼蓝和钨蓝的混合物）。在一定的浓度范围内，反应生成的蓝色深浅与蛋白质含量成正比。这一反应常用于蛋白质含量的测定。

本章知识要点

1. 蛋白质中氮的含量均值为16%。构成蛋白质的基本单位是氨基酸，共20种。氨基酸之间通过肽键相连。

2. 蛋白质的一级结构指多肽链中氨基酸残基的排列顺序，它是空间结构的基础。二级以上的结构为空间结构，需要各种化学键（如氢键、离子键等）维持。

3. 蛋白质性质有两性解离，胶体，变性（一级结构改变），沉淀，吸收光谱（最大吸收峰280nm处），呈色反应（双缩脲反应生成紫红色络合物）。

阅读材料　天然存在的活性肽

复 习 导 图

目 标 检 测

一、名词解释

蛋白质构象　肽　肽键　肽平面　等电点　蛋白质二级结构　蛋白质三级结构　蛋白质沉淀作用　双缩脲反应

二、简答题

1. 什么是蛋白质？蛋白质的主要功能是什么？
2. 蛋白质的一级结构决定其构象，生物功能又建立在蛋白质构象的基础上，如何理解？

3. 根据蛋白质的等电点，指出下列蛋白质在指定的 pH 条件下，电泳时泳动的方向：

胃蛋白酶（pI 1.0）在 pH 5.0 的缓冲液中；

血清蛋白酶（pI 4.9）在 pH 6.0 的缓冲液中；

α-脂蛋白（pI 5.8）分别在 pH 5.0 和 pH 9.0 的缓冲液中。

4. 什么是蛋白质变性？蛋白质变性后有什么特点？

5. 蛋白质因变性发生沉淀作用与硫酸铵盐析发生沉淀作用，两者在本质上有何差别？如何区分？

三、实例分析

在法医学上，常使用茚三酮试剂采集犯罪嫌疑人在现场遗留的指纹，为什么？

第三章 酶与维生素

酶与维生素

【学习目标】

了解酶与一般催化剂的异同；掌握一些基本概念：酶的活性中心、酶原、同工酶、竞争性抑制等；了解米氏方程的意义；熟悉影响酶促反应的各种因素。了解维生素的概念、分类及命名；了解脂溶性维生素的生理功能；掌握主要水溶性维生素的生理作用和它们的辅酶形式。

新陈代谢是生命活动的基础，是生命活动的重要特征。而构成新陈代谢的许多复杂而有规律的物质变化和能量变化，都是在酶的催化作用下完成的。生物的生长发育、繁殖、遗传、运动、神经传导等生命活动，都与酶的催化过程紧密相关，可以说，没有酶的参与，生命活动一刻也不能进行。因此，从作用物的分子水平上研究生命活动的本质及规律无疑是十分重要的。

人们对酶的认识来源于长期的生产和科学的研究。现代科学认为，酶是由活细胞产生的、能在体内或体外同样起催化作用的一类生物大分子，包括蛋白质和核酸。本章只讨论蛋白质属性的酶。

第一节 酶的催化作用特点

酶作为生物催化剂和一般催化剂相比有其共同性，首先，酶和其他催化剂一样，都能加快化学反应速率，酶本身在反应前后没有结构、性质和量的改变；其次，酶只能缩短反应达到平衡所需要的时间，而不能改变反应的平衡常数。

酶和一般非生物催化剂相比又有不同之处。

一、酶易失活

高温、强酸、强碱、重金属盐等因素都能使酶失去催化活性，因此，酶所催化的反应往往都是在比较温和的常温、常压和接近中性酸碱的条件下进行的。

二、酶具有极高的催化效率

酶催化反应的反应速率比非催化反应高 $10^8 \sim 10^{20}$ 倍，比非生物催化高 $10^7 \sim 10^{13}$ 倍。

随着酶学的发展，对与酶作用的机理研究也逐步深入。现将目前关于为什么酶比一般催化剂具有更高的催化效率的看法作简单介绍。

酶（E）在催化反应的过程中，首先与底物（S）结合生成一个不稳定的中间产物（ES），ES再分解为产物（P）和原来的酶。

$$E+S \rightleftharpoons ES \longrightarrow E+P$$

1. 邻近和定向效应

在 ES 复合物中，底物和酶活性部位邻近，对于双分子反应来说也包含了酶活性部位上底物分子之间的邻近，而相互靠近的底物分子与酶活性部位的基团之间还要有严格的定向

（达到正确的化学排列）。这样，就大大提高了活性部位上底物的有效浓度，使底物分子间的反应近似于分子内的反应，同时还为轨道交叉提供了有利条件，使反应所需的能量大大减少。

2."张力"和"形变"

底物与酶的结合诱导了酶的构象发生变化，而变化的酶分子又使底物分子的敏感键产生张力甚至形变，为键的断裂和形成提供了有利条件。

3. 酸碱催化

酶活性部位上的某些基团（羧基、巯基、酚羟基、氨基、咪唑基等）可以作为良好的质子供体或受体对底物进行酸碱催化。

4. 共价催化

酶还可以与底物生成不稳定的共价中间物，这种共价中间物进一步生成产物要比非催化反应容易得多。

5. 表面效应

酶的活性中心多为疏水性环境，可排除水分子对酶和底物功能基团的干扰性的吸引或排斥，防止底物和酶之间形成水化膜，有利于 ES 的形成。

必须指出的是，以上这些因素并不是在所有的酶中都一样起作用，更可能的情况是对不同的酶起作用的因素不完全相同。

三、酶具有高度的专一性

酶作用的高度专一性是指酶对催化的反应和反应物有严格的选择性。被作用的反应物，通常称为底物。酶往往只能催化一种或一类反应，作用于一种或一类底物。这是酶与非酶催化剂最重要的区别。如果没有这种专一性，生命本身有序的代谢活动就不复存在，生命也就不复存在。

酶的底物专一性是指酶对它所作用的物质有严格的选择性，一种酶只能作用于某一种或某一类特定的物质，这种对底物的选择性称为酶的特异性或作用的专一性。例如淀粉酶只能催化淀粉糖苷键的水解，蛋白酶只能催化蛋白质肽键的水解，脂肪酶只能催化脂肪酯键的水解，而对其他类物质没有催化作用。

1. 酶作用的专一性类型

（1）结构专一性

① 绝对专一性 有些酶对底物要求非常严格，只作用于一种底物，而不作用于任何其他物质，这种专一性被称为"绝对专一性"。例如脲酶只能水解尿素，而对尿素的各种衍生物不起作用。

② 相对专一性 有些酶可作用于一类结构近似的底物，这种专一性称为"相对专一性"。具有相对专一性的酶作用于底物时，对键两端的基团要求程度不同，对其中一个基团要求严格，而对另外一个基团则要求不严，这种专一性称为"族专一性"或"基团专一性"。例如 α-D-葡萄糖苷酶不但要求 α-糖苷键，并且要求 α-糖苷键的一端必须有葡萄糖残基，因此它可以催化各种 α-D-葡萄糖苷衍生物 α-糖苷键的水解。有的酶只要求作用于底物一定的键，对键两端的基团并无严格的要求，这种专一性叫"键专一性"。例如酯酶催化酯键的水解。

（2）立体异构专一性

当底物具有立体异构体时，酶只能作用于其中的一种，这种专一性称为立体异构专一性。酶的立体异构专一性是相当普遍的现象。

① 旋光异构专一性　例如，L-氨基酸氧化酶只能催化 L-氨基酸氧化，而对 D-氨基酸无作用。

② 几何异构专一性　当底物具有几何异构体时，酶只能作用于其中的一种。例如，琥珀酸脱氢酶只能催化琥珀酸脱氢生成延胡索酸，而不能生成顺丁烯二酸。

2. 酶作用的专一性假说

(1) 锁钥学说

早在 1894 年，Fisher 提出"锁钥学说"，即酶与底物为锁与钥匙的关系，以此说明酶与底物结构上的互补性。该学说的局限性是不能解释酶的逆反应，如果酶的活性中心是"锁钥学说"中的锁，那么，这种结构不可能既适合于可逆反应的底物，又适合于可逆反应的产物。

(2) 诱导契合学说

1958 年，Koshland 提出"诱导契合学说"，当酶分子与底物分子接近时，酶蛋白受底物分子诱导，其构象发生有利于底物结合的变化，酶与底物在此基础上互补契合进行反应。X 射线晶体结构分析的实验结果支持这一学说，证明了酶与底物结合时，确有显著的构象变化。这一假说比较满意地说明了酶的专一性（见图 3-1）。

图 3-1　酶作用的专一性的两种假说

四、酶活性受调节和控制

酶活性受到调节和控制是区别于一般催化剂的重要特征。细胞内酶的调节和控制有多种方式，主要有如下几种：

(1) 调节酶浓度（主要有两种方式：诱导或抑制酶的合成；调节酶的降解）；

(2) 通过激素调节酶的活性；

(3) 通过反馈抑制调节酶活性；

(4) 通过抑制剂和激活剂调节酶活性；

(5) 可逆共价修饰。

第二节 酶的结构与功能

一、酶的化学组成

到目前为止，被人们分离纯化研究的酶已有数千种，经过物理和化学方法分析证明了酶的化学本质是蛋白质。主要依据如下：

① 酶经酸碱水解后的最终产物是氨基酸，酶能被蛋白酶水解而失活；

② 酶是具有空间结构的生物大分子，凡能使蛋白质变性的因素都可使酶变性失活；

③ 酶是两性电解质，在不同 pH 值下呈现不同的离子状态，在电场中向某一电极泳动，各自具有特定的等电点；

④ 酶和蛋白质一样，具有不能通过半透膜等胶体性质；

⑤ 酶也有蛋白质所具有的化学呈色反应。

以上事实说明酶在本质上属于蛋白质。

二、酶的分子构成

根据酶分子的化学组成，可以将酶分为单纯蛋白酶和结合蛋白酶两大类。

① 单纯蛋白酶　单纯蛋白酶除了蛋白质以外，不含其他物质，如脲酶、蛋白酶、淀粉酶、脂肪酶和核糖核酸酶等。

② 结合蛋白酶　属于结合蛋白的酶类，除了蛋白质外，还要结合一些对热稳定的非蛋白质小分子物质或金属离子。其中蛋白质组分称为酶蛋白，非蛋白质组分称为辅因子。在酶蛋白和辅因子单独存在时，均无催化活力。只有两者结合成完整分子时，才具有活力。此完整的酶分子称为全酶。

$$全酶＝酶蛋白＋辅因子$$

有的酶的辅因子是金属离子，有的是小分子有机化合物。有时这两者对酶的活性都是需要的。通常将这些小分子的有机化合物称为辅酶或辅基。金属离子在酶分子中或作为酶活性部位的组成部分，或帮助形成酶活性中心所必需的构象。在催化过程中，辅酶或辅基的作用是作为电子、原子或某些基团的载体参与并促进整个催化过程。

辅酶和辅基并没有什么本质上的差别，只不过它们与蛋白质部分结合的牢固程度不同而已。通常把与酶蛋白结合比较松的，用透析法可以除去的小分子有机物称为辅酶，而把那些与酶蛋白结合比较紧的，用透析法不易除去的小分子物质称为辅基。

通常一种酶蛋白必须与某一特定的辅基结合，才能成为有活性的全酶。如果这种辅基被另外一种辅基所替换，这种酶就不表现活力。反之，一种辅基可以与多种不同的酶蛋白结合，而组成具有不同专一性的全酶。例如 NAD（或 NAD^+）可以与不同的酶蛋白结合，组成乳酸脱氢酶、苹果酸脱氢酶和 3-磷酸甘油醛脱氢酶等。由此可见，决定酶催化专一性的是酶的蛋白质部分。

根据酶蛋白分子的特点，又可将酶分为单体酶、寡聚酶和多酶复合物。

(1) 单体酶

单体酶一般由一条肽链组成，例如溶菌酶、羧肽酶 A 等，但有的单体酶是由多条肽链组成的，例如凝乳蛋白酶是由 3 条肽链组成、肽链间二硫键相连构成的一个共价整体。单体酶种类较少，一般多是催化水解反应的酶。其分子量为 13000～35000。属于这类的酶为数不多，而且全部为水解酶。

（2）寡聚酶

寡聚酶是由两个或两个以上的亚基组成的酶，这些亚基之间可以是相同的，也可以是不同的。亚基之间靠次级键结合，在含 4mol/L 的尿素溶液中或通过其他的方法可以把它们分开。大多数的寡聚酶，其聚合形式是活性型，解聚形式则是失活型。相当数量的寡聚酶是调节酶，在代谢调控中起重要作用。已知的寡聚酶大多为糖代谢酶，其分子量为 35000～数百万。

（3）多酶复合物

几个酶靠非共价键彼此嵌合而成的复合物称多酶复合物。一般由 2～6 个功能相关的酶组成。这样更有利于化学反应的进行，以提高酶的催化效率，同时便于机体对酶的调控。多酶复合物的分子量都在几百万以上。

三、酶的活性中心

酶作为生物催化剂，在起作用时，是整个酶分子都与催化活性有关呢？还是分子中的某一部分结构与催化活性直接相关？实验证明，与酶的催化活性有关的并非是酶的整个分子，而往往只是酶分子中的一小部分结构。酶的活性部位，也称活性中心，是酶分子中直接参与与底物结合，并与酶的催化作用直接相关的部位。通常又将活性部位分为结合部位和催化部位。前者负责与底物的结合，决定酶的专一性；后者负责催化底物键的断裂和形成新键，决定酶的催化能力。

对单纯酶来讲，活性部位就是由酶分子中在三维结构上比较靠近的少数几个氨基酸残基或是这些残基上的某些基团组成。对于结合酶类来讲，它们肽链上的某些氨基酸以及辅酶或辅酶分子上的某一部分结构往往就是其活性部位的组成部分（见图 3-2）。

图 3-2 酶的活性中心

虽然酶在结构、专一性和催化模式上差别很大，但就活性部位而言，有其共同特点。

① 活性部位在酶分子的总体中只占相当小的部分，通常只占整个酶分子体积的 1%～2%。酶分子的催化部位一般只有 2～3 个氨基酸残基组成，而结合部位的氨基酸残基因不同的酶而异，可能是一个，也可能是数个。

② 酶的活性部位是一个三维实体。酶的活性部位不是一个点、一条线，甚至也不是一个面。活性部位的三维结构是由酶的一级结构所决定，且在一定的外界条件下所形成的。活性部位的氨基酸残基在一级结构上可能相距甚远，甚至位于不同的肽链上，通过肽链的盘绕、折叠而在空间结构上相互靠近。可以说，没有酶的空间结构，也就没有酶的活性部位。一旦酶的高级结构受到物理因素或化学因素的影响，酶的活性部位遭到破坏，酶即失活。

③ 酶的活性部位并不是和底物的形状正好互补的，而是在酶和底物结合的过程中，底物分子或酶分子有时是两者的构象同时发生了一定的变化后才互补的，这时，催化基团的位置也正好在所催化底物键的断裂和即将生成键的适当位置。这个动态的辨认过程称为诱导契合。

④ 酶的活性部位是位于酶分子表面的一个裂缝内，底物分子（或某一部分）结合到裂缝内，并发生催化作用。裂缝内是相当疏水的区域，非极性基团较多，但在裂缝内也含有某些氨基酸残基，以便于底物结合，并发生催化作用。其非极性性质在于产生一个微环境，提高与底物的结合能力有利于催化。在此裂缝内底物有效浓度可达到很高。

⑤ 底物通过次级键结合到酶上。酶与底物结合成 ES 复合物，主要靠次级键：氢键、离子键、范德华力和疏水力互相作用。

⑥ 酶活性部位具有柔性和可运动性。在酶的变性过程中，当酶分子的整体构象还没有受到明显影响之前，活性部位已大部分被破坏，因而造成活性的丧失。说明酶的活性部位，相当于整个酶分子来说更具柔性，这种柔性或称可运动性，很可能正是表现其催化活性的一个必要因素。

活性部位的形成要求酶蛋白分子具有一定的空间构象，因此，酶分子中其他部位的作用对于酶的催化作用来说，可能是次要的，但绝不是毫无意义的，它们至少为活性酶部位的形成提供了结构基础。酶的催化活性依赖于它们天然蛋白质构象的完整性，假若一种酶被变性或解离成亚基酶就失活。因此，酶的空间结构对于它们的催化活性是必需的。

四、酶原与酶原的激活

某些酶，特别是一些与消化作用相关的酶，在最初合成和分泌时，没有催化活性。这种没有活性的酶的前体称作"酶原"。酶原在一定条件下经适当的物质作用，可转变成有活性的酶，酶原转变成酶的过程称酶原的激活。这个过程实质上是酶活性部位形成或暴露的过程。

例如，使蛋白质水解的消化酶，在胃和胰脏中是作为酶原合成的，激活后成为蛋白水解酶。胰蛋白酶原进入小肠以后，在 Ca^{2+} 存在下受肠激酶激活，第六位赖氨酸残基与第七位异亮氨酸残基之间的肽键被切断，失去一个六肽。断裂后的 N 端其余部分解脱张力的束缚，像一个放松的弹簧一样卷起来，这就使酶蛋白的构象发生变化，并把与催化有关的组氨酸 46、天冬氨酸 90 带至丝氨酸 183 附近，形成一个合适的排列，因而自动产生活性中心，成为有催化活性的胰蛋白酶（见图 3-3）。

图 3-3 胰蛋白酶原激活过程示意图

其他与酶原激活有关的例子还有：

① 血液凝固系统的许多酶都是以酶原的形式被合成出来，被激活后起作用；

② 有些蛋白激素也是以无活性的前体被合成的；

③ 许多发育过程是由酶原激活调控的，例如蝌蚪变态成蛙。

在细胞中，某些酶以酶原的形式存在，具有重要的生物学意义。因为分泌酶原的组织细胞含有蛋白质，而酶原无催化活性，故可保护组织细胞不被水解破坏。

五、同工酶

1959 年，Markert 首次用电泳分离法发现动物的乳酸脱氢酶（LDH）具有多种分子形式，并将其称为同工酶。同工酶是指催化相同的化学反应，但其蛋白质分子结构、理化性质和免疫性能等方面都明显存在差异的一组酶。同工酶不仅存在于同一个体的不同组织中，甚至存在于同一组织、同一细胞的不同亚细胞结构中。至今已经陆续发现了数百种具有不同分子形式的同工酶，几乎有一半以上的酶作为同工酶而存在。

乳酸脱氢酶是由四个亚基组成的寡聚酶，其亚基又分为骨骼肌型（M）和心肌型（H）两种类型。这两种亚基的分子量都约为 35×10^3。它们在不同的基因控制下产生，可以装配成 M_4、M_3H、M_2H_2、MH_3、H_4 五种四聚体。由于这两种亚基在氨基酸组成上有较大差别，H 型富含酸性氨基酸，而 M 型富含碱性氨基酸，因此在电场中很容易分开，从阴极到阳极的排列依次是 $LDH_5(M_4)$、$LDH_4(M_3H)$、$LDH_3(M_2H_2)$、$LDH_2(MH_3)$、$LDH_1(H_4)$（见图 3-4）。此外，在动物睾丸及精子中还发现了另外一种基因编码的 x 亚基组成了 LDH_X。

图 3-4 乳酸脱氢酶同工酶结构模式图

LDH 同工酶有组织特异性，LDH_1 在心肌中含量较高，而 LDH_5 在骨骼肌中含量相对较高。因此，LDH 同工酶相对含量的改变在一定程度上更敏感地反映某脏器的功能状况，临床医学常利用这些同工酶在血清中相对含量的改变作为某脏器病变鉴别诊断的依据。例如心、肝病变将引起血清 LDH 同工酶谱的变化。一般规律是：

心肌疾病 LDH_1 及 LDH_2 上升，LDH_3 及 LDH_5 下降；

急性肝炎 LDH_5 明显升高，随病情好转而逐渐恢复正常；

慢性肝炎一般处于正常范围，部分病例可见 LDH_5 有所升高；

肝硬化 LDH_5、LDH_1 和 LDH_3 均升高；

原发性肝癌 LDH_3、LDH_4、LDH_5 均升高，但 $LDH_5 > LDH_4$；

转移性肝癌 LDH_3、LDH_4、LDH_5 均上升，但 $LDH_4 > LDH_5$。人的 LDH 同工酶谱见表 3-1。

表 3-1 人的 LDH 同工酶谱

LDH 同工酶	亚基组	LDH 活性的百分数/%								
		心肌	肝	肾	肺	脾	骨骼肌	红细胞	白细胞	血清
LDH_1	H_4	73	2	43	14	10	0	43	12	27.1

续表

LDH 同工酶	亚基组	LDH 活性的百分数/%								
		心肌	肝	肾	肺	脾	骨骼肌	红细胞	白细胞	血清
LDH_2	H_3M	24	4	44	34	25	0	44	49	34.7
LDH_3	H_2M_3	3	11	12	35	40	5	12	33	20.9
LDH_4	HM_3	0	27	1	5	20	16	1	6	11.7
LDH_5	M_4	0	56	0	12	5	79	0	0	5.7

同工酶是研究代谢调节、分子遗传、生物进化、个体发育、细胞分化和癌变的有力工具，在酶学、生物学和医学中均占有重要地位。

第三节 影响酶促反应速率的因素

酶促反应速率受到某些因素的影响，这些因素主要包括底物浓度、酶浓度、pH 值、温度、激活剂和抑制剂等。酶促反应速率可用单位时间内底物的消耗量或产物的生成量来表示。

在一定量的酶和底物存在下，一个酶促反应开始后，在反应的不同时间测定反应体系中产物的生成量。以产物的生成量对时间作图，可得到如图 3-5 所示的曲线。

不同时间的反应速率就是时间为不同值时曲线的斜率。从图 3-5 中可以看出，在开始一段时间内，反应速率几乎维持恒定，产物的生成量与时间成直线关系。但随着时间的延长，曲线斜率逐渐减少，反应速率逐渐降低。产生这种现象的原因很多，如由于反应的进行底物的浓度降低，随产物的增加，逆反应方的速率逐渐增大，酶本身在反应中失活，产物对酶的抑制作用等。为了正确测定酶促反应速率并避免以上因素的干扰，就必须测定酶促反应初期以上因素还来不及起作用时的速率，称之为"反应初速率"。

图 3-5 酶的反应过程曲线

一、底物浓度

1. 底物浓度和酶促反应速率的关系

若在酶浓度、pH、温度等条件固定不变的情况下研究底物浓度和反应速率的关系，可得到图 3-6 所示曲线。

在底物浓度较低时，反应速率随底物浓度的增加而升高，反应速率与底物浓度近乎成正比。

当底物浓度较高时，底物浓度增加，反应速率也随之升高，但不显著。

当底物浓度很大而达到一定限度时，反应速率达到一个极大值。此时虽然再增加底物浓度，反应速率也几乎不再改变。此时的酶促反应速率称为最大反应速率（v_{max}）。

图 3-6 底物浓度对酶促反应速率的关系

酶促反应速率和底物浓度之间的这种关系可以用中间产物学说加以说明。酶作用时，酶 E 先与底物结合成一中间产物 ES，然后再分解为产物 P，并游离出酶。

$$E+S \rightleftharpoons ES \longrightarrow P+E$$

在底物浓度低时，每一瞬间，只有一部分酶与底物形成中间产物 ES，此时若增加底物浓度，则有更多的 ES 生成，因而，反应速率亦随之增加。但当底物浓度很大时，每一瞬间，反应体系中的酶分子都已与底物结合生成 ES，此时底物浓度虽再增加，但已无游离的酶与之结合，故无更多的 ES 生成，因而反应速率几乎不变。

2. 米氏方程

Michaelis 和 Menten 根据中间产物学说推导了能够表示整个反应中底物浓度和反应速率关系的公式，称为米氏方程。

$$v = \frac{v_{max}[S]}{K_m + [S]}$$

式中　v——反应速率；

v_{max}——酶完全被底物饱和时的最大反应速率；

[S]——底物浓度；

K_m——米氏常数，是酶促反应速率达到最大反应速率一半时的底物浓度，mol/L。

米氏方程圆满地表示了底物浓度和反应速率之间的关系。在底物浓度低时，$K_m \gg [S]$，米氏方程式分母中 [S] 一项可以忽略不计。得

$$v = \frac{v_{max}}{K_m}[S]$$

即反应速率和底物浓度成正比。

在底物浓度很高时，$[S] \gg K_m$，米氏方程中，K_m 可以忽略不计，得

$$v = v_{max}$$

即反应速率与底物浓度无关。

3. 米氏常数的意义

（1）K_m 是酶的一个特征性物理常数　K_m 大小只与酶的性质有关，而与酶的浓度无关。K_m 值随测定的底物、反应温度、pH 及离子强度而改变。故对某一酶促反应而言，在一定的条件下都有特定的 K_m 值，可用来鉴别酶。

（2）K_m 值可以判断酶的专一性和天然底物　有的酶可以作用于几种底物，因此就有几个 K_m 值，其中 K_m 值最小的底物称为该酶的最适底物，也就是天然底物。K_m 值可以近似地反映酶对底物的亲和力，K_m 值越大，酶与底物的亲和力越小；K_m 值越小，酶与底物的亲和力越大。

4. 双倒数作图法

米氏方程是一个双曲线函数，直接用它求 K_m 和 v_{max} 不方便，可将该方程转化为倒数方程。以 1/[S] 为横坐标，以 1/v 为纵坐标作图，所得直线在纵坐标上的截距代表最大反应速率的倒数（1/v_{max}），而横坐标上的截距代表－1/K_m（见图 3-7）。

二、酶浓度

在底物足够过量而其他条件固定的条件下，并且反应系统中不含有抑制酶活性的物质，及其他不利于发挥作用的因素时，酶促反应速率和酶浓度成正比（见图 3-8）。

图 3-7　双倒数作图法

图 3-8　反应速率与酶浓度的关系

三、pH

酶的活力受环境 pH 的影响，在一定 pH 下，酶表现最大活力，高于或低于此 pH，酶活力降低，通常把表现出酶最大活力的 pH 称为该酶的最适 pH。

各种酶在一定条件下，都有其特定的 pH，因此，最适 pH 是酶的特性之一。但酶的最适 pH 不是一个常数，受许多因素影响，随底物种类和浓度、缓冲溶液种类和浓度的不同而改变，因此，最适 pH 只有在一定条件下才有意义。大多数酶的最适 pH 在 5～8 之间，动物体的酶多在 pH 6.5～8.0 之间，植物及微生物中的酶多为 pH 4.5～6.5。但也有例外，如胃蛋白酶的最适 pH 为 1.5，肝中精氨酸酶的最适 pH 为 9.7。

应当指出，酶在体外所测定的最适 pH，与它在生物体细胞内的生理 pH 并不一定相同。因为，细胞内存在多种多样的酶，不同的酶对此细胞内的生理 pH 的敏感性不同，也就是说，此 pH 对一些酶是最适 pH，而对另一些酶则不是，因而不同的酶表现出不同的活性。这种不同对于控制细胞内复杂的代谢途径可能具有重要的意义（见图 3-9）。

图 3-9　pH 对酶反应速率的影响

四、温度

温度对酶的作用有两种不同的影响。一方面，与一般化学反应相同，酶反应在一定的温度范围（0～40℃）内，随温度升高，其化学反应速率加快；另一方面，由于大多数酶是蛋白质，随温度升高，酶蛋白逐渐变性而失活，引起酶反应速率的下降。综合以上两种因素的影响，在一定条件下，每种酶在某一定温度，其活力最大，这个温度称为酶的最适温度（见图 3-10）。也就是说，最适温度是酶表现最大活力时的温度。

图 3-10　温度对反应速率的影响

最适温度不是酶的特征性的物理常数，常受到其他条件如底物种类、作用时间、pH 和离子强度等因素的影响而改变。

五、激活剂

凡是能够提高酶活力的物质都称为酶的激活剂。其中大部分是无机离子或简单的有机化合物。作为激活剂的金属离子有 K^+、Na^+、Ca^{2+}、Mg^{2+}、Zn^{2+} 及 Fe^{2+} 等离子，无机阴离子如：Cl^-、Br^-、I^-、CN^-、PO_4^{3-} 等都可作为激活剂。如 Mg^{2+} 是多数激酶及合成酶的激活剂，Cl^- 是唾液淀粉酶的激活剂。

激活剂对酶的作用有一定的选择性，即一种激活剂对某种酶起激活作用，而对另外一种酶可能起抑制作用。有时，离子之间有拮抗作用，例如 Na^+ 抑制 K^+ 激活的酶。有时金属离子之间也可以相互代替，如 Mg^{2+} 作为激酶的激活剂可被 Mn^{2+} 代替。另外，激活离子对于同一种酶，可因浓度不同而起不同的作用。

有些小分子有机化合物可作为酶的激活剂，如半胱氨酸、还原型谷胱甘肽等还原剂对某些含巯基的酶有激活作用，使酶中的二硫键还原成巯基，从而提高酶活性。

另外，酶原可被一些蛋白酶选择性地水解肽键而被激活，这些蛋白酶也可看成为激活剂。

六、抑制剂

凡使酶的必需基团或活性部位中的基团的化学性质改变而降低酶活力，甚至使酶完全丧失活性，但不使酶变性的物质，称为抑制剂。用 I 来表示，其作用称为抑制作用。抑制作用可以分为不可逆抑制作用和可逆抑制作用两类。

1. 不可逆抑制作用

抑制剂与酶的必需基团以共价键结合而引起酶活力丧失，不能用透析、超滤等物理方法除去抑制剂而使酶恢复活力，这种抑制称为不可逆抑制作用。例如，有机磷农药敌敌畏、敌百虫等杀虫剂，能特异地与胆碱酯酶活性中心丝氨酸残基上的羟基结合，抑制乙酰胆碱酯酶的活力，因而使生物体内乙酰胆碱大量积累，影响神经传导，使机体功能失调，失去知觉而死亡。

某些重金属离子（Ag^+、Cu^{2+}、Hg^{3+}、Pb^{2+} 等）对酶的抑制作用均属于这类抑制剂。

2. 可逆抑制作用

抑制剂与酶以非共价键结合而引起酶活力降低或丧失，能用物理方法除去而使酶恢复活力，这种抑制作用是可逆的，称为可逆抑制作用。

根据可逆抑制剂与底物的关系，可逆抑制作用主要有竞争性抑制作用和非竞争性抑制作用两种类型。

（1）竞争性抑制作用

竞争性抑制作用是最常见的一种抑制作用。抑制剂（I）和底物（S）竞争酶的结合部位，从而影响了底物与酶的正常结合。竞争性抑制可用下式表示：

$$E+S \rightleftharpoons ES \longrightarrow E+P$$
$$+$$
$$I$$
$$\Updownarrow$$
$$EI$$

大多数竞争性抑制剂的结构与底物结构类似，因此能与酶的活性部位结合，与酶形成可逆的 EI 复合物，但 EI 不能分解为产物 P，酶反应速率下降。其抑制程度取决于底物及抑制剂的相对浓度，这种抑制作用可以通过增加底物浓度而解除。例如，磺胺类药物与细菌所需的对氨基苯甲酸（PABA）竞争二氢叶酸合成酶，使敏感菌的二氢叶酸合成受阻，从而影响核酸合成而抑制细菌生长繁殖（见图 3-11）。

图 3-11　磺胺类药物作用机理

考点提示　磺胺类药物的抑菌机制

(2) 非竞争性抑制作用

这类抑制作用的特点是底物和抑制剂同时和酶结合，两者没有竞争作用。酶与底物结合后，还可以与底物结合。非竞争性抑制可用下式表示：

$$\begin{array}{ccc} E+S & \rightleftharpoons & ES \longrightarrow E+P \\ + & & + \\ I & & I \\ \updownarrow & & \updownarrow \\ EI+S & \rightleftharpoons & ESI \end{array}$$

但是三元中间复合物不能进一步分解为产物，因此，酶活力降低。这类抑制剂与酶活性部位以外的基团结合，其结构与底物无共同之处，这种抑制作用不能通过增加底物浓度来解除抑制，故称非竞争性抑制。例如亮氨酸是精氨酸酶的一种非竞争性抑制剂。

竞争性抑制和非竞争性抑制示意图见图 3-12，它们之间的区别见表 3-2。

表 3-2　竞争性抑制和非竞争性抑制的区别

项目	竞争性抑制	非竞争性抑制
结合部位	活性中心	中心外
特点	增加 [S] 可消除抑制	增加 [S] 不能消除抑制
	v_{max} 不变	v_{max} 下降
	K_m 增大	K_m 不变

图 3-12　竞争性抑制和非竞争性抑制示意

第四节 酶的命名与分类

迄今为止已经发现的酶有 4000 多种，为了研究和使用方便，需要对已知的酶加以分类，并给以科学的名称。

一、酶的命名

1. 习惯命名法

1961 年以前使用的酶的名称都是习惯沿用的，称为习惯名。主要依据两个原则：一是根据酶作用的底物命名，如催化水解淀粉的酶叫淀粉酶，催化水解蛋白质的酶叫蛋白酶。有时还加上来源以区别不同来源的同一类酶，如胃蛋白酶、胰蛋白酶等。二是根据催化反应的性质及类型命名，如水解酶、转移酶、氧化酶等。有的结合上述两个原则来命名，如琥珀酸脱氢酶是催化琥珀酸脱氢反应的酶。

习惯命名法简单、易懂，但缺乏系统性和科学性，常出现"一酶多名"或"多酶一名"的情况。

2. 国际系统命名法

1961 年，国际酶学委员会提出了系统命名法分类原则，并被国际生物化学协会采用。

根据国际系统命名法原则，每种酶都有一个系统名称和一个习惯名称。习惯名称应简单，便于使用。系统名称应当明确标明酶的底物及所催化的反应的性质。如果一种酶催化两个底物起反应，应在它们的系统名称中包括两种底物的名称，并以"："将它们隔开。此外，底物的构型也应该写出。例如，谷丙转氨酶，其系统名称是 L-丙氨酸：α-酮戊二酸氨基转移酶。若底物之一是水时，可将水略去不写。例如，D-葡萄糖-δ-内酯水解酶，不必写成 D-葡萄糖-δ-内酯：水水解酶。

二、酶的分类

1. 国际系统分类法分类原则

国际酶学委员会，根据各种酶所催化反应的类型，把酶分为六大类，即氧化还原酶类、转移酶类、水解酶类、裂合酶类、异构酶类和合成酶类。分别用 1、2、3、4、5、6 来表示。再根据底物中被作用的基团或键的特点将每一大类分为若干个亚类，每一亚类又按照顺序编成 1、2、3、4……数字。每一亚类可再分为亚亚类，仍用 1、2、3、4……来编号。每一个酶的分类编号由 4 个数字组成，数字间用"."隔开。第一个数字指明该酶属于六个大类中的哪一类；第二个数字指出该酶属于哪一个亚类；第三个数字指出该酶属于哪个亚亚类；第四个数字标明该酶在亚亚类中的排号；编号之前冠以 EC（见表 3-3）。

表 3-3 国际系统命名法的分类原则举例

编号	系统名称	习惯名称	反应
1.1	作用于供体的 CHOH 基		
1.1.1	以 NAD^+ 或 $NADP^+$ 为受体		
1.1.1.1	醇:NAD^+ 氧化还原酶	醇脱氢酶	醇＋NAD^+ ⇌ 醛或酮＋NADH
1.1.3	以 O_2 为受体		
1.1.3.4	β-D 葡萄糖:氧氧化还原酶	葡萄糖氧化酶	β-D-葡萄糖＋O_2 ⇌ D-葡萄酸-δ-内酯＋H_2O_2
1.2	作用于供体的醛基或酮基		

续表

编号	系统名称	习惯名称	反应
1.2.1	以 NAD^+ 或 $NADP^+$ 为受体		
1.2.3	以 O_2 为受体		
1.2.3.2	黄嘌呤:氧氧化还原酶	黄嘌呤氧化酶	黄嘌呤+H_2O+O_2 $\rightleftharpoons$ 尿酸+H_2O_2
3	水解酶类		
3.1	水解酯键		
3.1.1	羧酸酯水解酶类		
3.1.1.7	乙酰胆碱乙酰水解酶	乙酰胆碱酯酶	乙酰胆碱+H_2O $\rightleftharpoons$ 胆碱+乙酸
3.1.3	磷酸单脂水解酶类		
3.1.3.9	D-葡萄糖-6-磷酸水解酶	葡萄糖-6-磷酸酶	D-葡萄糖-6-磷酸+H_2O $\rightleftharpoons$ D-葡萄糖+H_3PO_4
3.1.4	磷酸二酯水解酶类		
3.1.4.1	正磷酸二酯磷酸水解酶	磷酸二酯酶	磷酸二酯+H_2O $\rightleftharpoons$ 磷酸单酯+醇

这种系统命名法的原则及系统编号是相当严格的，一种酶只可能有一个名称和一个编号，一切新发现的酶，都能按此系统得到适当的编号。从酶的编号中可以了解到该酶的类型和反应性质。

2. 六大类酶的特征

六大类酶的特征见表 3-4。

表 3-4 六大类酶的特征

类别	名称	定义	催化反应通式	举例
1	氧化还原酶	催化氧化还原反应的酶	$AH_2+B \rightleftharpoons A+BH_2$	琥珀酸脱氢酶、醇脱氢酶、多酚氧化酶等
2	转移酶	催化分子间基团转移的酶	$AR+B \rightleftharpoons A+BR$	谷丙转氨酶、胆碱转乙酰酶等
3	水解酶	催化水解反应的酶	$AB+H_2O \rightleftharpoons AOH+BH$	蛋白酶、淀粉酶、脂肪酶等
4	裂解酶	催化非水解地除去底物分子中的基团及其逆反应的酶	$AB \rightleftharpoons A+B$	草酰乙酸脱羧酶、碳酸酐酶等
5	异构酶	催化分子异构反应的酶	$A \rightleftharpoons B$	葡萄糖磷酸异构酶、磷酸甘油酸磷酸变位酶等
6	合成酶	与 ATP(或相应的核苷三磷酸)的一个焦磷酸键断裂相偶联，催化两个分子合成一个分子的反应	$A+B+ATP \rightleftharpoons AB+ADP+Pi$	天冬酰胺合成酶、丙酮酸羧化酶等

第五节 酶与医学的关系

酶与医学的关系反映在酶与疾病发生、疾病诊断和治疗等方面。

一、酶与疾病的关系

酶的催化作用是机体实现物质代谢以维持生命活动的必要条件。临床上有些疾病的发病机理是由于酶的质和量异常或酶活性受抑制所致。酶的质和量异常可分为先天性或遗传性酶缺陷病。如酪氨酸酶缺乏的病人不能将酪氨酸转变成黑色素，使皮肤、毛发中缺乏黑色素而呈白色，称白化病；苯丙氨酸羟化酶缺乏时引起苯丙酮酸尿症，表现为精神幼稚化等。表3-5列出部分酶遗传性缺陷病及其所缺陷的酶。

表 3-5 遗传性酶缺陷所致疾病

缺陷酶	相应疾病	缺陷酶	相应疾病
酪氨酸酶	白化病	6-磷酸葡萄糖脱氢酶	蚕豆病
黑尿酸氧化酶	黑尿酸症	高铁血红蛋白还原酶	高铁血红蛋白血症
苯丙氨酸羟化酶	苯丙酮酸尿症	谷胱甘肽过氧化物酶	新生儿黄疸
半乳糖-1-磷酸尿苷酰转移酶	半乳糖血症	肌腺苷酸脱氢酶	肌病
葡萄糖-6-磷酸酶	糖原贮积症		

另一种是后天性的，由于激素代谢障碍或维生素、微量元素缺乏所致。如维生素 K 缺乏时肝脏合成的凝血酶原因子 Ⅶ、Ⅸ、Ⅹ 的前体不能进一步羟化生成成熟的相应凝血因子，病人表现出凝血时间延长，造成皮下、肌肉及胃肠道出血。硒是人体必需的微量元素，现已证实它是谷胱甘肽过氧化物酶的辅基成分，能将机体代谢过程中产生的对机体有损害作用的过氧化物还原成相应无害的氧化物。

此外，临床上有些疾病是由于酶活性受到抑制引起的，常见于中毒性疾病。例如，有机磷农药中毒是由于抑制了胆碱酯酶活性，重金属盐中毒是由于抑制了巯基酶活性，氰化物中毒是由于抑制了细胞色素氧化酶的活性等。

二、检测酶辅助诊断

由于细胞内酶含量很少，直接测定其绝对量很难，因此酶学检测中一般是测定酶活性。测定血清（血浆）、尿液等体液中酶活性变化，可以反映某些疾病的发生和发展，有利于疾病诊断和预后判断。

临床上对酶活性的测定多采用相对测定法。即在一定条件下，测定单位时间内酶促反应体系中底物的消耗量或产物的生成量来表示酶活性。因为在反应初速率时，酶促反应体系中的产物从无到有，其生成量最能反映酶活性，故绝大多数方法都是把酶促反应体系中产物生成量作为酶活性测定的依据。

1. 酶活性测定的样品

临床实验室测定酶活性的样品很多，有全血、血清、血浆、尿液、脑脊液、胸腔积液和胃液等。由于血清简便易得，既可避免抗凝剂对酶活性的影响，又可防止加抗凝剂振摇引起溶血，故最为常用。

2. 血清酶的测定

血液与全身各组织细胞相沟通，当组织细胞损伤时，细胞内酶大量入血，使血清酶活性增高；或因细胞病变使其合成酶的能力下降，使血清中酶活性降低。测定血清酶活性对疾病的辅助诊断、治疗评价和预后判断具有重要的临床意义。检测的酶及检测项目主要有：血清（浆）功能性酶的测定、血清（浆）非功能性酶的测定、同工酶的测定等。

（1）血清（浆）功能性酶的测定

此类酶是血浆蛋白质的固有成分，在血浆中发挥其特异催化作用的酶，故称血浆功能性酶。如与血液凝固和纤维蛋白溶解有关的酶类、催化血浆中胆固醇酯化的卵磷脂胆固醇酯酰基转移酶、使乳糜微粒中三酰甘油水解的脂蛋白脂肪酶等。这些酶主要由肝细胞合成后分泌入血，在血浆中的含量较为恒定。测定这些酶在血中的活性，有助于了解肝的功能。

（2）血清（浆）非功能性酶的测定

此类酶在血浆中浓度很低，来自各组织细胞，在血浆中不发挥催化的功能，故称血浆非功能性酶。测定血浆中这些酶活性，能反映产生该酶的组织细胞或含量较高的相关组织细胞的病变。许多组织器官的疾病可引起血浆中酶活性的改变，一般有以下几种原因：①体内某些物质代谢发生障碍时，细胞中酶合成增加，使进入血中的酶量增加。如成骨肉瘤或佝偻病者，成骨细胞中碱性磷酸酶活性增高；②组织细胞损伤或细胞膜通透性变大，使进入血液中的酶量增加。

同工酶不仅存在于同一机体的不同组织或同一细胞的不同亚细胞结构中，也可存在于同一种属群体的不同个体中。一种酶的各个同工酶在化学、物理化学、生物学等方面的性质都有些差异。同工酶的测定为解决临床诊断的组织特异性提供了有力的武器。

3. 检测血清酶时的注意事项

对于目前认为具有诊断价值的每一种血清酶都有一个正常值的范围。必须强调，正常值范围不是绝对的，因为它受多种条件和因素的影响。

三、酶制品治疗疾病

1. 替代治疗

因消化腺体分泌不足所导致的消化不良，可补充胃蛋白酶、胰蛋白酶、胰脂肪酶及胰淀粉酶等以助消化。

2. 抗菌治疗

凡能阻断或抑制细菌重要代谢途径的酶活性，即可以达到杀菌或者抑菌的目的。氯霉素因抑制某些细菌的转肽酶活性，而抑制其蛋白质的生物合成。某些对青霉素耐药的细菌，是因为该菌生成一种能水解青霉素的 β-内酰胺酶。新设计的 β-内酰胺类抗生素具有不被该酶水解的结构特点。

3. 防治血栓

链激酶、尿激酶和纤溶酶等可溶解血栓，可用于脑血栓、心肌梗死等疾病的防治。

4. 治疗肿瘤

天冬酰胺具有促进血癌细胞生长的作用，利用天冬酰胺酶分解天冬酰胺可抑制血癌细胞的生长。人工合成的 6-巯基嘌呤、5-氟尿嘧啶等药物，通过酶的竞争性抑制作用阻碍肿瘤细胞的异常生长，可起到抑制肿瘤的作用。

5. 帮助消化

胃蛋白酶、胰蛋白酶、淀粉酶、脂肪酶和木瓜蛋白酶都可用于帮助消化。

第六节 维 生 素

一、维生素概况

1. 维生素的概念

维生素是参与生物生长发育和代谢所必需的一类微量有机物质，这类物质由于在体内不能合成或者合成量不足，所以虽然需要量很少，但必须由食物供给。

维生素在生物体内的作用不同于糖类、脂肪和蛋白质，它不是作为碳源、氮源或能源物质，不是用来供能或构成生物体的组成部分，但却是代谢过程中所必需的。已知的大多数维生素作为酶的辅酶或辅基的组成部分，在物质代谢中起重要作用。

机体缺乏维生素时，物质代谢将发生障碍。因为各种维生素的生理功能不同，缺乏不同维生素导致不同的疾病，这种由于缺乏维生素而引起的疾病称为维生素缺乏症。

生物对维生素的需求量是非常少的，例如正常人每天所需的维生素 A 0.8～1.6mg，维生素 B_1 1～2mg，维生素 B_2 1～2mg，泛酸 3～5mg，维生素 B_6 2～3mg，生物素 0.2mg，叶酸 0.4mg，维生素 B_{12} 2～6μg，维生素 D 2～6μg，维生素 C 60～100mg。当然对维生素的需要量不是绝对的，在某些特殊情况下需要量也会发生相应变化。

2. 维生素的命名与分类

维生素是由 vitamin 一词翻译而来，其名称一直是按发现的先后次序，在"维生素"（简式用 V 表示）之后加上 A、B、C、D 等拉丁字母来命名。此外，初发现时以为只是一种，后来证明其实是多种维生素混合存在，便又在拉丁字母右下方标注 1、2、3 等数字加以区别，例如维生素 B_1、维生素 B_2、维生素 B_6 及维生素 B_{12} 等。也有按临床作用给予命名的，如抗坏血酸、抗佝偻病维生素等。所以，通常同一种维生素有不同的名字。

维生素都是小分子化合物，它们分属脂肪族、芳香族、脂环族、杂环和甾类化合物等类型，在化学结构上没有共同性。通常根据其溶解性质分为脂溶性维生素和水溶性维生素两大类。

脂溶性维生素有维生素 A、维生素 D、维生素 E、维生素 K 等，水溶性维生素有维生素 B_1、维生素 B_2、维生素 B_6、维生素 B_{12}、维生素 PP（烟酸和烟酰胺）、泛酸、生物素、叶酸和维生素 C 等。表 3-6 列出两类维生素的比较。

表 3-6 两类维生素的比较

项目	脂溶性维生素	水溶性维生素
主要维生素	维生素 A、维生素 D、维生素 E、维生素 K	B 族维生素
溶解性质	溶于脂肪和脂溶剂	溶于水
吸收方式	脂类、胆汁酸盐协助吸收入淋巴系统	容易吸收，入血液
存留量	储存量大，肝中多；过量积蓄可引起中毒	多余量经肾排出
缺乏	症状发展缓慢	症状较明显

3. 造成维生素缺乏的原因

缺乏维生素的主要原因有以下几种：

（1）膳食中含量不足

主要原因在于经济条件差、膳食结构单调、偏食，从而使得摄入膳食中维生素的量无法满足机体需求。有的地区食物单调，则很容易发生由于缺少某种维生素而引起的疾病。如以玉米为主要食物的地区，由于玉米中所含的烟酸为结合型，不能被人体吸收利用，同时含色氨酸量很少，因此，很容易发生因维生素 PP 的缺乏而导致的癞皮病。

（2）体内吸收障碍

多见于消化系统疾病患者，如肠蠕动加快、消化道或胆道梗阻、吸收面积减少、长期腹泻等因素，都可能使维生素的吸收、储存减少。

(3) 肠道细菌生长抑制

某些维生素（如维生素K、维生素B_6、维生素B_{12}）除了可以由食物供给，还可以由自身肠道菌合成。如果使用杀菌药物而使肠道中的细菌受到抑制，就会减少维生素的合成量，从而引起这些维生素的缺乏。

(4) 排出增多

主要原因在于因哺乳、大量出汗、长期大量使用利尿剂等药物，从而使得排出增多。

(5) 破坏加速

主要原因可能在于因药物等作用，从而使得维生素在体内加速受到破坏。

(6) 需要量增加

由于生理和病理的需要，需要量增多而摄入量不足，也会导致维生素缺乏。例如，生长期儿童、妊娠和哺乳期妇女、重体力劳动及特殊工种工人、长期高热和患慢性消耗病疾患的病人等，维生素的需要量都会比一般人高。

二、脂溶性维生素

维生素A、维生素D、维生素E、维生素K等不溶于水，而溶于脂肪和脂溶剂（如苯、乙醚及氯仿等）中，故称为脂溶性维生素。在食物中，它们常和脂质共同存在，在肠道吸收时也与脂质的吸收密切相关。当脂质吸收不良时，脂溶性维生素的吸收也大为减少，甚至会引起缺乏症。吸收后的脂溶性维生素可以在体内（主要是肝脏）储存。

1. 维生素A（视黄醇）

维生素A又名视黄醇，是一个具有酯环的不饱和一元醇，通常以视黄醇的形式存在于生物体。另外，维生素A还以醛的形式存在于体内，称为视黄醛。这两种形式的维生素A都是由其母体物质β-胡萝卜素合成的，所以β-胡萝卜素又称为维生素A原。人体获得维生素A的途径主要有两种：一是摄取绿色蔬菜中的β-胡萝卜素，而后在体内合成维生素A；二是取食动物性食品，直接将食物中储存的维生素A加以利用。以肝脏、乳制品及蛋黄中含量最丰富。

维生素A是构成视觉细胞内感光物质的成分。眼球视网膜上有两种感觉细胞，即圆锥细胞，对强光和颜色敏感；另一类为杆细胞，对弱光敏感，对颜色不敏感，与暗视觉有关。这是因为在杆细胞内含有一种被称为视紫红质的感光物质，视紫红质在光亮中分解，在黑暗中再合成。视紫红质是由视黄醛和视觉蛋白内的赖氨酸缩合而成的一种结合蛋白质，眼睛对弱光的感光性取决于视紫红质的合成。当维生素A缺乏时，视黄醛得不到足够的补充，视紫红质合成受阻，使视紫红质的合成不能很好的感受弱光，在暗处不能辨别物体，暗适应能力降低，严重时可出现夜盲症。

2. 维生素D（钙化醇）

维生素D为类甾醇衍生物，具有抗佝偻病作用，故称抗佝偻病维生素。维生素D族中最重要的成员是麦角钙化醇（维生素D_2）和胆钙化醇（维生素D_3）。麦角钙化醇的前体物是麦角甾醇，分布在植物体内；胆钙化醇的前体物是7-脱氢胆固醇，存在于动物皮肤表层中。通过紫外线照射，可分别转化为麦角钙化醇（维生素D_2）和胆钙化醇（维生素D_3）。

维生素D_3的主要生理功能是增加肠黏膜细胞对钙的渗透性，促进钙在肠内的吸收。实验证明维生素D_3能诱导许多动物的肠黏膜细胞产生一种专一的钙结合蛋白（CaBP）。这种蛋白已被分离提纯，分子量为24000，1分子CaBP可与1原子钙结合。它是钙质的载体，钙与这种蛋白结合后，才能通过肠黏膜进入血液。

维生素 D 主要含于肝、奶及蛋黄中，而以鱼肝油含量最丰。维生素 D 可防治佝偻病、软骨病和手足抽搐症等。但在使用维生素 D 时应先补充钙。

3. 维生素 E（生育酚）

维生素 E 与动物生育有关，故称生育酚，主要存在于植物油中，尤以麦胚油、大豆油、玉米油和葵花籽油中含量最丰富。豆类和蔬菜中含量也较多。天然生育酚共有 8 种，在化学结构上，均系苯骈二氢吡喃的衍生物。根据其化学结构分为生育酚和生育三烯酚两类，每类又根据甲基的数目和位置不同，分为 α、β、γ 和 δ 四种。

维生素 E 中以 α-生育酚生理活性最高，若以它为基准，则 β-生育酚及 γ-生育酚和 α-生育三烯酚的活性分别为 40%、8% 及 20%，其余活性甚微。

维生素 E 极易氧化而保护其他物质不被氧化，是动物体内最有效的抗氧化剂；维生素 E 与动物生殖功能有关，动物缺乏维生素 E 时，其生殖器官受损而不育。雄鼠缺乏时，睾丸萎缩，不产生精子；雌鼠缺乏时，胚胎及胎盘萎缩，引起流产。临床上常用维生素 E 治疗先兆流产和习惯性流产。维生素 E 还可以提高血红素合成过程中一些关键酶的活性，从而促进血红素的合成。

维生素 E 一般不易缺乏，正常血浆维生素 E 质量浓度为 0.9~1.6mg/100mL，若低于 0.5mg/100mL 则可出现缺乏症。主要表现为红细胞数量减少，寿命缩短，体外实验见到红细胞脆性增加，常表现为贫血或血小板增多症。

4. 维生素 K（凝血维生素）

维生素 K 具有促进凝血的功能，故又称凝血维生素。天然的维生素 K 有两种：维生素 K_1 和维生素 K_2。维生素 K_1 在绿叶植物和动物肝中含量丰富；维生素 K_2 是人体肠道细菌的代谢产物。它们都是 2-甲基萘醌的衍生物。目前，临床上使用的维生素 K_3 及维生素 K_4 均为人工合成品，它们的凝血活性比维生素 K_1 高 3~4 倍。

维生素 K 的生理功能是促进肝脏合成凝血酶原（凝血因子 Ⅱ），可调节另外 3 种凝血因子 Ⅶ、Ⅸ 和 Ⅹ 的合成。缺乏维生素 K 时，血中这几种凝血因子均减少，因而凝血时间延长，常发生肌肉及胃肠道出血。

一般情况下，人体不会缺乏维生素 K，因为维生素 K 在自然界绿色植物中含量丰富，而且人体肠道中的大肠杆菌可以合成维生素 K。只有在严重偏食、长期服用抗生素、胆汁闭塞或脂类在肠道吸收降低时会发生维生素 K 缺乏症。

5. 鱼肝油与深海鱼油

（1）鱼肝油

鱼肝油是从鱼的肝脏提取的，微带鱼腥味的油状液体，是一种常用的婴儿辅食，也是一种维生素类药物，富含维生素 A 和维生素 D。

由于海鱼肝的自然资源缺乏，现在市场上销售的鱼肝油大多是将植物油作载体加入人工合成的维生素 A、维生素 D 而成，从严格意义上说，不能称为"鱼肝油"，而是"人工合成的维生素 AD 油"。人工合成的剂量很高，食用时要注意。维生素 AD 是脂溶性的，长期过量摄入会有副作用或者中毒，尤其不能让儿童作为糖果随意吃。

（2）深海鱼油

深海鱼油则是深海鱼类脂肪的萃取物。含有一种特殊功效成分 Omega-3 脂肪酸。Omega-3 脂肪酸是种多元不饱和脂肪酸，包括二十碳五烯酸（EPA）、二十二碳六烯酸（DHA），这些物质能降低人体血液中胆固醇、三酰甘油，升高高密度脂蛋白胆固醇，防止血液中粥样硬块形成,并且通过影响体内其他物质新陈代谢阻止血小板凝聚,以防止血栓形成致病。DHA还可以通过血脑屏蔽,对神经传导有重要作用,是脑功能不可缺少的物质。

深海鱼油在化学成分上与其他区域的鱼油没有很大的差别,之所以用"深海"的目的只是为了想说明它环保、无污染。众所周知,水是流动的,污染并不可能仅局限于一处;鱼也是游动的,深海中的鱼也并不是只待在深海,因此,所有的鱼油都必须经过适当的处理后,才能制成鱼油制品。

虽然说鱼油中的Omega-3脂肪酸可以预防心血管疾病,但是市售的鱼油制剂,目前都是以食品添加剂(或称保健品)的方式获许上市,它们不是药物,不能治病。

表3-7列出脂溶性维生素的主要功用及缺乏症。

表3-7 脂溶性维生素的主要功用及缺乏症

名 称	主要生化功用	缺乏病
维生素A	维持正常视觉、上皮组织、生长等功能	夜盲症、眼干燥症
维生素B	促进小肠对钙、磷的吸收等,利骨钙化	佝偻病、骨软化症
维生素E	抗氧化,促进血红素合成,保持红细胞膜完整,与动物生殖功能有关,延缓衰老	溶血性贫血
维生素K	谷氨酰 γ-羧化酶的辅酶,促进肝合成凝血因子Ⅱ、Ⅶ、Ⅳ、Ⅴ	凝血障碍

三、水溶性维生素

水溶性维生素包括B族维生素、硫辛酸和维生素C。属于B族维生素的主要有维生素B_1、维生素B_2、维生素PP(B_5)、维生素B_6、泛酸、生物素、叶酸及维生素B_{12}等。B族维生素在生物体内通过构成辅酶而发挥对物质代谢的影响,在肝脏内含量最丰富。与脂溶性维生素不同的是,进入体内的多余水溶性维生素及其代谢产物均自尿中排出,体内不能多储存。当机体饱和后,摄入的维生素越多,尿中的排出量也越大。

1. 维生素B_1(硫胺素)

维生素B_1为抗神经炎维生素(又名抗脚气病维生素),因其化学结构是由含硫的噻唑环和含氨基的嘧啶环组成,又被称为硫胺素。在生物体内常以焦磷酸硫胺素(TPP)的辅酶形式存在。焦磷酸硫胺素(TPP)是涉及糖代谢中羰基碳(醛和酮)合成与裂解反应的辅酶,特别是α-酮酸的脱羧和α-羟酮的合成、裂解都依赖于焦磷酸硫胺素。维生素B_1在体内经硫胺素激酶催化,与ATP作用转变成焦磷酸硫胺素(TPP)的辅酶形式。

$$硫胺素 + ATP \rightarrow 焦磷酸硫胺素 + AMP$$

焦磷酸硫胺素(TPP)

TPP是糖代谢过程中α-酮酸脱氢酶系的辅酶,参与丙酮酸或α-酮戊二酸的氧化脱羧反应和醛基转移作用,所以又称为羧化辅酶,并对维持正常糖代谢有重要作用。TPP的功能部位在噻唑环的2位碳原子上。由于3位上N^+的正电荷有助于C_2失去质子而具电负性,故C_2很易和α-酮酸形成加成物而有利于脱羧反应。

2. 维生素 B_2（核黄素）

维生素 B_2 为橘黄色针状结晶，溶于水中呈黄绿色荧光，可作为定量分析的依据。它是核醇与 6,7-二甲基异咯嗪的缩合物，故又名核黄素。在酸性溶液中稳定，在碱性溶液中受光照射极易破坏。维生素 B_2 分布很广，青菜、黄豆、小麦及动物的肝、肾、心、乳中含量较多，酵母中也丰富。

在体内核黄素是以黄素单核苷酸（FMN）和黄素腺嘌呤二核苷酸（FAD）形式存在，是生物体内一些氧化还原酶（黄素蛋白）的辅基，与酶蛋白结合牢固。其结构如下。

黄素腺嘌呤二核苷酸（FAD）

在生物氧化中，FMN 和 FAD 通过分子中异咯嗪环上的 1 位和 10 位氮原子的加氢和脱氢，把氢从底物传递给受体。

3. 泛酸（遍多酸）

泛酸又称遍多酸，因在生物界中分布广泛而得名。它是各种动物、植物、细菌、酵母和人类生长所必需的，但植物和不少微生物能合成泛酸。许多动物缺乏泛酸时常出现肠胃炎症和皮肤角质化、脱皮、脱毛等症状。人类由于肠道中的细菌可以合成泛酸，故临床一般很少有缺乏症。

泛酸是由 α,γ-二羟-β-β-二甲基丁酸与 β-丙氨酸通过酰胺键缩合成的酸性物质。

辅酶 A(CoA) 是含泛酸的复合核苷酸。在生物体内，辅酶 A 是泛酸的主要活性形式，是由等分子的泛酸、巯基乙胺、焦磷酸和 $3'$-AMP 组成的。泛酸的另一种活性形式是酰基载体蛋白（ACP）。辅酶 A 主要起传递酰基的作用，是各种酰化反应中的辅酶。由于携带酰基的部位在-SH 基上，故通常以 CoASH 表示。当携带乙酰时形成 CH_3CO-CoASH，称为乙酰辅酶 A。当交出乙酰基恢复为 CoASH。辅酶 A 在糖代谢、脂质分解代谢、氨基酸代谢及体内一些重要物质如乙酰胆碱、胆甾醇、卟啉和肝糖原等的合成中均起重要作用。酰基载体蛋白（ACP）与脂肪酸的合成关系密切。

泛酸在酵母、肝、肾、蛋、小麦、米糠、花生和豌豆中含量丰富，在蜂王浆中含量最多。辅酶 A 被广泛用作各种疾病的重要辅助药物。

辅酶 A（HSCoA）

4. 维生素 PP（烟酸和烟酰胺）

维生素 PP 即抗癞皮病维生素，在肉类、谷物、花生及酵母中含量丰富。它包括烟酸和烟酰胺两种物质，两者都是吡啶的衍生物，在体内主要以烟酰胺形式存在，烟酸是烟酰胺的前体。

烟酸和烟酰胺都为无色晶体，两者对光、热、酸、碱及在空气中都较稳定，是维生素中性质最稳定的一种。其辅酶形式是烟酰胺腺嘌呤二核苷酸（NDA$^+$）和烟酰胺腺嘌呤二核苷酸磷酸（NADP$^+$）NDA$^+$ 也称为辅酶Ⅰ（缩写 CoⅠ）；NADP$^+$ 也称辅酶Ⅱ（CoⅡ）。两者都是脱氢酶的辅酶，都起着传递氢的作用，区别在于 NADPH 中的 H 一般用于生物合成代谢中的还原作用，提供生物合成作用所需的还原力，如脂肪酸合成；而 NADH 中的 H 则常用于生物分解代谢过程，如氧化磷酸化作用，通过偶联形成 ATP 而提供生命活动所需的能量。氢的传递在其辅酶分子中的烟酰胺部位进行。例如，在醇脱氢酶的催化下，醇（RCH$_2$OH）脱去两个氢原子，转化为醛（RCHO），所脱去的两个氢原子，由烟酰胺部分来传递。氧化态的烟酰胺接受两个电子和一个质子而转变成还原态，从底物分子脱下的两个氢原子之一就以质子形态剥离到环境中而形成生物细胞内的质子浓度差。经典的物理发电机剥离电子产生电位差，生物细胞则是剥离质子产生质子浓差，这是生命最为奥妙之处。

烟酸和烟酰胺的分布很广，动植物组织中都有，肉产品中较多。缺乏这种维生素会引起人患癞皮病。成人每日需用 12～21mg 尼克酸。

5. 维生素 B$_6$（吡哆醛）

维生素 B$_6$ 是吡啶的衍生物，包括三种结构类似的物质，即吡哆醇、吡哆醛、吡哆胺。在体内这三种物质可以相互转化。一般食物中均含有这三种物质，例如，蛋黄、肉类、鱼、乳汁及谷物、种子外皮、卷心菜等食物中均含有丰富的维生素 B$_6$。维生素 B$_6$ 易溶于水和酒精，稍溶于脂溶剂，对光和碱均敏感，高温下迅速被破坏。

吡哆醇　　　　　吡哆醛　　　　　吡哆胺

维生素 B$_6$ 在体内都是以磷酸酯的形式存在，即 5 位的醇基上接上一分子磷酸。参加代谢作用的是磷酸吡哆醛（PLP）和磷酸吡哆胺。PLP 参加催化涉及氨基酸的各种反应，包括转氨作用，α-和 β-脱羧作用，β-和 γ-消除作用、消旋作用和羟醛反应。这些反应包括断裂氨基酸 α-碳的任一键以及侧链的几种键。

磷酸吡哆醛　　　　磷酸吡哆胺　　(P = $-PO_3^{2-}$)

6. 生物素

生物素是由噻吩环和尿素结合而成的一个双环化合物，并带有戊酸侧链。溶于热水而不溶于乙醚、乙醇，在室温下相当稳定，但高温和氧化剂可使其丧失生理活性。

生物素与细胞内 CO_2 的固定以及羧化反应有关，是很多需要 ATP 的羧化酶的辅基，与酶蛋白紧密结合，如丙酮酸羧化酶。生物素的羧基与其专一的酶蛋白中的赖氨酸的 ε-氨基以酰胺键相连构成全酶。首先 CO_2 与尿素环上的一个氮原子结合，此过程需 ATP 供能，然后再将生物素上结合的 CO_2 转给适当的受体。因此，生物素在代谢过程中起 CO_2 载体的作用。

生物素的结构

生物素在种种酶促羧化反应中作为活动羧基载体。生物素作为辅基通过蛋白质上赖氨酸残基的 ε-氨基共价结合到酶上。生物素来源广泛，如在肝、肾、蛋黄、酵母、蔬菜和谷类中都含有。肠道细菌也能合成以供人体需要，故一般很少出现缺乏症。但大量食用生鸡蛋清可引起生物素缺乏。因为新鲜鸡蛋白中的抗生物素蛋白能与生物素结合生成无活性又不易消化吸收的物质，鸡蛋加热后这种蛋白质即被破坏。另外，长期服用抗生素治疗可抑制肠道正常菌群，也可造成生物素缺乏。

7. 叶酸

叶酸最初是由肝脏中分离出来的，后来发现绿叶中含量十分丰富，因此命名为叶酸。叶酸是人类和某些微生物生长所必需的，哺乳类动物缺乏叶酸时表现出生长不良和各种贫血症。人体虽然自己不能合成叶酸，但因肠道菌可以合成从而供人体需要，加上叶酸在植物的绿叶中大量存在，故一般不易患缺乏症。

叶酸分子是由 2-氨基-4-羟基-6-甲基蝶呤啶、对氨基苯甲酸与 L-谷氨酸连接而成，又称蝶酰谷氨酸。其结构如下：

2-氨基-4-羟基-6-　　对氨基苯甲酸　　谷氨酸
甲基蝶呤啶

叶酸的结构

体内叶酸在叶酸还原酶催化下，以 NADPH 为供氢体，经过两步加氢还原作用，先后形成 7,8-二氢叶酸和 5,6,7,8-四氢叶酸（THF）。四氢叶酸是叶酸的活性辅酶形式，又称为辅酶F，简写为 C_oF。它在各种生物合成反应中，起转移和利用一碳基团的作用。四氢叶酸典型地含有 1~7 个（甚至更多）以 γ-羧酰胺连接的谷氨酸。3 种不同氧化态出一碳单位可以连接到四氢叶酸的 N^5 或 N^{10} 氮上。

$$叶酸 \xrightarrow[\text{维生素C}]{2NADPH+2H^+ \quad 2NADP^+} 5,6,7,8\text{-四氢叶酸}(FH_4)$$

5,6,7,8-四氢叶酸

四氢叶酸携带一碳单位的部分结构

由于叶酸与核酸的合成有关，当叶酸缺乏时，DNA 合成受到抑制，骨髓巨红细胞中 DNA 合成减少，细胞分裂速度降低，细胞体积较大，细胞核内染色质疏松，称巨红细胞，这种红细胞大部分在骨髓内成熟前就被破坏造成贫血，称巨红细胞性贫血。因此，叶酸在临床上可用于治疗巨红细胞性贫血；叶酸广泛存在于肝、酵母及蔬菜中，人类肠道细菌也能合成叶酸，故一般不易发生缺乏症。

8. 维生素 B_{12}（氰钴胺素）

维生素 B_{12} 或称作氰钴胺素，在体内可转变成 2 种辅酶形式。主要辅酶形式是 5′-脱腺苷钴胺素，而另一种数量较少的则称为甲基钴胺素。这两种辅酶主要参与 3 种类型的反应：分子内重排、核苷酸还原成脱氧核苷酸（某些细菌中）、甲基转移。前 2 种反应类型是由 5′-脱腺苷钴胺素调节的，而甲基转移是通过甲基钴胺素来实现的。

维生素 B_{12} 还参与 DNA 的合成，对红细胞的成熟很重要，当缺少维生素 B_{12} 时，巨红细胞中 DNA 合成受到阻碍，影响了细胞分裂而无法分化成红细胞，从而易引起恶性贫血，维生素 B_{12} 广泛来源于动物性食品，特别是肉类和肝中含量丰富。人和动物的肠道细菌也都能合成维生素 B_{12}，一般情况下，不会缺少。

9. 维生素 C（抗坏血酸）

维生素 C 具有防治坏血病的功能，故又称为抗坏血酸。它是一个含有六个碳原子的不饱和多羟基化合物，以内酯形式存在。在 C_2 位与 C_3 位上两个相邻的烯醇式羟基易解离而释放出 H^+，故而维生素 C 虽无自由羧基，但仍具有有机酸的性质。

维生素 C 广泛分布于动物界和植物界，仅几种脊椎动物——人类和其他灵长类、豚鼠、一些鸟类和某些鱼类不能合成，必须从食物中获得维生素 C。

抗坏血酸是一种强的还原剂。抗坏血酸的生物化学和生理功能是由它的还原性——作为一种电子载体所驱动的。由于同氧或者金属离子相互反应失去一个电子成为半脱氢-L-抗坏血酸，一种活性自由基，可被动物和植物中各种酶还原回 L-抗坏血酸。抗坏血酸独特的反应是氧化成脱氢-L-抗坏血酸。抗坏血酸和脱氢抗坏血酸形式是一种有效的氧化还原系统。氧化型的抗坏血酸，仍具有维生素 C 的活力。但氧化型的抗坏血酸易水解，内酯环破坏而生成二酮基古洛糖酸，则失去维生素C的活性，如果继续氧化则生成草酸和L-苏阿糖酸。

维生素C的生理功能是多方面的，主要有：

(1) 维生素C参与体内的氧化还原反应

由于维生素C既可以氧化型，又可以还原型存在于体内，所以它既可以作为氢供体又可作为氢受体，在体内极其重要的氧化还原反应中发挥作用。

① 保持巯基酶的活性和谷胱甘肽的还原状态，起解毒作用。许多含巯基的酶当存在自由巯基（—SH）时才发挥催化作用，而维生素C能使酶分子中的巯基维持在还原状态，从而使巯基酶保持活性。维生素C还与谷胱甘肽的氧化还原有密切联系，它们在体内往往共同发挥抗氧化及解毒等作用。

② 维生素C与红细胞内的氧化还原过程有密切联系。红细胞中的维生素C可直接还原高铁血红蛋白（HbM）成为血红蛋白（Hb），恢复其运输氧的能力。

③ 维生素能促进肠道内铁的吸收，因为它能使难以吸收的三价铁（Fe^{3+}），还原成易于吸收的二价铁（Fe^{2+}）；还能使血浆运铁蛋白中的Fe^{3+}还原成肝脏铁蛋白的Fe^{2+}。

④ 维生素C能保护维生素A、维生素E及维生素B免遭氧化，还能促进叶酸转变为有生理活性的四氢叶酸。

(2) 维生素C参与体内多种羟化反应

代谢物的羟基化是生物氧化的一种方式，而维生素C在羟化反应中起着必不可少的辅助因子的作用。

① 促进胶原蛋白的合成　当胶原蛋白合成时，多肽链中的脯氨酸及赖氨酸等残基分别在胶原脯氨酸羟化酶及胶原赖氨酸羟化酶催化下羟化成羟脯氨酸及羟赖氨酸残基。维生素C是羟化酶维持活性所必需的辅因子之一。羟脯氨酸在维持胶原蛋白三级结构上十分重要。维生素C与胶原合成中的羟化步骤有关，因而在缺乏时对胶原合成有一定的影响，胶原是结缔组织、骨及毛细血管等的重要组成成分，而结缔组织是伤口愈合的第一步。这说明维生素C缺乏将导致毛细血管破裂，牙齿易松动、骨骼脆弱而易折断及创伤时伤口不易愈合。

② 维生素C与胆固醇代谢的关系　正常情况下体内胆固醇约有80%转变为胆酸后排出，胆固醇转变为胆酸是先将环状部分羟基化，而后侧链分解。缺乏维生素C可能影响胆固醇羟基化，使其不能变成胆酸而排出体外。

③ 维生素C参与芳香族氨基酸的代谢　维生素C在脑和中枢神经系统组织中起着几种重要的作用。在脑中L-酪氨酸的代谢涉及到两种不同的依赖维生素C的混合功能氧化酶。酪氨酸转变成儿茶酚胺也是依赖维生素C的过程。

(3) 维生素C的其他功能

① 维生素C有防止贫血的作用，也可防止若干转运金属离子毒性的影响。离子从脾脏的转移（不是肝脏）是一种依赖维生素C的过程。

② 维生素C可改善变态反应。维生素C另外一个重要作用是涉及组胺代谢和变态反应。在铜离子存在下，维生素C防止组胺的积累，有助于组胺的降解和清除。也有证据表明，维生素C可调节前列腺素的合成，以便调节组胺敏感性和影响舒张。

③ 维生素C刺激免疫系统。因为维生素C影响刺激免疫系统，所以可防止和治疗感染。单核白细胞对免疫系统是重要的，维生素C抑制白细胞的氧化破坏，增加它们的流动性。免疫球蛋白的血清水平在维生素C存在下增加。

10. 硫辛酸

硫辛酸是某些细菌和原生动物生长所必需的因子，它的化学结构为一含硫的八碳酸，在 6，8 位上有二硫键相连，故又称为 6，8- 二硫辛酸，硫辛酸以闭环二硫化物形式和开链还原形式两种结构混合物存在，这两种形式通过氧化-还原循环相互转换，像生物素一样，硫辛酸不常以游离态存在，而是同酶分子中赖氨酸残基的 ε-NH_2 以酰胺键共价结合。催化形成硫辛酰胺键的酶需要 ATP，并且作为反应产物产生硫辛酰胺-酶偶联物、AMP 和焦磷酸。

硫辛酸是一种酰基载体。存在于丙酮酸脱氢酶和 α-酮戊二酸脱氢酶中，是涉及糖代谢的两种多酶复合体。硫辛酸在 α-酮酸氧化作用和脱羧作用时行使偶联酰基转移和电子转移的功能。硫辛酸在自然界广泛分布，肝和酵母中含量尤为丰富，在食物中硫辛酸常和维生素 B_1 同时存在。

$$\underset{\text{氧化型硫辛酸}}{\overset{CH_2}{\underset{S-S}{H_2C-CH-(CH_2)_4-COOH}}} \quad \overset{+2H}{\underset{-2H}{\rightleftharpoons}} \quad \underset{\text{还原型硫辛酸}}{\overset{CH_2}{\underset{SH\ SH}{H_2C-CH-(CH_2)_4-COOH}}}$$

表 3-8 列出了 B 族维生素与酶的关系。

表 3-8 B 族维生素与酶的关系

B 族	名 称	辅酶形式	酶	缺乏病
维生素 B_1	硫胺素	TPP	α-酮酸脱氢酶	脚气病
维生素 B_2	核黄素	FMN、FAD	黄素酶	口角炎、舌炎
维生素 B_3	泛酸	HSCoA	丙酮酸脱氢酶系	
维生素 B_5	烟酰胺	NAD^+、$NADP^+$	脱氢酶	癞皮病
维生素 B_6	吡哆醛	磷酸吡哆醛 磷酸吡哆胺	转氨酶 脱羧酶	婴儿惊厥 小细胞性贫血
维生素 B_7	生物素	生物素	羧化酶	皮炎
维生素 B_{11}	叶酸	N^5-CH_3FH_4	一碳单位转移酶	巨红细胞贫血
维生素 B_{12}	钴胺素	甲基钴胺素	转甲基酶	巨红细胞贫血

考点提示：维生素与辅酶的对应关系

本章知识要点

1. 酶作用特点：高度催化效率、高度专一性、高度不稳定性、高度可调节性。
2. 根据组成成分不同，酶分为单纯酶、结合酶（全酶）。
3. 活性中心是酶分子中直接与底物结合并将底物转化为产物的区域。酶原激活本质是酶活性中心形成或暴露的过程。同工酶催化相同的化学反应，但生理功能不尽相同。
4. 底物浓度与酶促反应速率的关系用米氏方程表示。
5. 酶的抑制作用分为不可逆抑制和可逆抑制（竞争性抑制、非竞争性抑制、反竞争性抑制）。
6. 水溶性维生素的活性形式：维生素 B_1-TPP，维生素 B_2-FAD/FMN，维生素 PP-

$NAD^+/NADP^+$，维生素 B_6-磷酸吡哆醛/磷酸吡哆胺，泛酸-CoA，叶酸 FH_4，维生素 B_{12}-甲钴胺素。

阅读材料　维生素在食品储存和加工过程中的变化

阅读材料　遗传性酶缺陷病

复习导图

目标检测

一、名词解释

　　酶　酶原　米氏常数　同工酶　活性中心　全酶　竞争性抑制　酶的最适温度

二、选择题

1. 下列维生素中参与转氨基作用的是（　　）。
   A. 硫胺素　　　　B. 泛酸　　　　C. 核黄素　　　　D. 磷酸吡哆醛

2. 辅酶 $NADP^+$ 分子中含有哪种 B 族维生素？（　　）
   A. 磷酸吡哆醛　　B. 核黄素　　　C. 叶酸　　　　　D. 烟酰胺

3. 人类无法合成（　　），必须从食物中摄取该类维生素。
   A. 维生素 C　　　B. 维生素 B_{12}　　C. 维生素 D　　　D. 生物素

4. 辅酶 A（CoA）在生物体内的作用是（　　）。
   A. 传递氢　　　　B. 参与甲基转移　C. 传递酰基　　　D. CO_2 载体

5. 维生素 E 的作用描述正确的是（　　）。
   A. 进行一碳单位的传递，参与甲硫氨酸和核苷酸的合成
   B. 调节钙磷代谢，促进新骨的形成和钙化
   C. 是抗氧化剂，可保护生物膜的结构和功能，还可促进血红素的合成
   D. 参与分子内重排、核苷酸还原成脱氧核苷酸及甲基转移反应

6. 关于 K_m 的意义，不正确的是（　　）。
   A. K_m 是酶的特征常数
   B. 不同的酶具有不同的 K_m
   C. K_m 等于反应速率为最大速率一半时的酶的浓度
   D. K_m 等于反应速率为最大速率一半时的底物浓度

7. 有关竞争性抑制剂的论述，错误的是（　　）。
   A. 结构与底物相似　　　　　　　B. 与酶的活性中心相结合
   C. 与酶的结合是不可逆的　　　　D. 抑制程度与抑制剂的浓度有关

8. 转氨酶的辅酶是（　　）。
   A. NAD^+　　　　B. HSCoA　　　C. 四氢叶酸　　　D. 磷酸吡哆醛

三、简答题

1. 酶作为生物催化剂有什么特点？
2. 试述酶催化作用机理。
3. 酶以酶原形式存在有何临床意义？
4. 什么是酶活力？测定酶活力时应该注意什么？
5. 影响酶促反应速率的因素有哪些？
6. 当一酶促反应进行的速率为 v_{max} 的 80% 时，K_m 和 [S] 之间有何关系？
7. 试述竞争性抑制的特点及磺胺类药物的抑菌机制。
8. 什么是维生素？维生素是怎样命名的？
9. TPP、FAD、NAD^+、HSCoA 等辅酶中各含哪种维生素，有何功能？

四、实例分析

患者，男，72 岁，进行性排尿困难 2 年。直肠指诊触及前列腺侧叶增大，中间沟左侧叶有 2cm 大小硬结，怀疑为前列腺癌。建议做哪种酶学指标的检测？

第四章 生物氧化

生物氧化

【学习目标】

了解生物氧化的特点；了解生物氧化过程中二氧化碳的生成方式；熟悉呼吸链的概念及生物氧化过程中水的生成过程；掌握氧化磷酸化的概念及ATP的生成、转换与利用。

一切生命活动都需要能量，维持生命活动的能量主要有两个来源：光能（太阳能）和化学能。除绿色植物和一些自养微生物可以直接利用太阳能外，其他生物所需能源均利用了化学能。化学能主要是指异养生物或非光合组织通过生物体内糖、脂肪、蛋白质等有机物质的氧化作用将有机物质（主要是各种光合作用产物）氧化分解，使存储的稳定的化学能转变成ATP中活跃的化学能，ATP直接用于需要能量的各种生命活动。

第一节 生物氧化概述

一、生物氧化的概念

营养物质在生命体内的分解、吸收与利用以及生命体内源物质的合成与分解是影响到生命体生长、繁殖的物质基础。每个生命体可被认为是受控制的开放系统，在这个开放系统中，生命体与其外部环境会出现物质、能量和信息的交换。细胞的生长及生命体的生长、繁殖、运动等生命活动均需要从外界摄取营养物质和能量，用于合成自身可利用的生物大分子，从而提供机体自身运动、物质运输及信息传递所需要的能量。

营养物质在生物体内进行氧化分解生成CO_2和H_2O，并释放出能量形成ATP的过程称为生物氧化（biological oxidation）。生物氧化通常需要消耗氧，所以又称为呼吸作用。生物氧化是生物体新陈代谢的重要的基本反应，其基本过程为：有机物进入生物体内后要被分解，分解过程中经酶的参与，所得代谢物被氧化脱氢，脱下的氢经过递氢体的传递，最终与电子一起和氧或氢受体（或电子受体）结合生成水，同时产生大量的能量。生物氧化的基本过程如下：

二、生物氧化的特点

生物氧化和有机物在体外氧化（燃烧）的实质相同，都是脱氢、失电子或与氧结合，消耗氧气，都生成CO_2和H_2O，所释放的能量也相同。但二者进行的方式和历程却不同，生物氧化具有如下特点：

① 生物氧化在细胞内进行，且是在体温和pH值近中性及有水的环境中进行的；

② 生物氧化是在一系列酶、辅酶和中间传递体的作用下逐步进行的；

③ 生物氧化过程中产生的能量逐步释放，其能量总和同一氧化反应在体外进行时相同；

④ 生物氧化过程所释放的能量通常都先储存在高能化合物中，主要是腺苷三磷酸（ATP）中，通过 ATP 再供给机体生命活动的需要。生物氧化与有机物体外氧化的区别见表 4-1。

表 4-1 生物氧化与有机物体外氧化的区别

反应类型	生物氧化	体外氧化（燃烧）
反应条件	细胞内温和条件（常温、常压、中性 pH 值、水溶液）	高温或高压干燥条件
催化剂	一系列酶促反应	无机催化剂
能量释放	逐步氧化放能，能量利用率高	能量爆发释放
能量去向	转化成 ATP 被利用	转换为光和热，散失

三、生物氧化反应的类型

生物氧化在有氧和无氧条件下都能进行，因此，生物氧化又可分为有氧氧化和无氧氧化两种类型。

1. 有氧氧化

在有氧条件下，好氧生物或兼性生物吸收空气中的氧分子作为电子或氢的最终受体，可将有机物分子完全氧化分解，生成 CO_2 和 H_2O，这种生物氧化过程被称为有氧氧化。因为有氧氧化反应完全，产能多，所以，只要有氧气存在，细胞都优先进行有氧氧化。根据反应过程是否有传递体，有氧氧化可分为如下两类。

（1）不需传递体的有氧氧化体系

该体系为氧化过程不需要传递体的参与，代谢物经氧化酶或需氧脱氢酶作用后脱去的氢直接传递给氧分子，产生 CO_2 和 H_2O。根据催化酶种类的不同，它又可分为氧化酶类型和需氧脱氢酶类型。

（2）需传递体的有氧氧化体系

它是生物体内主要的氧化体系。代谢物上的氢原子被脱氢酶激活脱落后，经过一系列的传递体，最后传递给被激活的氧原子而生成水的全部体系。

2. 无氧氧化

在无氧情况下，最终氢的受体为有机物或无机物，所以根据氢最终受体的不同，无氧氧化可分为以下两类。

（1）以有机物为最终受体的无氧氧化体系

这种在细胞体内的有机物氧化分解过程中，脱掉的氢最终传递给细胞内其他有机物，继而产生新的有机物的过程称为"发酵作用"。例如：

$$甘油醛\text{-}3\text{-}磷酸 + 磷酸 + NAD^+ \rightleftharpoons 甘油酸\text{-}1,3\text{-}二磷酸 + NADH + H^+$$

（2）以无机物为最终受体的无氧氧化体系

此体系最终电子（氢）受体为 NO_3^-、NO_2^-、SO_4^{2-}、CO_2、$S_2O_3^{2-}$ 等无机物。

第二节 生物氧化中 CO_2 的生成

生物氧化中 CO_2 的生成是由于糖类、脂类、蛋白质等有机物质转变成含羧基的化合物进行脱羧反应所致。

一、体内生成 CO_2 的特点

生物体内 CO_2 的生成并不是物质中所含的碳原子、氧原子的直接化合，而是来源于由糖、脂肪等转变来的有机酸的脱羧。根据脱去 CO_2 的羧基在有机酸分子中的位置，可将脱羧反应分为 α-脱羧和 β-脱羧两种类型。有些脱羧反应不伴有氧化，称为单纯脱羧，也称为直接脱羧基作用；有些则伴有氧化，称为氧化脱羧。

1. 直接脱羧基作用

以丙酮酸为例，丙酮酸在 α-酮酸脱羧酶的作用下直接脱羧生成乙醛和 CO_2。

$$\underset{\text{丙酮酸}}{\begin{array}{c}CH_3\\|\\C=O\\|\\\boxed{COOH}\end{array}} \xrightarrow[Mg^{2+},TPP]{\alpha\text{-酮酸脱羧酶}} \underset{\text{乙醛}}{\begin{array}{c}CH_3\\|\\C=O\\|\\H\end{array}} + CO_2$$

2. 氧化脱羧基作用

与直接脱羧基作用方式不同，氧化脱羧基作用是在脱羧过程中伴随着氧化（脱氢）。例如丙酮酸以及苹果酸的氧化脱羧等，有关内容将在下一章糖代谢中进行具体讲解。以丙酮酸为例，丙酮酸在丙酮酸氧化脱羧酶系的作用下进行氧化脱羧，脱去羧基的同时还进行脱氢反应，将脱下的 H 交给辅酶 A，反应生成乙酰 CoA 和 CO_2。

$$\underset{\text{丙酮酸}}{\begin{array}{c}CH_3\\|\\C=O\\|\\\boxed{COOH}\end{array}} + HS\text{-}CoA \xrightarrow[NAD^+ \quad NADH+H^+]{\text{丙酮酸氧化脱羧酶系}} \underset{\text{乙酰CoA}}{\begin{array}{c}CH_3\\|\\C=O\\|\\S\text{-}CoA\end{array}} + CO_2$$

二、有机酸的脱羧方式

1. α-脱羧方式

（1）α-单纯脱羧

例如氨基酸在氨基酸脱羧酶的作用下脱去羧基，生成胺和 CO_2。

$$\underset{\alpha\text{-氨基酸}}{\begin{array}{c}R\\|\\CH-NH_3^+\\|\\\boxed{COO^-}\end{array}} \longrightarrow RCH_2-NH_2 + CO_2$$

（2）α-氧化脱羧

例如前面介绍的丙酮酸氧化脱羧基作用。

2. β-脱羧方式

（1）β-单纯脱羧

例如草酰乙酸在丙酮酸羧化酶作用下脱羧生成丙酮酸和 CO_2。

$$H^+ + \underset{\text{草酰乙酸}}{\begin{array}{c}COO^-\\|\\C=O\\|\\CH_2\\|\\\boxed{COO^-}\end{array}} \xrightarrow{\text{丙酮酸羧化酶}} \underset{\text{丙酮酸}}{\begin{array}{c}COO^-\\|\\C=O\\|\\CH_3\end{array}} + CO_2$$

(2) β-氧化脱羧

例如苹果酸在苹果酸酶作用下脱羧基的同时也进行脱氢，脱下的氢交给了 $NADP^+$，生成丙酮酸和 CO_2。

$$H^+ + \begin{array}{c} \boxed{COO^-} \\ | \\ CH_2 \\ | \\ \boxed{HCOH} \\ | \\ COO^- \end{array} + NADP^+ \xrightarrow{\text{苹果酸酶}} \begin{array}{c} CH_3 \\ | \\ C=O \\ | \\ COO^- \end{array} + CO_2 + NADPH + H^+$$

苹果酸

考点提示 氧化脱羧的概念

第三节 生物氧化中 H_2O 的生成

生物氧化过程主要是通过脱氢来实现的。脱氢是氧化的一种方式，生物氧化中所生成的 H_2O 是代谢物脱下的氢经生物氧化作用和吸入的氧结合而成的。

糖、脂肪、氨基酸等代谢物所含的氢在一般情况下是不活泼的，必须通过相应的脱氢酶将其激活后才能脱落。进入体内的氧也必须经过氧化酶激活后才能变为活性很高的氧化剂。但激活的氧在一般情况下还不能直接氧化由脱氢酶激活而脱落的氢，两者之间还需要传递体传递才能最终结合生产 H_2O。所以生物体主要是以脱氢酶、传递体及氧化酶作出的生物氧化体系促进 H_2O 的生成。

一、呼吸链

1. 呼吸链的概念

糖、脂肪、氨基酸等代谢物上的氢原子被脱氢酶激活脱落后，经过一系列的传递体最后传递给被激活的氧分子，从而生成 H_2O 的全部体系称为呼吸链（repiratory chain），又称电子传递链。

在呼吸链中，酶和辅酶按一定顺序排列在线粒体内膜上。其中传递氢的酶或辅酶称为递氢体，传递电子的酶或辅酶称为电子传递体（electron transfer chain）。递氢体和电子传递体都起着传递电子的作用（$2H \longrightarrow 2H^+ + 2e$）。在具体线粒体的生物中，呼吸链是由位于线粒体内膜中的一系列氢和电子传递体按照标准氧化还原电位由低到高的顺序排列组成的一种能量转换体系。

在具有线粒体的生物中，典型的呼吸链有两种，即 NADH 呼吸链和 $FADH_2$ 呼吸链。它们的区别在于初始受氢体、生成 ATP 的数量及应用均有差别。

NADH 呼吸链应用最广，糖类、脂肪、蛋白质三大物质分解代谢中的脱氢氧化反应，绝大多数是通过该呼吸链来完成的。$FADH_2$ 呼吸链中的黄素脱氢酶只能催化某些代谢物脱氢，不能催化 NADH 或 NADPH 脱氢。

除上述两种典型的呼吸链外，在生物体内的呼吸链还有其他多种形式，它们之间有的是中间传递体的成员不同，例如某些细菌中（如分枝杆菌）用维生素 K 代替辅酶 Q，许多细菌没有完整的细胞色素系统。

综上所述，呼吸链的差异虽多，但其传递电子的顺序基本上是一致的。生物进化愈高级，呼吸链就愈完善。

2. 呼吸链的组成

呼吸链由多个组分组成，组成呼吸链的主要成分有以下五类，即烟酰胺脱氢酶类、黄素脱氢酶类、铁硫蛋白类、辅酶Q类和细胞色素类。

(1) 烟酰胺脱氢酶类（辅酶Ⅰ和辅酶Ⅱ）

辅酶Ⅰ（NAD^+或CoⅠ）为烟酰胺腺嘌呤二核苷酸。辅酶Ⅱ（$NADP^+$或CoⅡ）为烟酰胺腺嘌呤二核苷酸磷酸。它们是不需氧脱氢酶的辅酶，分子中的烟酰胺部分，即维生素PP能可逆地加氢还原或脱氢氧化，是递氢体。以NAD^+作为辅酶的脱氢酶占多数。

(2) 黄素脱氢酶类

黄素酶的种类很多，辅基有2种，即FMN和FAD。FMN是NADH脱氢酶的辅基，FAD是琥珀酸脱氢酶的辅基，都是以核黄素为中心构成的，其异咯嗪环上的第1位及第5位两个氮原子能可逆地进行加氢和脱氢反应，为递氢体。

(3) 铁硫蛋白类

此类组分的分子中含有非血红素铁和对酸不稳定的硫，因而常简写为FeS形式。在线粒体内膜上，常与其他递氢体或递电子体构成复合物，复合物中的铁硫蛋白是传递电子的反应中心，亦称铁硫中心，与蛋白质的结合是通过Fe与4个半胱氨酸的S相连接。

(4) 辅酶Q类

又名泛醌，是一类广泛分布于生物界的脂溶性醌类化合物。分子中的苯醌为接受和传递氢的核心，其C_6上带有异戊二烯为单位构成的侧链，在哺乳动物中，这个长链为10个单位，故常以Q_{10}表示。

(5) 细胞色素类

细胞色素（cytochrome，Cyt）是一类以铁卟啉为辅基的结合蛋白质，存在于生物细胞内，因有颜色而得名。按吸收光谱分a、b、c三类，每类又有好多种类。

Cyta和a_3结合紧，迄今尚未分开，故写成aa_3，位于呼吸链的终末部位，其辅基为血红素A，传递电子的机制是以辅基中铁价的变化$Fe^{3+} \longrightarrow Fe^{2+}$，$a_3$还含有铜离子，把电子直接交给分子氧$Cu^+ \longrightarrow Cu^{2+}$，所以$a_3$又称细胞色素氧化酶。$a_3$中的铁原子可以与氧结合，也可以与氰化物离子（$CN^-$）、CO等结合，这种结合一旦发生，$a_3$便失去使氧还原的能力，电子传递中止，呼吸链阻断，导致机体不能利用氧而窒息死亡。

3. 呼吸链各组分的排列顺序

呼吸链中氢和电子的传递有着严格的顺序和方向。根据氧化还原原理，氧化还原电势E是物质对电子亲和力的量度，电极电位的高低反映电子得失的倾向，$E^{\ominus\prime}$值愈低的氧化还原电对（A/AH_2）释放电子的倾向愈大，愈容易成为还原剂而排在呼吸链的前面。所以NADH还原能力最强，氧分子的氧化能力最强。电子的自发流向是从电极电位低的物质（还原态）到电位高的氧化态，目前一致认可的是按标准氧化还原电位递增值依次排列。

电子由NADH的传递到氧分子通过3个大的蛋白质复合体，即NADH脱氢酶、细胞色素bc_1复合体和细胞色素氧化酶到氧（又称复合体Ⅰ、Ⅲ、Ⅳ）。电子从$FADH_2$的传递是通过琥珀酸-辅酶Q还原酶（复合体Ⅱ）经Q、复合体Ⅲ、Ⅳ到氧（琥珀酸-辅酶Q还原酶催化的反应的自由能变化太小）。呼吸链传递全过程如下：

NADH呼吸链：

$$MH_2 \longrightarrow NAD^+ \longrightarrow FMN \longrightarrow Fe\text{-}S \longrightarrow CoQ \longrightarrow Cytb\text{-}c_1\text{-}c\text{-}aa_3 \longrightarrow O_2$$

$FADH_2$呼吸链：

$$MH_2 \longrightarrow FAD \longrightarrow Fe\text{-}S \longrightarrow CoQ \longrightarrow Cytb\text{-}c_1\text{-}c\text{-}aa_3 \longrightarrow O_2$$

二、水的生成过程

生物氧化中 H_2O 的生成,即糖、脂肪、蛋白质等大分子有机物在生物体内经降解形成的代谢物,被脱下的成对氢原子通过多种酶和辅酶所组成的呼吸链进行连锁反应,经逐步传递,最终与被激活的氧结合的过程。

生物氧化中 H_2O 的生成可以概括为两个阶段:第一阶段是脱氢酶将底物上的氢激活脱落;第二阶段是氧化酶将来自大气中的分子态氧活化为氢的最终受体而生成 H_2O。植物和部分微生物还可以利用 NO_3^-、SO_4^{2-} 等氧化物作为受氢体。生物氧化中 H_2O 的生成过程图解如下:

```
M·2H          氧化型          H₂O
    \        /      \        /
     \      /        \      /
      一个或多个传递体
     /      \        /      \
    /        \      /        \
   M          还原型          ½O₂
   ↑                          ↑
  脱氢酶                     氧化酶
```

第四节　ATP 的代谢

从低等的单细胞生物到高等的人类,能量的释放、储存和利用都是以 ATP 为中心。生物体通过生物氧化所产生的能量,除一部分用以维持体温外,大部分可以通过磷酸化作用转移至高能化合物中。含高能磷酸键的化合物很多,其中以 ATP 最为重要。

一、ATP 的结构

ATP 即腺苷三磷酸(也可称为三磷酸腺苷),是生物体内一种重要的核酸衍生物,它是由生物体内的腺苷酸(即腺苷一磷酸)在 $5'$-位上进一步进行磷酸化而生成的,其分子简式为 A-P~P~P,其中 A 代表腺苷,T 代表三个,P 代表磷酸基,~代表高能磷酸键。根据磷酸化的程度不同,腺苷酸在磷酸化过程中可分别得到腺苷二磷酸(ADP)和腺苷三磷酸(ATP),两者在结构上相差一个高能磷酸键。

AMP、ADP 及 ATP 三者的结构式比较如下:

从结构式可以看出,ADP 分子中有 1 个高能磷酸键,而 ATP 分子中有 2 个高能磷酸键。

与 ATP 结构的形成相似的高能化合物还有 GTP、CTP、GDP 等。

二、ATP 的作用

许多生理作用所需的能量都与 ATP 有关，例如原生质的流动、肌肉的运动、电鳗放出的电能、萤火虫放出的光能以及动植物分泌、吸收的渗透能等都靠 ATP 供给。

C代表肌酸；C～P代表磷酸肌酸

ATP 虽然在能量方面起着重要作用，但 ATP 在机体内含量有限，ATP 与 ADP 之间可以相互转化的体系相似于生物体中的 pH 缓冲体系。ATP 可以为比它能级低的化合物提供能量，使之转变为高能磷酸化合物；同样，ADP 也可以从比其能级高的化合物那里接受能量，而使自己转变为 ATP。因此，严格来说，ATP 不是能量的储存物质，而是能量的携带者和传递者。例如，ATP 可将能量转给肌酸用以生成磷酸肌酸，后者是肌肉及脑组织中能量的储存形式。

除此之外，机体内有些合成反应不一定都能够直接利用 ATP 供能，而可以利用其他三磷酸腺苷。例如 UTP 用于多糖的合成，CTP 用于磷脂的合成，GTP 用于蛋白质的合成等。但无论生物体内的化学反应由哪种高能化合物供能，物质氧化时所释放的能量大都必须先合成 ATP，然后 ATP 可使 UDP、CDP 或 GDP 生成相应的 UTP、CTP 或 GTP。

$$\mathrm{ATP} + \begin{cases} \mathrm{UDP} \\ \mathrm{CDP} \\ \mathrm{GDP} \end{cases} \xrightleftharpoons{\text{核苷二磷酸激酶}} \mathrm{ADP} + \begin{cases} \mathrm{UTP} \\ \mathrm{CTP} \\ \mathrm{GTP} \end{cases}$$

总之，生物体内的 ATP 在高能化合物中占有特殊地位，它起着共同中间体的作用。

三、ATP 的生成

生物体内 ATP 的生成需要能量，具体能量来源有光能和化学能。以代谢物进行生物氧化所产生的能量合成高能化合物（如 ATP）的过程称为氧化磷酸化。根据其方式不同，氧化磷酸化可分为两种，即底物水平磷酸化和电子水平磷酸化。

1. 底物水平磷酸化

底物水平磷酸化是指由底物脱水或脱氢而形成的高能化合物的过程，它是在被氧化底物上发生的磷酸化作用。底物被氧化的过程中形成了某些高能磷酸化合物的中间产物，通过酶的作用可使 ADP 生成 ATP。

$$\mathrm{X} \sim \mathrm{\textcircled{P}} + \mathrm{ADP} \longrightarrow \mathrm{ATP} + \mathrm{X}$$

式中，X～Ⓟ代表底物在氧化过程中所形成的高能磷酸化合物。

底物水平磷酸化是发酵微生物进行生物氧化取得能量的唯一方式，其特点是底物水平磷酸化与氧的存在与否无关。

2. 电子水平磷酸化

当电子从 NADH 或 FADH$_2$ 经过电子传递体系（呼吸链）传递给氧形成 H$_2$O 时，同时伴有 ADP 磷酸化生成 ATP 的过程，这一全过程称为电子水平磷酸化或电子传递体系磷酸化。

电子水平磷酸化是生成 ATP 的一种主要方式，是生物体内能量转移的主要环节。人们发现这个过程正常进行时，只要有 ADP 与 Pi 存在，就有 ATP 的生成。电子传递过程和磷酸化作用存在彼此相偶联的部位，根据实验证明，从 NADH 到分子氧的呼吸链中，有三处能使氧化还原过程释放的能量转化为 ATP，而且这三个释放能量的部位都已清楚。这三处也是传递链上可被特异性抑制剂切断的地方。与上述事实相对应，根据实验证明，从 FADH$_2$ 到分子氧的呼吸链中，有两处能使氧化还原过程释放的能量转化为 ATP。NADH 与 FADH$_2$ 呼吸链生成 ATP 的部位及相应特异性抑制剂如图 4-1 所示。

图 4-1　ATP 的部位及相应特异性抑制剂
虚线箭头所连接的物质是此酶的抑制剂

第五节　非线粒体氧化体系和生物转化

除线粒体外，细胞的微粒体和过氧化物酶体也是生物氧化的重要场所。其氧化酶类与线粒体不同，组成特殊的氧化体系。非线粒体氧化体系的特点是在氧化过程中不伴有偶联磷酸化，不能生成 ATP。

一、微粒体氧化体系

存在于微粒体中的氧化体系为单加氧酶系，又称混合功能氧化酶、羟化酶。此酶系催化氧分子中的一个氧原子加到作用物分子上，另一个氧原子被 NADPH+H$^+$ 还原成 H$_2$O。

单加氧酶系催化的反应与体内许多重要活性物质的生成、灭活以及药物、毒物的生物转化有密切联系。

二、过氧化物酶体氧化体系

过氧化物酶体是一种特殊的细胞器，存在于动物的肝脏、肾脏、中性粒细胞和小肠黏膜细胞中。过氧化物酶体中含有多种催化生成 H$_2$O$_2$ 的酶，同时含有分解 H$_2$O$_2$ 的酶。

1. 过氧化氢和超氧负离子的生成

生物氧化过程中，分子氧必须接受 4 个电子才能完成还原，生成 2O^{2-}，再与 4H$^+$ 结合生成 2H$_2$O。即：O$_2$+4e $\longrightarrow$ 2O^{2-}，2O^{2-}+4H$^+$ $\longrightarrow$ 2H$_2$O。

如果电子供给不足或氧分子过量，则生成过氧化基团 O_2^{2-}（—O—O—），即 $O_2+2e \longrightarrow O_2^{2-}$，或超氧负离子 O^-，即 $O_2+2e \longrightarrow 2O^-$。过氧化物酶体中含有许多氧化酶可催化过氧化氢和超氧负离子的生成，如单胺氧化酶、黄嘌呤氧化酶等可催化生成 H_2O_2。

2. 过氧化氢和超氧负离子的作用和毒性

H_2O_2 在体内有一定的生理作用，如嗜中性粒细胞产生的 H_2O_2 可用于杀死吞噬进入细胞的细菌（H_2O_2 常用作发炎伤口消毒剂的原理），甲状腺中产生的 H_2O_2 可用于酪氨酸的碘化过程，为合成甲状腺素所必需。但对大多数组织来说，H_2O_2 若积累过多，会对细胞有毒性作用。

超氧负离子的化学性质活跃，与 H_2O_2 作用可生成性质更活跃的羟基自由基 OH·。H_2O_2、超氧负离子和羟基自由基等可使 DNA 氧化、修饰、断裂，还可氧化蛋白质的巯基而使其丧失活性。自由基还可使细胞膜磷脂分子中的多不饱和脂肪酸氧化生成过氧化脂质（ROOH），引起生物膜损伤（这是因为多不饱和脂肪酸含有双键，化学性质比较活跃，易与自由基反应）。因此必须及时将多余的 H_2O_2、自由基清除。

X 射线及 γ 射线的致癌作用可能与其促进自由基的生成有关，组织老化也与自由基的产生密切相关。此外，值得注意的是氧是维持生命所必需的物质，但也有一定的毒性，机体长时间在纯氧中呼吸或吸入的氧过多，可引起呼吸紊乱乃至死亡，这是因为氧不能在体内储存（血红蛋白数量有限），如吸入过多则经生物氧化作用生成大量的 H_2O_2、超氧负离子，后者对机体造成严重损伤。

3. 过氧化氢和超氧负离子的清除

（1）过氧化氢的清除

过氧化物酶体中含有过氧化氢酶和过氧化物酶，可处理和利用过氧化氢。红细胞等组织细胞中含有一种含硒的谷胱甘肽过氧化物酶，可使过氧化脂质（ROOH）和 H_2O_2 与还原型谷胱甘肽（GSH）反应，从而将它们转变为无毒的水或醇。所以，还原型谷胱甘肽（GSH）可保护红细胞膜蛋白、血红蛋白及酶的巯基等免受氧化剂的毒害，从而维持细胞的正常功能。GSSG（氧化型谷胱甘肽）在谷胱甘肽还原酶的作用下，由 NADPH 作为供氢体，又可重新生成 GSH（还原型谷胱甘肽）。如 NADPH 生成障碍（如缺乏葡萄糖-6-磷酸脱氢酶），谷胱甘肽则不能维持于还原状态，可引起溶血。这种溶血现象可因服用蚕豆及某些药物如磺胺药、阿司匹林而引起，称为蚕豆病。

（2）超氧负离子的清除

超氧化物歧化酶（SOD）是人体防御内外环境中超氧负离子对自身侵害的重要酶。SOD 广泛存在于各种组织中，半衰期极短。胞液中的 SOD 以 Cu^{2+}、Zn^{2+} 为辅基，线粒体中的 SOD 则以 Mn^{2+} 为辅基。两者均可催化超氧负离子氧化还原生成 H_2O_2 与分子氧。

反应过程中，1 分子超氧负离子还原生成 H_2O_2，另 1 分子则氧化生成 O_2，故名歧化酶。所以 SOD 活性下降可引起超氧负离子堆积，超氧负离子对人体有较强的破坏作用，可引起许多疾病。若及时补充 SOD 可避免或减轻疾病。研究证明，SOD 对肿瘤的生长有抑制作用，SOD 活性降低是许多肿瘤的特征；SOD 可减少动物因缺血所造成的心肌区域性梗死的范围和程度。

本章知识要点

1. 生物氧化在反应条件、产物生成过程、能量产生过程三方面的特点。

2. 两条重要的呼吸链：NADH 氧化呼吸链、$FADH_2$ 氧化呼吸链。
3. 水是代谢氢通过呼吸链传递与氧结合生成。
4. CO_2 是有机酸脱羧生成。
5. ATP 生成方式有两种：氧化磷酸化、底物磷酸化。
6. 能量的贮存形式是磷酸肌酸。

阅读材料　SOD水果概述

复习导图

目标检测

一、名词解释

　　生物氧化　生物氧化体系　氧化磷酸化　呼吸链　P/O 比

二、简答题

　　1. 生物氧化与体外氧化反应有何区别？

2. 描述 NADH 氧化呼吸链和 $FADH_2$ 氧化呼吸链的组成、排列顺序及氧化磷酸化的偶联位。

三、实例分析

1. 氰化物为什么能引起细胞窒息死亡？其解救机制是什么？
2. 以感冒或患某些传染性疾病时体温升高为例说明解偶联剂对呼吸链作用的影响。

第五章 糖代谢

糖代谢

【学习目标】

了解糖的生理功能；掌握糖酵解、有氧氧化的概念、作用部位、反应过程、关键酶和生物学意义；了解磷酸戊糖途径的特点和生物学意义；了解糖异生作用、糖原合成与分解。

糖类广泛分布于自然界，几乎所有的生物体都含有糖。人体内糖的主要存在形式是葡萄糖、糖原以及糖类复合物。糖在动物体内的主要作用是提供能源和碳源，人类所需能量的50%～70%来源于糖。糖也是机体重要的结构成分，蛋白聚糖和糖蛋白构成结缔组织、软骨和骨的基质；糖蛋白和糖脂是细胞膜的构成成分；糖在体内还参与构成某些生理活性物质，如激素、酶、免疫球蛋白、血型物质、血浆蛋白等。葡萄糖是体内糖的运糖形式，也是糖代谢的核心，本章重点讨论体内葡萄糖的代谢。

第一节 概 述

一、糖的消化吸收

人体摄入的糖类主要是淀粉及少量的麦芽糖、蔗糖、乳糖和动物糖原。它们都要经过消化管道消化转变成单糖，才能被机体吸收。

1. 消化

食物在口腔停留时间很短，淀粉受唾液淀粉酶催化只有少量被水解。食糜进入胃后，由于胃中没有消化淀粉的酶，而且胃酸逐渐渗入食糜内使唾液淀粉酶失去活性，所以小肠是消化糖类的主要部位。

小肠中胰淀粉酶催化淀粉水解生成糊精、麦芽糖等中间产物，最终水解生成葡萄糖。蔗糖和乳糖随食物进入小肠，分别受蔗糖酶和乳糖酶催化水解生成葡萄糖、果糖及半乳糖。乳糖酶缺乏的患者，在食用牛奶后乳糖消化吸收障碍，从而引起腹胀、腹泻等症状。

2. 吸收

糖以单糖（主要是葡萄糖）的形式经小肠黏膜吸收。小肠黏膜细胞主动吸收葡萄糖，此过程依赖 Na^+ 依赖型葡萄糖转运体，需要消耗 ATP 供能。吸收入血的葡萄糖经门静脉入肝，除了在肝内进行少量代谢外，大部分通过血液循环运达全身各组织，然后进入细胞进行代谢。

除淀粉与糖原之外的多糖不能被胃肠道酶水解，它们进入大肠时基本上没有变化，只有被胃酸轻微地水解。通常情况下，摄入的多糖如纤维素、半纤维素和植物细胞壁的果胶等虽不能被胃肠道酶水解，但对人体是有益的。这些多糖成分促进肠壁的蠕动，具有通便作用。膳食中这类不可消化的多糖被称为"膳食纤维"。如果过量地食用果胶和其他植物胶，会引起腹泻，这是因为它们吸收了大量的水，产生一种黏性溶液或凝胶。这些多糖在胃肠道中不能进行代谢。通过小肠进入大肠，在大肠中形成了大便的主要部分（纤维）。

二、糖的生理功能

糖类是人类食物的主要成分。糖最主要的生理功能是为机体提供能量。葡萄糖在体内氧化释放能量 16.7kJ/g。人体所需能量的 50%～70% 来自于糖，它对于保证重要生命器官的能量供应尤为重要。当机体缺乏糖时，机体则动用脂肪，甚至动用蛋白质氧化供能。

糖也是机体重要的碳源，糖代谢的中间产物作为体内脂肪、蛋白质、核苷酸合成的原料。糖还是人体组织重要的结构成分。糖与脂类结合为糖脂，是细胞膜及神经组织的成分。糖与蛋白质结合成糖蛋白，是免疫球蛋白、酶、激素、血型物质的组成成分。蛋白多糖是结缔组织的成分，具有支持和保护作用。值得指出的是，糖的磷酸衍生物可以形成许多重要的生物活性物质，如 NAD^+、FAD 和 ATP 等。

第二节 葡萄糖分解代谢

葡萄糖是人体内主要的供能物质，其主要分解代谢情况与氧的摄取量关系很大，氧摄取量不足时，葡萄糖通过糖酵解途径进行代谢，生成少量的能量和乳酸，当机体供氧充足的情况下，葡萄糖通过有氧分解进行代谢，可以生成大量的能量 CO_2 和 H_2O。此外葡萄糖也可以进入磷酸戊糖途径等进行代谢。

考点提示 葡萄糖分解代谢的三条途径

一、糖的无氧酵解

糖的无氧酵解是指葡萄糖或糖原在无氧或缺氧情况下分解生成乳酸并生成少量 ATP 的过程，由于这一过程与酵母中糖生醇发酵的过程相似，故称为糖酵解，全身各组织细胞均可进行糖酵解，整个糖酵解的代谢反应可分为两个阶段：第一阶段由葡萄糖或糖原分解生成 2 分子磷酸丙糖；第二阶段由磷酸丙糖转变为乳酸。糖酵解的全部反应在胞浆中进行。

1. 磷酸丙糖的生成

此阶段由 4 步反应组成。

（1）葡萄糖磷酸化生成 6-磷酸葡萄糖

葡萄糖进入细胞后首先的反应是磷酸化，在限速酶——己糖激酶（肝外）或葡萄糖激酶（肝内）的催化下，由 ATP 提供磷酸基团和能量，生成 6-磷酸葡萄糖，这步反应不可逆，并且需要 Mg^{2+} 参与。糖原则在磷酸化酶催化下生成 1-磷酸葡萄糖，然后在磷酸葡萄糖变位酶的催化下转变成 6-磷酸葡萄糖（主要），这是不消耗 ATP 的反应；或在脱支酶的催化下转变成游离的葡萄糖。

$$\begin{array}{c} CHO \\ H-C-OH \\ HO-C-H \\ H-C-OH \\ H-C-OH \\ CH_2OH \end{array} \xrightarrow[\text{己糖激酶}]{ATP \quad ADP \atop Mg^{2+}} \begin{array}{c} CHO \\ H-C-OH \\ HO-C-H \\ H-C-OH \\ H-C-OH \\ CH_2O\sim\text{\textcircled{P}} \end{array}$$

葡萄糖　　　　　　　　　　6-磷酸葡萄糖

从糖原开始，若糖原先被磷酸解为 1-磷酸葡萄糖，然后在磷酸葡萄糖变位酶催化下转变为 6-磷酸葡萄糖，反应不消耗 ATP。

（2）6-磷酸葡萄糖转变为 6-磷酸果糖

这是醛糖与酮糖的可逆异构反应，由磷酸己糖异构酶催化。

6-磷酸葡萄糖 ⇌（磷酸己糖异构酶）6-磷酸果糖

（3）6-磷酸果糖磷酸化转变为 1,6-二磷酸果糖

这是第 2 个磷酸化反应，需 ATP 和 Mg^{2+} 参与，由 6-磷酸果糖激酶-1 催化，反应不可逆，6-磷酸果糖激酶-1 是糖酵解过程中的限速酶。

6-磷酸果糖 →（6-磷酸果糖激酶-1，ATP→ADP，Mg^{2+}）1,6-二磷酸果糖

（4）1,6-二磷酸果糖裂解为 2 分子磷酸丙糖

在醛缩酶催化下，1 分子 1,6-二磷酸果糖裂解为 1 分子磷酸二羟丙酮和 1 分子 3-磷酸甘油醛，反应可逆，且磷酸二羟丙酮和 3-磷酸甘油醛是同分异构体，在磷酸丙糖异构酶催化下可相互转变，只有 3-磷酸甘油醛能够进入糖酵解的后续反应，当 3-磷酸甘油醛被不断消耗时，磷酸二羟丙酮则迅速转变为 3-磷酸甘油醛参与代谢。因此，1 分子 1,6-二磷酸果糖相当于生成 2 分子 3-磷酸甘油醛。

1,6-二磷酸果糖 →（醛缩酶）磷酸二羟丙酮 + 3-磷酸甘油醛

2. 乳酸的生成

此阶段由 6 步反应组成。

（1）3-磷酸甘油醛氧化为 1,3-二磷酸甘油酸

在 3-磷酸甘油醛脱氢酶催化下，3-磷酸甘油醛的醛基脱氢氧化成羧基，与磷酸形成混合酸酐。脱下的氢由 NAD^+ 接受，还原为 $NADH+H^+$。此反应可逆。

$$\begin{array}{c}CH_2O\sim\circled{P}\\|\\CHOH\\|\\CHO\end{array}\quad\underset{\text{3-磷酸甘油醛脱氢酶}}{\xrightleftharpoons[]{NAD^+\quad NADH+H^+}}\quad\begin{array}{c}COO\sim\circled{P}\\|\\CHOH\\|\\CH_2O\sim\circled{P}\end{array}$$

3-磷酸甘油醛 　　　　　　　　　　　　　　1,3-二磷酸甘油酸

（2）1,3-二磷酸甘油酸转变为 3-磷酸甘油酸

在 3-磷酸甘油酸激酶与 Mg^{2+} 存在时，1,3-二磷酸甘油酸上的磷酸从羧基转移到 ADP，形成 ATP 和 3-磷酸甘油酸。这是糖酵解过程中第 1 个生成 ATP 的反应；由于底物的脱氢（脱水），使底物分子内原子重新排列，能量集中于某一键，因而产生高能磷酸键，将此底物分子中的高能磷酸基直接转移给 ADP 生成 ATP，这种 ADP 的磷酸化作用与底物的脱氢作用直接偶联的反应，称为底物水平磷酸化。

$$\begin{array}{c}COO\sim\circled{P}\\|\\CHOH\\|\\CH_2O\sim\circled{P}\end{array}\quad\underset{\text{3-磷酸甘油酸激酶}}{\xrightleftharpoons[]{ADP\quad\quad ATP\\ Mg^{2+}}}\quad\begin{array}{c}COOH\\|\\CHOH\\|\\CH_2O\sim\circled{P}\end{array}$$

1,3-二磷酸甘油酸 　　　　　　　　　　　　　3-磷酸甘油酸

（3）3-磷酸甘油酸转变为 2-磷酸甘油酸

磷酸甘油酸变位酶催化磷酸基从 3-磷酸甘油酸的 3 位 C 转移到 2 位 C 上，生成 2-磷酸甘油酸。此步反应可逆。

$$\begin{array}{c}COOH\\|\\CHOH\\|\\CH_2O\sim\circled{P}\end{array}\quad\underset{}{\xrightleftharpoons[]{\text{磷酸甘油酸变位酶}}}\quad\begin{array}{c}COOH\\|\\CHO\sim\circled{P}\\|\\CH_2OH\end{array}$$

3-磷酸甘油酸 　　　　　　　　　　　　　　2-磷酸甘油酸

（4）2-磷酸甘油酸转变成磷酸烯醇式丙酮酸

烯醇化酶催化 2-磷酸甘油酸脱水生成磷酸烯醇式丙酮酸，形成 1 个高能磷酸键。

$$\begin{array}{c}COOH\\|\\CHO\sim\circled{P}\\|\\CH_2OH\end{array}\quad\underset{}{\xrightleftharpoons[]{\text{烯醇化酶}}}\quad\begin{array}{c}COOH\\|\\CO\sim\circled{P}\\\|\\CH_2\end{array}\quad+\;H_2O$$

2-磷酸甘油酸 　　　　　　　　　　　　磷酸烯醇式丙酮酸

（5）丙酮酸的生成

丙酮酸激酶催化磷酸烯醇式丙酮酸转变为不稳定的烯醇式丙酮酸，同时把分子中的高能磷酸基转移给 ADP，生成 ATP。这是糖酵解途径中第 2 次底物水平磷酸化。烯醇式丙酮酸进而经非酶促反应转变为稳定的丙酮酸。此反应不可逆。

$$\begin{array}{c}COOH\\|\\CO\sim\circled{P}\\\|\\CH_2\end{array}\quad\underset{\text{丙酮酸激酶}}{\xrightarrow[]{ADP\quad\quad ATP\\ Mg^{2+}}}\quad\begin{array}{c}COOH\\|\\COH\\\|\\CH_2\end{array}\quad\longrightarrow\quad\begin{array}{c}COOH\\|\\C=O\\|\\CH_3\end{array}$$

磷酸烯醇式丙酮酸 　　　　　　　　烯醇式丙酮酸 　　　丙酮酸

（6）丙酮酸还原为乳酸

乳酸脱氢酶催化丙酮酸还原为乳酸，供氢体 $NADH+H^+$ 来自本阶段第 1 步反应中 3-磷酸甘油醛脱下的氢。此反应可逆。

糖酵解反应的全过程如图5-1所示。

图 5-1　糖酵解过程

3. 糖酵解的反应特点

(1) 糖酵解全过程没有氧的参与

整个糖酵解反应过程在胞液中进行，反应中生成的 NADH＋H$^+$ 只能将 2H$^+$ 交给丙酮酸，使之还原为乳酸。乳酸是糖酵解的必然产物。

(2) 糖酵解中糖没有完全被氧化

反应中能量释放较少，1分子葡萄糖可氧化为2分子丙酮酸，经2次底物水平磷酸化，可产生4分子ATP，葡萄糖活化时消耗的2分子ATP，净生成2分子ATP。

(3) 糖酵解中有3步不可逆的单向反应

己糖激酶（葡萄糖激酶）、6-磷酸果糖激酶-1和丙酮酸激酶是糖酵解过程中的关键酶，其中6-磷酸果糖激酶-1的催化活性最低，是最重要的限速酶，对糖酵解代谢的速率起着决定性的作用。

4. 糖酵解途径的调节

整个糖酵解反应过程中，在生理条件下，人体内的各种代谢过程受到精细而又严格的调节，来保持内环境的稳定，适应机体生理活动的需要，这种调节作用是通过改变关键酶的活性来实现的。糖酵解过程中由己糖激酶（葡萄糖激酶）、6-磷酸果糖激酶-1和丙酮酸激酶催化的三个反应是不可逆的，这三个酶是糖酵解的限速酶，糖酵解途径的调节主要是对这三个酶的活性的调节见表5-1。

表 5-1　糖酵解途径关键酶的调节

酶　名　称	激　活　剂	抑　制　剂
己糖激酶	—	6-磷酸葡萄糖
6-磷酸果糖激酶-1	AMP　ADP 1,6-二磷酸果糖 2,6-二磷酸果糖	ATP、柠檬酸
丙酮酸激酶	1,6-二磷酸果糖、胰高血糖素	ATP、丙氨酸、乙酰 CoA

5. 糖酵解的生理意义

（1）提供机体急需的能量

糖酵解所释放的能量虽然不多，但却是机体在缺氧情况下提供能量的重要方式，如剧烈运动、心脏疾患、呼吸受阻等。如果机体相对缺氧时间较长，可导致糖酵解产物乳酸的堆积，可能引起代谢性酸中毒。

（2）红细胞供能的主要方式

成熟红细胞没有线粒体（能量主要在线粒体内生成），不能进行有氧氧化，而以糖酵解为唯一的供能途径。人体红细胞每天利用的葡萄糖约为 25g，其中 90%～95% 是通过糖酵解进行代谢的。

（3）某些组织生理情况下的供能途径

少数组织即使在氧供应充足的情况下，仍主要靠糖酵解供能，如视网膜、睾丸、肾髓质、白细胞及肿瘤细胞等。

考点提示　糖酵解的反应场所、反应条件、关键酶、终产物、生理意义

二、糖的有氧氧化

葡萄糖或糖原在有氧条件下彻底氧化分解生成 CO_2 和 H_2O 并释放大量能量的过程，称为糖的有氧氧化。有氧氧化是糖分解代谢的主要方式，体内大多数组织通过糖有氧氧化获得能量。

1. 有氧氧化的反应过程

糖的有氧氧化整个过程可分为 3 个阶段：第一阶段，葡萄糖或糖原在胞浆中转变为丙酮酸；第二阶段，丙酮酸进入线粒体进行氧化脱羧，生成乙酰辅酶 A（乙酰 CoA）；第三阶段，乙酰 CoA 进入三羧酸循环彻底氧化生成 CO_2 和 H_2O，并释放大量的能量。

（1）丙酮酸的生成

此阶段的反应步骤与糖酵解基本相同。所不同的是有氧氧化不再将 3-磷酸甘油醛脱氢产生的 $NADH+H^+$ 交给丙酮酸使其还原为乳酸，而是将产生的 $NADH+H^+$ 经呼吸链氧化生成水并释放能量，使 ADP 磷酸化生成 ATP，这种生成 ATP 的方式称为氧化磷酸化。丙酮酸则直接进入线粒体进一步氧化。

（2）丙酮酸氧化脱羧生成乙酰 CoA

胞浆内生成的丙酮酸首先经线粒体内膜上特异载体转运入线粒体，在丙酮酸脱氢酶复合体的催化下进行氧化脱羧，与辅酶 A(HSCoA) 结合成乙酰 CoA，此反应不可逆，总反应如下：

$$丙酮酸 + HSCoA + NAD^+ \xrightarrow{丙酮酸脱氢酶复合体} 乙酰\,CoA + CO_2 + NADH + H^+$$

丙酮酸脱氢酶复合体由 3 种酶按一定比例组成，并有 6 种辅酶或辅基参与（见图 5-2）。

丙酮酸氧化释放的自由能储存于乙酰 CoA 及 $NADH+H^+$ 中。乙酰 CoA 可进入多种代

谢途径代谢，NADH+H$^+$ 则进入呼吸链继续氧化。丙酮酸氧化脱羧体系由多种维生素参与辅助因子的组成，一旦这些维生素缺乏时，势必导致糖代谢障碍，如缺乏维生素 B_1，可引起"脚气病"；缺乏维生素 B_2，常可引起口角炎、舌炎等。

图 5-2　丙酮酸脱氢酶系的组成

(3) 乙酰 CoA 彻底氧化分解（三羧酸循环）

三羧酸循环从乙酰 CoA 与草酰乙酸缩合生成含 3 个羧基的三羧酸——柠檬酸开始，经 4 次脱氢、2 次脱羧反应，最后仍生成草酰乙酸而构成循环，故称为三羧酸循环，也称为柠檬酸循环。三羧酸循环在线粒体中进行，反应中脱下的 H$^+$ 经呼吸链传递与氧结合为水，并且生成大量的 ATP。

① 柠檬酸的生成　乙酰 CoA 与草酰乙酸在关键酶——柠檬酸合成酶的催化下缩合成柠檬酸，同时释放出辅酶 A。反应所需的能量来源于乙酰 CoA 中高能硫酯键的水解。此反应不可逆。

$$\underset{\text{乙酰辅酶 A}}{\text{CH}_3\text{—CO~SCoA}} + \underset{\text{草酰乙酸}}{\text{O=C—COOH} \atop \text{H}_2\text{C—COOH}} \xrightarrow[\text{柠檬酸合成酶}]{+\text{H}_2\text{O}} \underset{\text{柠檬酸}}{\text{H}_2\text{C—COOH} \atop \text{HO—C—COOH} \atop \text{H}_2\text{C—COOH}} + \underset{\text{辅酶 A}}{\text{HSCoA}}$$

② 异柠檬酸的生成　在顺乌头酸酶的催化下，柠檬酸经脱水与加水反应，柠檬酸转变为异柠檬酸，此反应可逆。

$$\underset{\text{柠檬酸}}{\text{H}_2\text{C—COOH} \atop \text{HO—C—COOH} \atop \text{H}_2\text{C—COOH}} \underset{+\text{H}_2\text{O}}{\overset{-\text{H}_2\text{O}}{\rightleftharpoons}} \underset{\text{顺乌头酸}}{\text{H}_2\text{C—COOH} \atop \text{C—COOH} \atop \text{HC—COOH}} \underset{-\text{H}_2\text{O}}{\overset{+\text{H}_2\text{O}}{\rightleftharpoons}} \underset{\text{异柠檬酸}}{\text{H}_2\text{C—COOH} \atop \text{HC—COOH} \atop \text{HO—HC—COOH}}$$

③ 异柠檬酸的氧化脱羧　在异柠檬酸脱氢酶催化下，异柠檬酸脱氢、脱羧转变为 α-酮戊二酸，反应脱下的氢由 NAD$^+$ 接受。这是三羧酸循环中第 1 次脱氢，伴有脱羧，反应不可逆。异柠檬酸脱氢酶是三羧酸循环的限速酶。

$$\underset{\text{异柠檬酸}}{\text{H}_2\text{C—COOH} \atop \text{HC—COOH} \atop \text{HO—HC—COOH}} \xrightarrow[\text{异柠檬酸脱氢酶}]{\text{NAD}^+ \quad \text{NADH+H}^+ \atop \text{Mg}^{2+}} \underset{\text{α-酮戊二酸}}{\text{CH}_2\text{—COOH} \atop \text{CH}_2 \atop \text{CO—COOH}} + \text{CO}_2$$

④ α-酮戊二酸的氧化脱羧　在 α-酮戊二酸脱氢酶复合体催化下，α-酮戊二酸脱氢、脱羧转变为琥珀酰 CoA，其反应过程机制与丙酮酸氧化脱羧反应类似，酶系组成也类似，由三种酶（二氢硫辛酸转琥珀酰酶、α-酮戊二酸脱氢酶、二氢硫辛酸脱氢酶）及六种辅助因子（TPP、硫辛酸、FAD、NAD$^+$、HSCoA 和 Mg^{2+}）组成。该酶系为关键酶，反应不可逆。这是三羧酸循环中的第 2 次脱氢，伴有脱羧。

$$\underset{\alpha\text{-酮戊二酸}}{\begin{array}{l}CH_2-COOH\\|\\CH_2\\|\\CO-COOH\end{array}} \xrightarrow[\underset{\alpha\text{-酮戊二酸脱氢酶复合体}}{TPP\ L\underset{S}{\overset{S}{\diagdown}}HSCoA\ FAD}]{NAD^+\ Mg^{2+}\ NADH+H^+} \underset{\text{琥珀酰辅酶A}}{\begin{array}{l}CH_2-COOH\\|\\CH_2\\|\\CO\sim SCoA\end{array}} +CO_2$$

⑤ **琥珀酸的生成** 在琥珀酸硫激酶的催化下，琥珀酰 CoA 的高能硫酯键水解，能量转移给 GDP, 生成 GTP, 其本身则转变为琥珀酸，生成的 GTP 可直接利用，也可将高能磷酸基团转移给 ADP 生成 ATP。这是三羧酸循环中唯一的 1 次底物水平磷酸化反应，此反应可逆。

$$\underset{\text{琥珀酰辅酶A}}{\begin{array}{l}CH_2-COOH\\|\\CH_2\\|\\CO\sim SCoA\end{array}} +GDP+Pi \underset{\text{琥珀酸硫激酶}}{\rightleftharpoons} \underset{\text{琥珀酸}}{\begin{array}{l}H_2C-COOH\\|\\H_2C-COOH\end{array}} +GTP+HSCoA$$

⑥ **延胡索酸的生成** 在琥珀酸脱氢酶催化下，琥珀酸脱氢转变成延胡索酸，脱下的氢由 FAD 接受。这是三羧酸循环中的第 3 次脱氢，此反应可逆。

$$\underset{\text{琥珀酸}}{\begin{array}{l}H_2C-COOH\\|\\H_2C-COOH\end{array}} +FAD \underset{\text{琥珀酸脱氢酶}}{\rightleftharpoons} \underset{\text{延胡索酸}}{\begin{array}{l}HC-COOH\\||\\HC-COOH\end{array}} +FADH_2$$

⑦ **苹果酸的生成** 在延胡索酸酶的催化下，延胡索酸水解为苹果酸，此反应可逆。

$$\underset{\text{延胡索酸}}{\begin{array}{l}HC-COOH\\||\\HC-COOH\end{array}} +H_2O \underset{\text{延胡索酸酶}}{\rightleftharpoons} \underset{\text{苹果酸}}{\begin{array}{l}H_2C-COOH\\|\\HO-CH-COOH\end{array}}$$

⑧ **草酰乙酸的再生** 在苹果酸脱氢酶催化下，苹果酸脱氢转变为草酰乙酸，脱下的氢由 NAD^+ 接受。这是三羧酸循环中的第 4 次脱氢，此反应可逆。再生的草酰乙酸可再次进入三羧酸循环。

$$\underset{\text{苹果酸}}{\begin{array}{l}H_2C-COOH\\|\\HO-CH-COOH\end{array}} \underset{\text{苹果酸脱氢酶}}{\overset{NAD^+\quad NADH+H^+}{\rightleftharpoons}} \underset{\text{草酰乙酸}}{\begin{array}{l}H_2C-COOH\\|\\O=C-COOH\end{array}}$$

三羧酸循环整个反应过程如图 5-3 所示。

2. **三羧酸循环的特点**

(1) **是在有氧条件下进行的连续循环的酶促反应过程**

由草酰乙酸与乙酰 CoA 缩合成柠檬酸开始，以草酰乙酸的再生结束。循环 1 周，实际氧化了 1 分子乙酰 CoA, 通过 2 次脱羧，生成 2 分子 CO_2, 4 次脱下来的氢经呼吸链传递，与氧结合生成水并释放出能量。

(2) **机体主要的产能方式**

1 次三羧酸循环有 4 次脱氢反应，其中 3 次以 NAD^+ 为受氢体（每分子 $NADH+H^+$ 经呼吸链氧化可产生 3 分子 ATP), 1 次以 FAD 为受氢体（1 分子 $FADH_2$ 经呼吸链氧化可产生 2 分子 ATP), 可产生 11 分子 ATP, 再加上底物水平磷酸化生成的 1 个 GTP, 共产生 12 分子 ATP。

(3) **单向反应体系**

其中柠檬酸合成酶、异柠檬酸脱氢酶、α-酮戊二酸脱氢酶系是限速酶，催化单向不可逆反应。因此，三羧酸循环是不可逆转的。

图 5-3 三羧酸循环

(4) 循环的中间物必须不断补充

尽管三羧酸循环 1 次只消耗 1 分子乙酰基,其中间产物可循环使用并无量的变化,然而由于体内各代谢途径相互交汇和转化,中间产物常可移出循环而参加其他代谢,如草酰乙酸可转变为天冬氨酸而参与蛋白质的合成,琥珀酰 CoA 可参与血红素合成等。为维持三羧酸循环中间产物的一定浓度,保证三羧酸循环的正常运转,必须不断补充消耗的中间产物。

3. 糖有氧氧化能量的生成

人体活动所需的能量主要来自于糖的有氧氧化,而糖有氧氧化能量的生成主要是脱下来的氢经线粒体呼吸链传递,最终与氧结合成水,所释放的能量经氧化磷酸化生成 ATP,另有少量的 ATP 是通过底物水平磷酸化生成的。现将 1 分子葡萄糖彻底氧化成 CO_2 和 H_2O 过程中 ATP 消耗和生成的情况总结如表 5-2 所示。

表 5-2 有氧氧化过程中 ATP 的生成

反应阶段	反应过程	生成 ATP 数
第一阶段	葡萄糖→6-磷酸葡萄糖	-1
	6-磷酸果糖→1,6-二磷酸果糖	-1
	2×3-磷酸甘油醛→2×1,3-二磷酸甘油酸	2×2.5 或 2×1.5*
	2×1,3-二磷酸甘油酸→2×3-磷酸甘油酸	2×1
	2×磷酸烯醇式丙酮酸→2×丙酮酸	2×1
第二阶段	2×丙酮酸→2×乙酰 CoA	2×2.5
第三阶段	2×异柠檬酸→2×α-酮戊二酸	2×2.5
	2×α-酮戊二酸→2×琥珀酰 CoA	2×2.5
	2×琥珀酰 CoA→2×琥珀酸	2×1
	2×琥珀酸→2 延胡索酸性	2×1.5
	2×苹果酸→2×草酰乙酸	2×2.5
合计		32 或 30

注:"*" 糖酵解过程脱下来的 $NADH+H^+$ 在胞浆中,而 $NADH+H^+$ 必须转移到线粒体内才能氧化,根据 $NADH+H^+$ 经进入线粒体的方式不同,最后生成的 ATP 数量不同。$NADH+H^+$ 经苹果酸穿梭进入线粒体产生 2.5 个 ATP,如经 α-磷酸甘油穿梭则产生 1.5 个 ATP。

4. 糖有氧氧化的调节

糖有氧氧化的主要功能在于提供机体活动所需的能量，所以有氧氧化的调节是为了适应机体能量的需求，当机体处于相对缺能的状态时，糖有氧氧化的关键酶几乎全部被激活，当机体能量充足时，这些酶被抑制。糖有氧氧化的三个阶段都有调节点，第一阶段关键酶的调节在糖酵解部分已经介绍，第二、三阶段的关键酶调节见表5-3。

表5-3 糖有氧氧化调节

阶 段	酶 名 称	激 活 剂	抑 制 剂
第一阶段		与糖酵解相同	
第二阶段	丙酮酸脱氢酶复合体	HSCoA、AMP、NAD^+ ADP、NAD^+、Ca^{2+}	乙酰CoA、ATP、$NADH+H^+$ ATP、$NADH+H^+$
第三阶段	异柠檬酸脱氢酶 α-酮戊二酸脱氢酶复合体柠檬酸合成酶	ADP、NAD^+、Ca^{2+} —	琥珀酰CoA、ATP、$NADH+H^+$ ATP、$NADPH+H^+$

此外丙酮酸脱氢酶复合体还可以通过共价修饰方式调节，磷酸化后此酶活性受到抑制，去磷酸化后酶活性恢复。

5. 有氧氧化的生理意义

（1）有氧氧化是机体获得能量的主要方式

1mol葡萄糖经有氧氧化可生成38（或36）mol ATP，而1mol葡萄糖在无氧条件下经酵解仅得2mol ATP。脑是机体耗能的主要器官，主要以葡萄糖的有氧氧化为供能方式。

（2）三羧酸循环是体内营养物质彻底氧化分解的共同通路

糖、脂肪、蛋白质三大营养物质经代谢后均可生成乙酰CoA，各营养物质的分解途径虽不相同，但都可分解为共同的二碳化合物——乙酰CoA而进入三羧酸循环，进而完全氧化分解为CO_2和H_2O，并释放能量以满足机体需要，三大营养物质代谢的联系见氨基酸代谢。

（3）三羧酸循环为三大营养物质代谢相互联系的枢纽

糖代谢产生的丙酮酸、α-酮戊二酸、草酰乙酸等可通过联合脱氨基逆行分别转变为丙氨酸、谷氨酰胺、天冬氨酸；同样这些氨基酸也可通过脱氨基后生成相应的α-酮酸进入三羧酸循环彻底氧化；脂肪分解产生甘油和脂肪酸，前者可转变成磷酸二羟丙酮，后者可生成乙酰CoA，两者均可进入三羧酸循环氧化供能。因此三羧酸循环是糖、脂肪、氨基酸互相转化的枢纽。

（4）三羧酸循环可提供生物合成的前体

三羧酸循环中的某些中间物质可用于合成其他物质，例如琥珀酰CoA可用于血红素的合成。α-酮戊二酸、草酰乙酸等可以合成氨基酸等。

考点提示 糖有氧氧化的概念和生理意义

三、磷酸戊糖途径

磷酸戊糖途径由6-磷酸葡萄糖开始，生成具有重要生理功能的5-磷酸核糖和$NADPH+H^+$，此反应途径主要发生在肝、脂肪组织、哺乳期的乳腺、肾上腺皮质、性腺、骨髓和红细胞中等。

1. 磷酸戊糖途径的反应过程

磷酸戊糖途径在胞液中进行，全过程可分为2个阶段。第1阶段是6-磷酸葡萄糖脱氢氧化生成磷酸戊糖、$NADPH+H^+$和CO_2；第2阶段是一系列基团的转移反应。

(1) 磷酸戊糖的生成

6-磷酸葡萄糖首先在限速酶 6-磷酸葡萄糖脱氢酶的催化下，脱氢生成 6-磷酸葡萄糖酸，继而受 6-磷酸葡萄糖酸脱氢酶的催化，脱氢生成 5-磷酸核酮糖。5-磷酸核酮糖在异构酶、差向异构酶的催化下，可互变为 5-磷酸核糖和 5-磷酸木酮糖。

(2) 基团的转移反应

在转酮基酶、转醛基酶的催化下，5-磷酸木酮糖、5-磷酸核糖经一系列反应，生成 6-磷酸果糖和 3-磷酸甘油醛，前者用于合成核苷，后者则可进入糖酵解途径代谢。

磷酸戊糖途径的反应可归纳为图 5-4。

图 5-4　磷酸戊糖途径

综上所述，1 分子 6-磷酸葡萄糖经磷酸戊糖途径氧化，需 6 分子 6-磷酸葡萄糖反应，最后生成 5 分子 6-磷酸葡萄糖，实际消耗了 1 分子 6-磷酸葡萄糖。磷酸戊糖途径中有 2 次脱氢，6 分子 6-磷酸葡萄糖共生成 12 分子 NADPH＋H$^+$。如果体内缺乏限速酶 6-磷酸葡萄糖酸脱氢酶，易发生溶血性贫血，俗称蚕豆病。此酶活性受 NADPH＋H$^+$ 浓度的影响，NADPH＋H$^+$ 的浓度增高时该酶活性受抑制。

2. 磷酸戊糖途径的生理意义

磷酸戊糖途径的生理意义是产生 5-磷酸核糖和 NADPH＋H$^+$。

(1) 为核酸的生物合成提供原料（核糖）

磷酸戊糖途径是体内利用葡萄糖生成 5-磷酸核糖的唯一途径，为体内核苷酸的合成提供了原料。

(2) NADPH＋H$^+$ 作为供氢体

NADPH＋H$^+$ 可参与体内许多重要的代谢反应：①作为供氢体参与胆固醇、脂肪酸、皮质激素和性激素等的生物合成；②NADPH＋H$^+$是加单氧酶系（羟化反应）的供氢体，参与药物、毒物和某些激素的生物转化；③作为谷胱甘肽（GSH）还原酶的辅酶，对于维持细胞中还原型GSH的含量起重要作用。GSH可与氧化剂起反应，从而保护一些含巯基的蛋白或酶免遭氧化而丧失正常的结构和功能。如红细胞中的GSH可保护细胞膜上含巯基的蛋白质和酶，以维持膜的完整性和酶的活性。

考点提示 磷酸戊糖途径的生理意义

第三节 糖原的代谢

糖原是由若干葡萄糖单位组成的具有分支的大分子多糖，是体内糖的储存形式。糖原分子中的葡萄糖单位主要以 α-1,4 糖苷键相连，形成直链，部分以 α-1,6 糖苷键相连构成支链。一条糖链有1个还原端、1个非还原端，每形成1个分支即多出1个非还原端，糖原的合成与分解都由非还原端开始。

糖原主要储存于肝脏和肌肉组织，分别称为肝糖原和肌糖原。肝糖原能直接分解维持血糖，占肝重的 6%～8%，肌糖原占肌肉总量的 1%～2%，但肌糖原不能直接补充血糖，需先经酵解生成乳酸，经糖异生作用转变成糖。

一、糖原合成

1. 概念

由单糖（如葡萄糖）合成糖原的过程称为糖原合成。肝糖原可以由任何单糖（如葡萄糖、果糖、半乳糖等）为原料进行合成，而肌糖原只能以葡萄糖为原料。糖原合成在胞液进行，消耗 ATP 和 UTP。

2. 反应过程

（1）葡萄糖的磷酸化

此反应是由己糖激酶（或葡萄糖激酶）催化的不可逆反应，由 ATP 供能，葡萄糖转变成 6-磷酸葡萄糖。

（2）1-磷酸葡萄糖的生成

在磷酸葡萄糖变位酶的催化下，6-磷酸葡萄糖转变为 1-磷酸葡萄糖。

（3）尿苷二磷酸葡萄糖（UDPG）的生成

在 UDPG 焦磷酸化酶的作用下，1-磷酸葡萄糖与 UTP 作用，生成 UDPG，释放出焦磷酸。

$$\text{1-磷酸葡萄糖} + \text{P}\sim\text{P}\sim\text{P}-\text{尿苷} \underset{\text{UDPG焦磷酸化酶}}{\overset{\text{PPi}}{\rightleftharpoons}} \text{UDPG}$$

（4）糖原的合成

UDPG 中的葡萄糖单位在糖原合成酶作用下，转移到原有的糖原引物上，在非还原端以 α-1,4 糖苷键连接，每次反应糖原引物便增加 1 个葡萄糖单位。

$$\text{UDPG} + \text{糖原}(G_n) \xrightarrow{\text{糖原合成酶}} \text{UDP} + \text{糖原}(G_{n+1})$$

3. 反应特点

（1）糖原合成酶催化的糖原合成反应不能从头开始

必须有 1 个多聚葡萄糖的引物，在其非还原端每次增加 1 个葡萄糖单位。

（2）糖原合成酶只能催化糖原碳链的延长

糖原合成酶不能催化形成分支，当糖链长度达 11 个葡萄糖残基时，分支酶就将 7 个葡萄糖残基的糖链转移到另一糖链上，以 α-1,6 糖苷键相连，形成糖原分支。

（3）糖原合成酶是糖原合成的关键酶

其活性受胰岛素的调控。

（4）UDPG 是体内葡萄糖的供体

其中的葡萄糖是活性葡萄糖。糖原分子每增加 1 分子葡萄糖，需要消耗 2 个高能磷酸键。

二、糖原分解

1. 概念

肝糖原分解为葡萄糖以补充血糖的过程，称为糖原分解。肌糖原不能分解为葡萄糖补充血糖，而是经糖酵解生成乳酸，再经糖异生转变为葡萄糖。

2. 反应过程

① 1-磷酸葡萄糖的生成　在磷酸化酶的作用下，糖原分子非还原端的 α-1,4 糖苷键水解，逐个生成 1-磷酸葡萄糖。

② 6-磷酸葡萄糖的生成　在变位酶的作用下，1-磷酸葡萄糖转变为 6-磷酸葡萄糖。

③ 葡萄糖的生成　在葡萄糖 6-磷酸酶的作用下，6-磷酸葡萄糖水解为葡萄糖。

3. 反应特点

① 磷酸化酶催化糖原水解，只能作用于 α-1,4 糖苷键，而对 α-1,6 糖苷键无作用，当催化至距 α-1,6 糖苷键 4 个葡萄糖单位时就不再起作用，而是由脱支酶继续催化糖原的水解。

② 脱支酶将 3 个葡萄糖基转移到邻近糖链的末端，仍以 α-1,4 糖苷键连接，剩下 1 个以 α-1,6 糖苷键连接的葡萄糖基被脱支酶水解成游离的葡萄糖。磷酸化酶与脱支酶交替作用，完成糖原的分解过程。

③ 磷酸化酶是糖原分解的限速酶。

④ 葡萄糖 6-磷酸酶只存在于肝和肾，肌肉组织中没有，因此肌糖原不能分解为葡萄糖，而只有肝、肾组织中的糖原才能直接分解为葡萄糖，补充血糖。

糖原合成与分解示意：

第四节 糖异生

由非糖物质（乳酸、甘油、生糖氨基酸等）转变为葡萄糖或糖原的过程，称为糖异生作用。糖异生的主要场所是肝脏，长期饥饿和酸中毒时，肾脏的糖异生能力大大增强，几乎与肝脏持平。

一、糖异生的基本过程

糖异生途径基本上是糖酵解途径的逆反应，但糖酵解中由己糖激酶、6-磷酸果糖激酶-1、丙酮酸激酶3个关键酶所催化的反应是不可逆的，存在较大的"能障"，必须由另外的酶来催化绕过这3个"能障"。这些酶即为糖异生过程的限速酶。在此，只介绍糖异生如何由其他的酶的催化绕过糖酵解的三个不可逆反应，糖异生途径的其他反应为糖酵解的逆反应。

1. 6-磷酸葡萄糖水解为葡萄糖

由葡萄糖-6-磷酸酶催化 6-磷酸葡萄糖的水解，生成葡萄糖，完成己糖激酶催化的逆反应。

2. 1,6-二磷酸果糖水解为 6-磷酸果糖

由果糖-1,6-二磷酸酶催化 1,6-二磷酸果糖的水解，生成 6-磷酸果糖，完成磷酸果糖激酶-1 所催化的逆反应。

3. 丙酮酸羧化支路

丙酮酸羧化酶和磷酸烯醇式丙酮酸羧激酶可催化由丙酮酸激酶催化的逆反应，此过程称

为丙酮酸羧化支路，催化丙酮酸逆向转变为磷酸烯醇式丙酮酸，且消耗能量。

（1）丙酮酸转变为草酰乙酸

在以生物素为辅酶的丙酮酸羧化酶催化下，并在 CO_2、ATP 存在时，丙酮酸羧化为草酰乙酸。

$$\underset{\text{丙酮酸}}{\underset{|}{\overset{CH_3}{\underset{COOH}{\overset{|}{C=O}}}}} + CO_2 \xrightarrow[\text{丙酮酸羧化酶}]{\text{生物素 ATP}} \underset{\text{草酰乙酸}}{\underset{|}{\overset{COOH}{\underset{COOH}{\overset{|}{\underset{|}{\overset{CH_2}{C=O}}}}}}}$$

（2）磷酸烯醇式丙酮酸的生成

在磷酸烯醇式丙酮酸羧激酶催化下，由 GTP 供能，草酰乙酸脱羧生成磷酸烯醇式丙酮酸。

$$\underset{\text{草酰乙酸}}{\underset{|}{\overset{COOH}{\underset{COOH}{\overset{|}{\underset{|}{\overset{CH_2}{C=O}}}}}}} \xrightarrow[\text{磷酸烯醇式丙酮酸羧激酶}]{GTP \quad GDP} \underset{\text{磷酸烯醇式丙酮酸}}{\underset{|}{\overset{CH_2}{\underset{COOH}{\overset{||}{C-O\sim\textcircled{P}}}}}} + CO_2$$

二、甘油和乳酸的糖异生途径

1. 甘油的糖异生途径

甘油是脂肪的分解产物，首先在磷酸甘油激酶的作用下，生成 α-磷酸甘油，再经 α-磷酸甘油脱氢酶的催化生成磷酸二羟丙酮，由此汇入糖异生途径。

2. 乳酸的糖异生途径

在乳酸脱氢酶作用下，乳酸脱氢转变为丙酮酸，丙酮酸进入线粒体，可转变为磷酸烯醇式丙酮酸出线粒体到胞浆，汇入糖异生途径；也可先羧化为草酰乙酸，再还原为苹果酸后，出线粒体，脱氢生成草酰乙酸和 $NADH+H^+$，草酰乙酸可转变为磷酸烯醇式丙酮酸而汇入糖异生途径，而 $NADH+H^+$ 则提供了 1,3-二磷酸甘油酸逆向生成 3-磷酸甘油醛所需的 2 个 H，从而保证糖异生过程的正常进行。

三、糖异生的生理意义

1. 饥饿状态下维持血糖浓度的恒定

空腹或饥饿时，肝糖原分解产生的葡萄糖仅能维持 10h 左右，长期饥饿时，机体完全依靠糖异生作用来维持血糖浓度的恒定。以保证脑、红细胞等重要器官的能量供应。

2. 调节酸碱平衡

长期饥饿时肾糖异生作用增强，促进肾小管细胞分泌氨，乳酸经糖异生转变成糖，可防止乳酸堆积，维持机体的酸碱平衡。

3. 有利于乳酸的利用

当肌肉在缺氧或剧烈运动时，肌糖原经酵解产生大量乳酸，而肌肉组织内不能进行糖异生，乳酸便弥散入血液，经肝门静脉入肝，在肝内异生为葡萄糖，葡萄糖释放入血后，又可被肌肉摄取，生成肌糖原。这个循环即为乳酸循环。乳酸循环的形成是由于肝和肌肉组织中酶的特点所致，可以防止和改善由乳酸堆积造成的酸中毒，进行乳酸的再利用。

考点提示 糖异生作用的概念、原料、反应场所、生理意义

第五节 血 糖

血浆中的葡萄糖称为血糖。正常人空腹血糖浓度为 3.9～6.1mmol/L(70～110mg/dL)全身各组织细胞均从血液中获得葡萄糖，尤其是脑组织和红细胞，它们几乎没有糖原储存，必须随时由血液提供。血糖降低，势必会影响脑组织的生理功能，严重时可引起脑功能障碍，出现昏迷，以致死亡。

一、血糖的来源和去路

1. 血糖的来源

① 食物中糖类的消化吸收　这是血糖最基本的来源。食物中糖类在消化道酶的作用下水解为葡萄糖等单糖，由肠黏膜吸收后经门静脉入肝，部分以肝糖原形式储存，部分进入血液循环运送至其他组织储存或利用。

② 肝糖原的分解　这是空腹时血糖的重要来源。空腹时，血糖浓度降低，肝糖原分解为葡萄糖释放入血，以补充血糖。

③ 糖异生作用　这是饥饿时血糖的主要来源。长期饥饿时，肝糖原已不足以维持血糖浓度，此时大量非糖物质经糖异生作用转变为葡萄糖，维持血糖的正常水平。

2. 血糖的去路

① 氧化分解供能　这是血糖最主要的去路。血糖进入组织细胞后，氧化分解供能，以供机体生理需要。

② 合成糖原储存　血糖可进入肝、肌肉等组织，合成肝糖原、肌糖原储存。

③ 转变为其他物质　血糖还可转变为脂肪、某些非必需氨基酸和其他糖及其衍生物（如核糖等）。

④ 随尿排出　这是糖的非正常去路。当血糖超过肾小管最大重吸收能力时，则糖从尿液中排出，出现糖尿。

二、血糖浓度的调节

1. 器官水平的调节

肝脏是体内调节血糖浓度的主要器官，通过肝糖原的合成、分解和糖异生作用维持血糖浓度的恒定。当进食后血糖浓度增高时，肝糖原合成增加，从而使血糖水平不致过度升高；空腹时肝糖原分解加强，用于补充血糖浓度，饥饿或禁食情况下，肝的糖异生作用加强，以维持血糖浓度，以保证脑和红细胞等组织对葡萄糖的需要。

2. 激素水平的调节

调节血糖浓度的激素有两大类，一类是降低血糖的激素，即胰岛素；另一类是升高血糖的激素，有肾上腺素、胰高血糖素、肾上腺糖皮质激素和生长素等。这两类激素的作用相互对立、相互制约，通过调节糖氧化分解、糖原合成和分解、糖异生等途径中的关键酶或限速酶的活性或含量来调节血糖的浓度。其作用如表 5-4 所示。

三、糖耐量及耐糖曲线

1. 耐糖现象

正常人体内存在一整套精细的调节糖代谢的机制，在一次性食入大量葡萄糖之后，其血糖浓度也仅暂时升高，约过 2h 即可恢复正常水平，血糖水平不会出现大的波动和持续升高。人体对摄入的葡萄糖具有很大耐受能力的这种现象称为葡萄糖耐量或耐糖现象。

表 5-4　激素对血糖水平的调节

项目	激素	调 节 血 糖 机 理
降低血糖的激素	胰岛素	1. 促进肌肉、脂肪组织细胞膜对葡萄糖的通透性,利于葡萄糖进入细胞内进行各种代谢;2. 加速糖原合成,抑制糖原分解;3. 促进葡萄糖的有氧氧化;4. 抑制肝内糖异生;5. 抑制激素敏感脂肪酶,减少脂肪动员
升高血糖的激素	胰高血糖素	1. 促进肝糖原分解;2. 抑制糖酵解,促进糖异生;3. 激活激素敏感脂肪酶,加速脂肪动员
	糖皮质激素	1. 促进肝外蛋白质分解,产生的氨基酸转移到肝进行糖异生;2. 协助促进脂肪动员
	肾上腺素	1. 加速肝糖原分解;2. 促进肌糖原酵解成乳酸,转入肝异生成糖
	生长素	1. 抑制葡萄糖进入细胞;2. 促进糖异生

2. 耐糖曲线

医学上对病人做糖耐量试验可以帮助诊断某些与糖代谢障碍相关的疾病。常用的试验方法是测试受试者清晨空腹血糖的浓度,然后一次性进食 100g 葡萄糖(或按照每千克体重 1.5~1.75g),进食后,每隔 30min 或者 1h 测血糖一次,测至 3~4h 为止。以时间为横坐标,血糖浓度为纵坐标绘成的曲线称为耐糖曲线。

正常人的耐糖曲线特点是:食入糖后血糖迅速升高,约 1h 可 8.33mmol/L (150mg/dL),然后血糖又迅速降低,在 2~3h 即降至正常水平,而糖尿病和艾迪生病患者的耐糖曲线跟正常人有很大差别,见图 5-5。

图 5-5　耐糖曲线

四、高血糖与低血糖

临床上因糖代谢障碍可发生血糖水平紊乱,常见有以下两种类型。

1. 高血糖

临床上将空腹血糖浓度高于 7.0mmol/L 称为高血糖。当血糖浓度高于 8.89~10.00mmol/L,即超过了肾小管的重吸收能力,则可出现糖尿,这一血糖水平称为肾糖阈。持续性高血糖和糖尿,特别是空腹血糖和糖耐量曲线高于正常范围,主要见于糖尿病。

2. 低血糖

空腹血糖浓度低于 2.78mmol/L 时称为低血糖。低血糖影响脑组织的正常功能,因为脑细胞所需的能量主要来自葡萄糖的氧化。当血糖水平过低时,就会影响脑细胞的功能,从而出现头晕、倦怠无力、心悸,严重时出现昏迷,称为低血糖休克。如不及时给病人静脉补充葡萄糖,可导致死亡。

本章知识要点

1. 糖的主要生理功能是为机体供应能量。能量由糖分解代谢产生。
2. 糖分解代谢主要方式有三种：糖的无氧酵解、糖的有氧氧化、磷酸戊糖途径。
3. 糖酵解过程有三个关键酶，产能迅速。糖有氧氧化产能多，是机体产能主要方式。磷酸戊糖途径生成两个重要物质：5-磷酸核糖和 $NADPH+H^+$。
4. 糖原合成与糖原分解的主要生理意义是维护血糖浓度的恒定。
5. 糖异生的原料有丙酮酸、乳酸、甘油、生糖氨基酸等，主要场所是肝脏，严重饥饿时肾脏作用加强。糖异生的生理意义主要是饥饿时维持血糖相对恒定，促进乳酸利用，维持酸碱平衡。
6. 人体正常空腹血糖浓度为 3.9~6.1mmol/L。
7. 血糖的来源有消化吸收、肝糖原分解、糖异生作用，去路有氧化分解、贮存、转化。
8. 血糖浓度的调节包括肝脏的调节、激素的调节。降低血糖的激素为胰岛素。

阅读材料　饥饿时机体的整体调节

复习导图

目标检测

一、名词解释
　　血糖　糖酵解　肾糖阈　三羧酸循环　丙酮酸羧化支路　糖异生作用

二、填空题
1. 唯一降低血糖的激素是_____。
2. 糖代谢各条途径的共同中间代谢物是_____。
3. 1mol 葡萄糖在成熟红细胞中氧化净生成____molATP。
4. 糖异生作用的主要生理意义是维持_____或_____状态下血糖浓度相对恒定。
5. 肌糖原不能直接补充血糖是因为肌肉组织缺乏_____酶。
6. 糖的有氧氧化途径分为_____、_____、_____三个阶段，其中_____阶段是在胞液进行的。
7. 1mol 乳酸在体内彻底氧化能产生_____mol ATP。
8. 正常人的血糖浓度为_____。
9. 蚕豆病患者是由于患者的细胞中先天性缺乏_____酶造成的。
10. 低血糖时，能量供应首先受影响的是_____。
11. 一分子葡萄糖进入有氧氧化途径产生的 ATP 是进入糖酵解产生 ATP 的_____倍。
12. 一分子葡萄糖所生成的乙酰 CoA 通过三羧酸循环可产生的 ATP 分子数是_____。

三、简答题
1. 糖酵解与糖有氧氧化有哪些异同点？
2. 血糖的来源、去路有哪些？
3. 磷酸戊糖途径的生理功能？
4. 6 分子乳酸彻底氧化，生成多少 ATP？

四、实例分析
　　糖尿病患者王某，男，29 岁。在家注射速效胰岛素，出现极度饥饿、脸色苍白、软弱、手抖、出汗、头晕、心慌等症状。应采取什么措施来紧急救治患者？请做出初步诊断并简述依据。

第六章 脂类代谢

脂类代谢

【学习目标】

掌握脂肪酸的β-氧化过程；熟悉酮体的生成部位、生成过程及危害；了解甘油的代谢；了解胆固醇的代谢。

随着生活水平的提高，高血脂、高血压、冠心病等疾病的发生率日趋上升，这些疾病的发生都与人体血脂代谢异常有关。血脂是血浆中的中性脂肪（三酰甘油和胆固醇）和类脂（磷脂、糖脂、固醇、类固醇）的总称，广泛存在于人体中。脂类与糖类、蛋白质一样，是生命细胞的基础代谢必需物质。它们难溶于水，必须与血液中的特殊蛋白质和极性类脂（如磷脂）一起组成一个亲水性的球状巨分子，才能在血液中被运输，并进入组织细胞。

第一节 概　　述

脂类（lipids）是脂肪和类脂的总称，是一类较难溶于水而易溶于有机溶剂的化合物。脂肪（fat）是一分子甘油和三分子脂肪酸组成的酯，故称三酰甘油（triacylglycerol，TG）或称甘油三酯（triglyceride），主要功能是储存能量及氧化供能。类脂（lipoid）包括磷脂、糖脂、胆固醇及其酯等，是细胞膜结构的重要组分。

一、脂类的分布

脂肪和类脂在体内的分布差异很大。

脂肪主要分布在皮下、大网膜、肠系膜以及脏器周围等脂肪组织中，这些部位被称为脂库。成年人脂肪含量占体重的10%～20%，女性稍多。体内的脂肪含量随营养状况及机体活动等有较大的变化，故又称可变脂。

类脂主要分布在细胞的各种膜性结构中，以神经组织含量最多，约占体重的5%。类脂含量不受机体营养状况及机体活动的影响，故又称恒定脂。

二、脂类的理化性质

脂类按组成不同，可分为简单脂和复合脂。简单脂是指脂酸和醇类所形成的酯，如三酰甘油，即甘油和脂酸形成的酯（脂肪）；复合脂是指除脂酸和醇类化合物外，还含有其他物质，如甘油磷脂、鞘磷脂等（见图6-1）。

三酰甘油是中性脂，是甘油中的三个羟基和三个脂酸形成的酯。三酰甘油分子中的三个脂酸可以相同，也可不同。一般在常温下固态的称为脂，液态的称为油，有时也统称为油脂脂酸。常温下呈现不同状态，是由它们分子中脂酸组成的不同所决定的（见图6-2）。

在天然的三酰甘油中的脂酸，大多数是含偶数碳原子的长链脂酸，其中有饱和脂酸，也有不饱和脂酸。饱和脂酸中以软脂酸（16：0）和硬脂酸（18：0）最为常见；不饱和脂酸中

图 6-1　脂肪和类脂的基本结构

图 6-2　三种脂肪中脂酸的组成

以软油酸（16∶1，△^{9}）、油酸（18∶1，△^{9}）和亚油酸（18∶2，△^{9,12}）最为常见。脂酸命名的△编号系统是从脂酸羧基端开始给碳原子编号来表示双键位置。多数脂酸在人体内能合成，只有不饱和脂酸中的亚油酸、亚麻酸（18∶3，△^{9,12,15}）和花生四烯酸（20∶4，△^{5,8,11,14}）在体内不能合成，必须从植物油中摄取，称为人体必需脂肪酸。这些必需脂肪酸有维持皮肤营养，降低血中胆固醇及抗动脉粥样硬化的作用，并且是合成前列腺素等生理活性物质的原料。

三、脂类的消化吸收

食物中脂类的主要成分是脂肪，另含有少量的磷脂、胆固醇等。

胃中只含有少量的脂肪酶，其最适 pH 近乎中性，在胃中强酸性的环境下，实际上它几乎是无活性的，所以脂肪在胃中几乎不发生消化作用。婴儿因胃酸较少，并且乳中脂肪呈乳化状态，故可消化一部分脂肪。

脂类消化吸收的主要部位是小肠（见图 6-3）。简单来讲可分为以下 8 个步骤。

第①步：摄入的脂肪在胆汁酸盐的乳化作用下，与磷脂、胆固醇形成胆汁酸微团。

第②步：在胰脂酶和辅脂酶、磷脂酶 A、胆固醇脂酶的作用下，将三酰甘油、磷脂和胆固醇水解为单酰甘油、脂酸及溶血磷脂等，与胆汁酸盐乳化成更细小微团，易被肠黏膜吸收。

第③步：这些酶作用的产物在小肠上皮细胞（主要指 12～16 碳长链脂酸及单酰甘油）重新转化为三酰甘油。

第④步：三酰甘油与饮食中的胆固醇和细胞中的特异蛋白形成乳糜微粒。

第⑤步：含有 ApoC-Ⅱ的乳糜微粒从小肠黏膜进入淋巴系统，再进入血液，然后运到肌肉和脂肪组织。

图 6-3 脂肪的消化吸收过程

第⑥步：在毛细血管中由被 ApoC-Ⅱ激活的脂蛋白脂肪酶将三酰甘油水解为脂酸和甘油。

第⑦步：它们在靶组织中被细胞吸收。

第⑧步：脂酸在肌肉组织中被氧化供能，在脂肪组织中被重新酯化，以三酰甘油形式储存。

四、体内脂类的功用

1. 储能与供能

脂肪是体内储存能量的主要形式，脂肪组织是储存脂肪的重要场所，脂肪氧化所释放的能量比等量的糖或蛋白质约高一倍，每克脂肪完全氧化分解释放能量约 38.94kJ（9.3kcal）。在饥饿或禁食等特殊情况下，脂肪可被动员，以满足机体对能量的需要。

2. 维持正常细胞膜的结构和功能

类脂，特别是磷脂和胆固醇是构成生物膜的重要成分，占膜总量的 40%～70%，如细胞膜、线粒体膜、内质网膜、核膜和神经鞘膜等的重要组成成分，它们与蛋白质结合形成脂蛋白参与生物膜的组成。

3. 保护内脏和防止体温散失

内脏周围的脂肪组织具有软垫作用，能缓冲外界的机械撞击，对内脏有保护作用。人体皮下脂肪，因脂肪组织不易导热，可防止热散失而保持体温。

4. 促进脂溶性维生素的吸收

食物中的脂溶性维生素，常随脂肪在肠道被吸收、转运和储存。食物中脂类缺乏或消化吸收障碍时，机体往往易发生脂溶性维生素缺乏。

5. 提供必需脂酸，转变成多种重要的生物活性物质必需脂酸是维持机体生长发育和皮肤正常代谢所必需的多不饱和脂酸，若食物中缺乏营养必需脂酸，机体可出现生长缓慢、皮肤鳞屑多及变薄、毛发稀疏等症状。如花生四烯酸是机体合成白三烯、前列腺素和血栓素等生物活性物质的原料。多不饱和脂酸在抗血栓、抗氧化、抗炎及增强机体免疫功能方面具有非常重要的作用。如二十碳五烯酸（EPA）、二十二碳六烯酸（DHA），临床将其用以降血脂、防治动脉粥样硬化等心脑血管疾病的治疗。

6. 磷脂作为第二信使参与代谢调节

细胞膜上的磷脂酰肌醇4,5-二磷酸被磷脂酶水解生成三磷酸肌醇和甘油二酯，两者均为激素作用的第二信使。

第二节　三酰甘油的分解代谢

脂肪是由一分子甘油与三分子脂肪酸组成的酯，故名为三酰甘油，习惯上也称为甘油三酯。

一、三酰甘油的动员

体内除成熟红细胞外，其他各组织细胞几乎都有氧化利用脂肪及其代谢产物的能力，但它们很少利用自身的脂肪，主要是利用脂肪组织中动员的脂酸。

储存于脂肪组织中的三酰甘油，被脂肪酶逐步水解为游离脂酸（free fatty acid，FFA）和甘油，并释放入血，以供其他组织氧化利用的过程称为脂肪动员。反应过程如下：

$$\text{三酰甘油} \xrightarrow[\text{三酰甘油脂肪酶}]{H_2O \quad FFA} \text{二酰甘油} \xrightarrow[\text{二酰甘油脂肪酶}]{H_2O \quad FFA} \text{单酰甘油} \xrightarrow[\text{单酰甘油脂肪酶}]{H_2O \quad FFA} \text{甘油}$$

三酰甘油在三酰甘油脂肪酶（HSL）的作用下，水解为二酰甘油；后者在二酰甘油脂肪酶的作用下水解成单酰甘油；再在单酰甘油脂肪酶催化下水解成甘油和脂酸。以上三种酶的活力以三酰甘油脂肪酶最小，故该酶是三酰甘油水解过程的限速酶。因该酶的活力受激素的影响，所以又称它为激素敏感三酰甘油脂肪酶。肾上腺素、去甲肾上腺素及胰高血糖素等直接激活三酰甘油脂肪酶，促进脂肪分解，称为脂解激素；甲状腺激素、生长激素以及肾上腺皮质激素等具有协同作用；胰岛素则具有相反的作用，使三酰甘油脂肪酶活性降低，拮抗脂解激素的脂解作用，故将胰岛素称为抗脂解激素。机体对三酰甘油动员的调控就是通过激素对这一限速酶的作用实现的（见图6-4）。当机体饥饿或处于兴奋时，肾上腺素、胰高血糖素等分泌增加，脂解作用加强；饭后胰岛素分泌增加，脂解作用降低。

图 6-4　脂肪的动员
1—脂解激素；2—受体；
3—腺苷酸环化酶

二、甘油的氧化分解

三酰甘油动员时产生的甘油，主要被各组织细胞用于氧化供能。甘油在细胞内经甘油磷酸激酶和ATP作用，生成α-磷酸甘油，后者再在α-磷酸甘油脱氢酶的催化下生成磷酸二羟丙酮，磷酸二羟丙酮可循糖代谢途径继续氧化分解并释放能量，少量也可在肝脏经糖异生途径转变为糖原和葡萄糖。肝、肾及小肠黏膜细胞富含甘油磷酸激酶，而肌肉及脂肪细胞中这种激酶活性很低，所以后两种组织利用甘油的能力很弱，其中的甘油主要是经血入肝再进行氧化分解。由于甘油只占三酰甘油分子中很小的一部分，所以三酰甘油供应的能量主要来自脂酸部分。反应过程如下：

$$\begin{array}{c}CH_2OH\\|\\CHOH\\|\\CH_2OH\end{array} \xrightarrow[\text{甘油激酶}]{ATP\ \ ADP} \begin{array}{c}CH_2OH\\|\\CHOH\\|\\CH_2O-\text{P}\end{array} \xrightarrow[\alpha\text{-磷酸甘油脱氢酶}]{NAD^+\ \ NADH+H^+} \begin{array}{c}CH_2OH\\|\\C=O\\|\\CH_2O-\text{P}\end{array} \begin{array}{l}\rightarrow \text{糖异生}\\ \\ \rightarrow CO_2+H_2O+\text{能量}\end{array}$$

甘油　　　　　　　　　　　α-磷酸甘油　　　　　　　磷酸二羟丙酮

三、脂肪酸的氧化分解

脂肪酸是人及哺乳动物的主要能源物质。在氧供给充足的条件下，脂肪酸可在体内分解成 CO_2 和 H_2O，并释放出大量能量。除脑组织外，大多数组织都能氧化脂酸，但以肝和肌肉组织最活跃。饱和脂肪酸氧化分 4 阶段进行。

$$\text{脂肪酸} \xrightarrow{\text{活化}} \text{脂酰 CoA} \xrightarrow{\text{转运}} \text{脂酰 CoA} \xrightarrow{\beta\text{-氧化}} \text{乙酰 CoA} \xrightarrow{TAC} CO_2、H_2O、\text{能量}$$

1. 脂酸活化为脂酰 CoA

脂酸的化学性质比较稳定，在氧化分解之前必须活化，活化在细胞液中进行。内质网及线粒体外膜上脂酰 CoA 合成酶，在 ATP、HSCoA、Mg^{2+} 存在的条件下，催化脂酸活化生成脂酰 CoA。

脂酸活化后不仅含有高能硫酯键，而且增加了水溶性，从而提高了脂酸的代谢活性。反应过程中由 ATP 供能，产生 AMP 和焦磷酸（PPi），生成的焦磷酸立即被水解，阻止了逆反应的进行，故 1 分子脂酸活化实际消耗了 2 个高能磷酸键，相当于 2 分子 ATP。

$$\text{RCOOH} + \text{HSCoA} \xrightarrow[\text{脂酰辅酶A合成酶}]{ATP\ \ AMP+PPi\ \ Mg^{2+}} \text{RCO}\sim\text{SCoA}$$

脂酸　　　　　　　　　　　　　　　　　　　　脂酰辅酶A

2. 脂酰 CoA 进入线粒体

催化脂酰 CoA 氧化的酶全部分布在线粒体内，因此活化的脂酰 CoA 必须进入线粒体内才能代谢。长链脂酸或脂酰 CoA 不能透过线粒体内膜，脂酰基需依靠肉碱（carnitine，L-3-羟基-4-三甲基氨基丁酸）的转运通过线粒体内膜。

线粒体外膜存在着肉碱脂酰转移酶Ⅰ（carnitineacyl transferaseⅠ）及线粒体内膜内侧存在着肉碱脂酰转移酶Ⅱ，催化脂酰 CoA 与肉碱间的脂酰基转移过程。位于线粒体外膜的肉碱脂酰转移酶Ⅰ催化脂酰 CoA 转化为脂酰肉碱，脂酰肉碱通过膜上肉碱转运蛋白（亦称变位酶或载体）的作用转移到膜内侧。进入膜内侧的脂酰肉碱又经肉碱脂酰转移酶Ⅱ催化而重新转变成脂酰 CoA，并释放出肉碱。这样，线粒体外的脂酰基便进入线粒体基质（见图 6-5）。

肉碱脂酰转移酶Ⅰ是脂酸氧化分解的限速酶，脂酰 CoA 进入线粒体是脂酸 β-氧化的主要限速步骤。当饥饿、高脂低糖膳食或糖尿病时，机体不能利用糖，需要脂酸供能，这时肉碱脂酰转移酶Ⅰ活性增加，脂酸氧化增强。反之，饱食后，脂肪合成及丙二酰 CoA 增加，后者抑制肉碱脂酰转移酶Ⅰ的活性，因而脂酸的氧化被抑制。丙二酰 CoA 是脂酸合成过程中的第一个中间物，它对肉碱脂酰转移酶Ⅰ的抑制，阻止了脂酸同时进行合成和降解这样的现象出现。

图 6-5　肉碱转运脂酰基进入线粒体示意图

3. 脂酸的 β-氧化

脂酰 CoA 进入线粒体后，在线粒体基质中疏松结合的脂酸 β-氧化多酶复合体的催化下，从脂酰基的 β-碳原子开始，进行脱氢、加水、再脱氢、硫解四步连续反应，逐步氧化分解，因为氧化过程发生在脂酰基的 β-碳原子上，故将此过程称为脂酸的 β-氧化作用。

脂酸 β-氧化的过程（见图 6-6）如下。

图 6-6　β-氧化循环的反应过程

（1）脱氢

脂酰 CoA 在脂酰 CoA 脱氢酶的催化下，在 α-和 β-碳原子上各脱去一个氢原子，生成 α-、β-烯脂酰 CoA，脱下的 2H 使 FAD 还原成 $FADH_2$。

（2）加水

α-、β-烯脂酰 CoA 在水化酶的催化下，加 1 分子水生成 β-羟脂酰 CoA。

（3）再脱氢

β-羟脂酰 CoA 在 β-羟脂 CoA 脱氢酶催化下，脱去两个氢原子，生成 β-酮脂酰 CoA，脱下的 2H 使 NAD^+ 还原成 $NADH+H^+$。

(4) 硫解

β-酮脂酰 CoA 在 β-酮脂酰 CoA 硫解酶的催化下，与 1 分子 HSCoA 作用，生成 1 分子乙酰 CoA 和 1 分子比原来少两个碳原子的脂酰 CoA。

上述 β-氧化作用的四个酶促反应的平衡点极度偏于分解方向，所以，整个过程的可逆程度不大。综合这四步反应，可以看出，脂酰 CoA 每经过一次 β-氧化过程，便缩短了 2 个碳原子，生成比原来少两个碳原子的脂酰 CoA 和 1 分子乙酰 CoA。新生成的脂酰 CoA 又可经过脱氢、加水、再脱氢和硫解四步反应，进行再一次 β-氧化过程。如此多次重复，1 分子长链脂酸直到最后生成的丁酰 CoA，再经一次 β-氧化，生成两分子乙酰 CoA 为止。

4. 乙酰 CoA 进入三羧酸循环彻底氧化

β-氧化生成的乙酰 CoA 通过三羧酸循环，可彻底氧化生成 CO_2 和 H_2O，并释放出大量的能量，以满足人体活动的需要。

氧化过程中释放的大量能量，除一部分以热能形式散失维持体温外，其余以化学能形式储存在 ATP 中。现以软脂酸为例来说明。氧化的总反应式为：

$$CH_3(CH_2)_{14}CO\sim SCoA + 7HSCoA + 7FAD + 7NAD^+ + 7H_2O \longrightarrow$$
$$8CH_3CO\sim SCoA + 7FADH_2 + 7NADH + 7H^+$$

脂酸在体内的氧化伴有能量的释放，释放的能量除一部分以热能形式释放外，其余部分以 ATP 形式储存，供机体各种生命活动的需要。

现以软脂酸彻底氧化为例计算 ATP 的生成量。软脂酸是含有 16 个碳原子的饱和脂酸。经

图 6-7 脂酸氧化全过程

7次 β-氧化生成7分子 $FADH_2$、7分子 $NADH+H^+$ 和8分子乙酰 CoA。每分子 $FADH_2$ 进入呼吸链氧化生成2分子 ATP；每分子 $NADH+H^+$ 进入呼吸链氧化生成3分子 ATP，即每次 β-氧化净生成5分子 ATP；每分子乙酰 CoA 进入三羧酸循环，可产生12分子 ATP。1分子软脂酸彻底氧化生成 $7\times 5+8\times 12=131$ 分子 ATP，减去脂酸活化时耗去的2分子 ATP，净生成了129分子 ATP。由此可见脂酸是体内的重要能源物质，产生的能量比同分子数量的葡萄糖多。

由上述计算方法，总结出脂肪酸彻底氧化分解后净得 ATP 的计算公式：

$$ATP 净生成数 = \left(\frac{碳原子数}{2}-1\right)\times 5 + \frac{碳原子数}{2}\times 12 - 2$$

饱和脂肪酸完全氧化分解的四个阶段总结如图 6-7 所示。

脂肪代谢简示：

体内除了饱和脂肪酸外，还存在一些其他类型的脂肪酸。简单介绍一下。

（1）不饱和脂酸的氧化

体内的脂酸约50%以上是不饱和脂酸，它们的氧化途径与饱和脂酸的 β-氧化过程基本相似。天然不饱和脂酸的双键均为顺式。对单不饱和脂酸需反烯酰 CoA 异构酶的催化，将 $\triangle^3$ 顺式转变为 $\triangle^2$ 反式，β-氧化才能继续进行；而多不饱和脂酸，需烯脂酰 CoA 还原酶（$NADPH+H^+$ 供氢），减少双键数。不饱和脂酸含有双键，因此少 β-氧化中的第一次脱氢过程，有几个双键便少几次此种脱氢反应。所以，产生的 ATP 数量少于含相同碳原子数的饱和脂酸。

（2）奇数脂酸的氧化

人体含有极少量奇数碳原子脂酸，β-氧化除生成乙酰 CoA，还生成丙酰 CoA，支链氨基酸代谢亦可生成丙酰 CoA。丙酰 CoA 经 β-羧化酶及异构酶作用生成琥珀酰 CoA，然后代谢。

（3）长链脂酸的氧化

对于二十碳脂酸、二十二碳脂酸需先在过氧化酶体中氧化为短链脂酸才能进入线粒体氧化，反应由 FAD 为辅基的脂酸氧化酶催化，脱下的氢生成 H_2O_2，不与呼吸链偶联生成 ATP。

考点提示：β-氧化过程及 ATP 数目计算

四、酮体的生成和利用

脂肪酸在心肌、骨骼肌等组织中经 β-氧化生成的乙酰 CoA，能彻底氧化成 CO_2 和 H_2O，并释放 ATP。而在肝细胞中因具有活性较强的合成酮体的酶系，β-氧化反应生成的乙酰 CoA，大都转变为乙酰乙酸、β-羟基丁酸和少量的丙酮等中间产物，这三种产物统称为酮体（ketone bodies）。肝脏是生成酮体的主要器官。

1. 酮体的生成过程

酮体合成的部位在肝细胞的线粒体中,合成的原料是乙酰CoA。酮体合成的基本过程如下。

① 2分子乙酰CoA在乙酰乙酰硫解酶催化下缩合成乙酰乙酰CoA。

② 乙酰乙酰CoA再与1分子乙酰CoA缩合,生成羟甲戊二酸单酰CoA(HMGCoA)。

③ 羟甲戊二酸单酰CoA在裂解酶催化下裂解,生成1分子乙酰乙酸和1分子乙酰CoA。乙酰乙酸在β-羟丁脱氢酶催化下还原成β-羟丁酸(此过程为可逆反应),乙酰乙酸也可自动脱羧生成少量丙酮。酮体的生成过程如图6-8所示。

图6-8 酮体的生成过程

2. 酮体的利用

肝内缺乏氧化利用酮体的酶系,所以生成的酮体不能在肝中氧化利用。酮体呈水溶性,易进入血液,随血液循环输送到其他组织中利用。

其过程是:乙酰乙酸可在琥珀酰CoA转硫酶(心、脑、肾、骨骼肌等组织)或乙酰乙酸硫激酶(心、脑、肾等组织)的催化下,活化成乙酰乙酰CoA。β-羟丁酸可在β-羟丁酸脱氢酶的催化下先转变成乙酰乙酸,然后再按上述过程生成乙酰乙酰CoA。乙酰乙酰CoA在乙酰乙酰CoA硫解酶催化下分解成两分子乙酰CoA,后者主要进入三羧酸循环,被彻底氧化(见图6-9)。正常情况下,丙酮量少,易挥发,经肺呼出。

3. 酮体生成的生理意义

酮体是肝正常代谢的中间产物,是肝输出能量的一种形式。它分子量小、溶于水,便于通过血液运输,并易于通过血脑屏障及肌肉等组织的毛细血管管壁,是肌肉和大脑等组织的重要能量来源。由于脑组织不能氧化脂酸而能利用酮体,故当机体长期饥饿或糖的供应不足

图 6-9 酮体的利用

时，由储存脂肪动员而产生的酮体可以代替葡萄糖成为脑组织的主要能量来源。而且据研究证明，血中酮体增高还可以减少肌肉中氨基酸的释放，说明酮体还具有防止肌肉蛋白质过多消耗的作用。

正常情况下，血中仅含少量酮体，为 $0.08\sim0.5$ mmol/L($0.8\sim5$ mg/dL)。在饥饿、高脂低糖饮食或糖尿病时，脂肪动员加强，酮体生成增多。若超过肝外组织的利用能力时，引起血中酮体升高，可导致酮血症。尿中酮体增多，称为酮尿症。由于酮体中的乙酰乙酸、β-羟丁酸是一些有机酸，血中过多的酮体会导致代谢性酸中毒。丙酮增多时，可从肺呼出，甚至可闻到病人呼出气中有烂苹果味。酮体生成与利用全过程简示如下：

$$\underbrace{\left\{ \begin{array}{c} FA \rightarrow 乙酰CoA \rightarrow 乙酰乙酸 \\ \searrow \\ \beta\text{-羟丁酸} \quad 丙酮 \end{array} \right\}}_{肝内} \rightarrow \underset{体}{\overset{血}{\underset{酮}{}}} \underbrace{\left\{ \begin{array}{c} 乙酰乙酸 \\ \downarrow \\ 乙酰乙酰CoA \\ \downarrow \\ 乙酰CoA \\ \downarrow TAC \\ CO_2+H_2O \end{array} \right.}_{肝外}$$

第三节　三酰甘油的合成代谢

肝、脂肪组织及小肠是合成脂肪的主要场所，以肝合成能力最强，其合成能力较脂肪组织大 $8\sim9$ 倍。脂肪组织主要是脂肪的储存场所，而它本身也可以葡萄糖为原料合成脂肪酸及脂肪，但主要是摄取并储存由小肠吸收的食物脂酸以及肝合成的脂肪酸。脂肪的合成过程包括 α-磷酸甘油的合成、脂肪酸的合成和三酰甘油的合成。

一、α-磷酸甘油的合成

三酰甘油合成所需要的甘油为 α-磷酸甘油，它的来源有两条途径。

1. 由糖代谢而来

糖代谢过程中产生的磷酸二羟丙酮，经 α-磷酸甘油脱氢酶催化还原成 α-磷酸甘油。此反应普遍存在于人体内的各组织中，它是 α-磷酸甘油的主要来源。

$$\text{磷酸二羟丙酮} \begin{array}{c} CH_2OH \\ | \\ C=O \\ | \\ CH_2O-\textcircled{P} \end{array} \quad \underset{\alpha\text{-磷酸甘油脱氢酶}}{\overset{NADH+H^+ \quad NAD^+}{\rightleftharpoons}} \quad \begin{array}{c} CH_2OH \\ | \\ CHOH \\ | \\ CH_2O-\textcircled{P} \end{array} \text{ } \alpha\text{-磷酸甘油}$$

脂肪组织及肌肉细胞内甘油激酶的活性很低，因而主要是以此种方式生成 α-磷酸甘油。

2. 甘油的再利用

甘油在甘油激酶的催化下，生成 α-磷酸甘油。

$$\text{甘油} \begin{array}{c} CH_2OH \\ | \\ CHOH \\ | \\ CH_2OH \end{array} \quad \underset{ATP \quad ADP}{\overset{\text{甘油激酶}}{\longrightarrow}} \quad \begin{array}{c} CH_2OH \\ | \\ CHOH \\ | \\ CH_2O-\textcircled{P} \end{array} \text{ } \alpha\text{-磷酸甘油}$$

肝外组织（脂肪组织和肌肉组织等）由于甘油激酶的活性很低，三酰甘油分解产生的甘油，不能被再利用，通常随血液运输到甘油激酶活性高的肝、肾等组织中，形成 α-磷酸甘油。

二、脂肪酸的合成

人体内脂酸可来自食物，除必需脂酸外，非必需脂酸都可在体内合成。脂肪酸的合成是以乙酰 CoA 为原料，凡能生成乙酰 CoA 的物质都可成为脂肪酸合成的原料，糖就是最主要的碳源。

乙酰 CoA 只能合成最长含 16 个碳的软脂酸，其他的脂肪酸以软脂酸为母体，通过碳链的延长、缩短以及脱饱和作用，生成碳链长度不同、饱和度也不同的脂酸。

1. 合成部位

脂肪酸的合成在胞液中进行，肝、肾、脑、乳腺及脂肪组织等均可合成脂肪酸，但肝是合成脂肪酸的主要场所。

2. 合成原料

乙酰 CoA、ATP、NADPH、HCO_3^-（CO_2）及 Mn^{2+} 等。$NADPH+H^+$ 是脂酸合成过程中的供氢体，主要来自磷酸戊糖途径，也可由柠檬酸-丙酮酸循环中苹果酸转化为丙酮酸时提供。

乙酰 CoA 是脂酸合成的主要原料，可来自糖代谢的丙酮酸氧化脱羧，某些氨基酸分解也可提供部分乙酰 CoA。乙酰 CoA 都是在线粒体内生成的，而脂酸合成的有关酶系却存在于细胞液中，乙酰 CoA 必须转运到胞液才能参与脂酸的合成。然而乙酰 CoA 本身不能通过线粒体内膜，必须通过柠檬酸-丙酮酸循环进入细胞液（见图 6-10）。在线粒体内，乙酰 CoA 先与草酰乙酸在柠檬酸合酶的催化下，缩合成柠檬酸，通过线粒体内膜上的载体转运入细胞液；经柠檬酸裂解酶催化柠檬酸分解为乙酰 CoA 和草酰乙酸；乙酰 CoA 在胞液内合成脂酸，而草酰乙酸经苹果酸脱氢酶催化还原成苹果酸；苹果酸既可经线粒体内膜载体的转运进入线粒体，也可在细胞液苹果酸酶的催化下氧化脱羧生成丙酮酸，脱下的氢由辅酶 $NADP^+$ 接受生成 $NADPH+H^+$，丙酮酸通过载体转运入线粒体可再形成草酰乙酸或乙酰 CoA。它是除磷酸戊糖途径外，提供 $NADPH+H^+$ 的另一来源。

3. 合成过程

（1）丙二酸单酰 CoA 的生成

由乙酰 CoA 合成软脂酸的过程并不是 β-氧化的逆过程，而是以丙二酸单酰 CoA 为主要

图 6-10 柠檬酸-丙酮酸循环

原料的一种连续性缩合及还原的过程。首先乙酰 CoA 在乙酰 CoA 羧化酶（辅酶是生物素）的催化下，加上 CO_2 转变为丙二酸单酰 CoA。反应由碳酸氢盐提供 CO_2，ATP 提供羧化过程所需要的能量。

$$CH_3-CO\sim SCoA + HCO_3^- + H^+ + ATP \xrightarrow[\text{生物素 } Mn^{2+}]{\text{乙酰辅酶 A 羧化酶}} \begin{matrix}CH_2-CO\sim SCoA\\|\\COOH\end{matrix} + ADP + Pi$$

乙酰 CoA   丙二酸单酰 CoA

乙酰 CoA 羧化酶存在于细胞液中，是脂酸合成的限速酶。它受柠檬酸和乙酰 CoA 的别构激活，同时受软脂酰 CoA 的别构抑制。高糖低脂饮食可促进此酶的合成，进而促进脂酸的合成。

（2）软脂酸的合成

脂酸合成酶系由 7 种蛋白质组成，以没有酶活性的脂酰基载体蛋白（acyl carrier protein，ACP）为中心，周围有序排布着具有催化活性的酶。ACP 将底物转送到各个酶活性位点上，使脂酸合成有序进行。整个脂酸合成在此酶分子上依次重复进行缩合、加氢、脱水和加氢的过程，每重复一次使碳链增长 2 个碳原子。具体反应过程见图 6-11。

软脂酸由 1 分子乙酰 CoA 和 7 分子丙二酸单酰 CoA 在脂酸合成酶系催化下，由 NADPH+H^+ 供氢合成软脂酸。最后形成的 16C 的软脂酰-ACP，经酶的硫解活性部位的作用而放出软脂酸。总反应式如下：

$$CH_3CO\sim SCoA + 7HOOCCH_2CO\sim SCoA + 14NADPH + 14H^+ \xrightarrow{\text{脂酸合成酶系}}$$

乙酰 CoA   丙二酰 CoA

$$CH_3(CH_2)_{14}COOH + 7CO_2 + 14NADP^+ + 8HSCoA + 6H_2O$$

软脂酸

图 6-11　软脂酸合成过程

(3) 软脂酸合成后加工合成其他脂酸

① 碳链的延长或缩短　碳链缩短可通过 β-氧化。碳链加长可以在线粒体和内质网中进行，线粒体中的脂酸延长酶系能催化乙酰 CoA 的乙酰基进入软脂酰 CoA 中，并使带氧的碳原子还原成长链的脂酰 CoA，这一过程基本上是 β-氧化的逆反应。通过这种延长方式，每一次缩合反应可加入 2 个碳原子，一般可延长到 24～26 碳的脂酸。内质网中的酶系能以丙二酸单酰 CoA 为原料使软脂酰 CoA 的碳链加长，其反应过程与软脂酸的合成过程相似。

② 不饱和脂酸的合成　人体内的脂类中所含的不饱和脂酸有软油酸（16∶1，$\triangle^9$）、油酸（18∶1，$\triangle^9$）、亚油酸（18∶2，$\triangle^{9,12}$）、亚麻酸（18∶3，$\triangle^{9,12,15}$）和花生四烯酸（20∶4，$\triangle^{5,8,11,14}$）等。前两种机体能合成，通过脱饱和作用可使硬脂酸转变为油酸，软脂酸转变为软油酸，脱饱和作用主要在肝微粒体内由 $\triangle^9$ 脱饱和酶（一种混合功能氧化酶）催化完成。而亚油酸、亚麻酸及花生四烯酸在人体内不能合成，是必需脂酸。这些脂酸碳链上有多个双键，称多烯脂酸或多不饱和脂酸。

三、三酰甘油的合成

1. 单酰甘油途径

小肠黏膜利用消化吸收的单酰甘油及脂酸合成三酰甘油（见脂肪的消化吸收）。

2. 二酰甘油途径

肝及脂肪组织按此途径合成脂肪。由于脂肪细胞中缺乏甘油激酶，故不能利用游离的甘油。反应过程如下：

$$\text{糖代谢} \longrightarrow \text{磷酸二羟丙酮} \begin{matrix}CH_2OH\\CHOH\\CH_2O-\text{P}\end{matrix} \xrightarrow[\alpha\text{-磷酸甘油脂酰转移酶}]{2RCO\sim SCoA \quad 2HS\sim CoA} \begin{matrix}CH_2OCOR^1\\CHOCOR^2\\CH_2O-\text{P}\end{matrix}$$

$$\text{甘油} \xrightarrow[\text{(肝脏)}]{\text{甘油激酶}} \begin{matrix}\\ \\ \alpha\text{-磷酸甘油}\end{matrix} \qquad\qquad \text{磷脂酸}$$

$$\xrightarrow[\text{磷脂酸磷酸酶}]{H_2O \quad H_3PO_4} \begin{matrix}CH_2OCOR^1\\CHOCOR^2\\CH_2OH\end{matrix} \xrightarrow[\text{二酰甘油脂酰转移酶}]{RCO\sim SCoA \quad HS\sim CoA} \begin{matrix}CH_2OCOR^1\\CHOCOR^2\\CH_2OCOR^3\end{matrix}$$

二酰甘油 　　　　　　　　　　　三酰甘油

α-磷酸甘油脂酰基转移酶是三酰甘油合成的限速酶。一般情况下，脂肪组织合成的三酰甘油主要是就地储存；肝及小肠黏膜上皮细胞合成的三酰甘油不能在原组织细胞内储存，而是形成极低密度脂蛋白或乳糜微粒后入血并被运送到脂肪组织储存，或运至其他组织内利用。三酰甘油是机体储能的一种形式，合成三酰甘油的原料主要来源于糖，人体即使完全不摄入脂肪也可由糖大量合成三酰甘油。

3. 三酰甘油代谢的调节

机体可以通过神经及体液系统来调节脂类代谢，改变其合成和分解的速度，以适应机体活动的需要。

（1）糖代谢的影响

糖供应充分、氧化分解正常时促进三酰甘油合成。饱食时，糖的供应充足，糖分解产生的乙酰CoA及柠檬酸，可激活脂酸合成的限速酶——乙酰辅酶A羧化酶，促进丙二酸单酰CoA的合成，三酰甘油的合成代谢加强。再则丙二酸单酰CoA又可与脂酰CoA竞争脂酸分解的限速酶——肉碱脂酰转移酶Ⅰ，阻碍脂酰CoA进入线粒体进行β-氧化。故三酰甘油合成代谢加强，分解代谢减慢。糖供应不充分或氧化分解障碍时，则抑制脂肪合成，β-氧化加强，酮体生成增加。

（2）激素的影响

胰岛素促进脂酸的合成，同时也促进脂酸合成磷脂酸，因此促进三酰甘油的合成。因为胰岛素能诱导乙酰CoA羧化酶、脂酸合成酶以及柠檬酸裂解酶等合成。肾上腺素、胰高血糖素、生长素、促肾上腺皮质激素、甲状腺素、促甲状腺素等，能使三酰甘油水解的限速酶——三酰甘油脂肪酶的活性增强，促进三酰甘油的分解作用，使血中游离的脂酸升高。性激素能促进脂肪动员或抑制其储存，增加体内脂肪氧化。

第四节　磷脂的代谢

一、磷脂的基本结构与分类

磷脂是指含磷酸的脂类。人体内含有多种磷脂，其中含有甘油的磷脂称为甘油磷脂，含有神经氨基醇的则称为神经磷脂或鞘磷脂。它们主要参与细胞膜系统的组成,少量存在于细胞的其他部位。甘油磷脂是第一大类膜脂,包括鞘磷脂和鞘糖脂的鞘脂类是第二大类膜脂。体内几种重要的甘油磷脂见表 6-1。

表 6-1　体内几种重要的甘油磷脂

X-OH	X 取代基	甘油磷脂
水	—H	磷脂酸
胆碱	—$CH_2CH_2N^+(CH_3)_3$	磷脂酰胆碱(卵磷脂)
乙醇胺	—$CH_2CH_2NH_3^+$	磷脂酰乙醇胺(脑磷脂)
丝氨酸	—CH_2CHNH_2COOH	磷脂酰丝氨酸
甘油	—$CH_2CHOHCH_2OH$	磷脂酰甘油
磷脂酰甘油	—$CH_2CHOHCH_2O-\overset{O}{\underset{OH}{P}}-OCH_2\overset{\underset{HCOCOR^2}{\mid}}{\underset{\mid}{CH_2OCOR^1}}$	二磷脂酰甘油(心磷脂)
肌醇	(环己六醇结构)	磷脂酰肌醇

磷脂的两个长脂酸链(R^1 和 R^2)为非极性,而其余部分则为极性,所以磷脂是两性脂类,这是磷脂的特性。其在细胞膜的组成、脂类的消化吸收及脂类的运输等方面均起着非常重要的作用,图 6-12 以磷脂酰胆碱为例介绍甘油磷脂的基本结构。

图 6-12　磷脂酰胆碱的基本结构

二、甘油磷脂的代谢

1. 甘油磷脂的合成代谢

(1) 合成部位

人体各组织细胞的内质网都有合成磷脂的酶系,因此均能合成甘油磷脂,但肝、肾及小肠等组织是合成甘油磷脂的主要场所。

（2）合成原料

主要有二酰甘油、磷酸盐、含氮化合物（如胆碱、乙醇胺、丝氨酸、S-腺苷蛋氨酸等），还需有 ATP 和 CTP。CDP-乙醇胺、CDP-胆碱是合成卵磷脂、脑磷脂等的活化中间物，它们的形成需有 CTP，形成过程见图 6-13。

图 6-13　CDP-乙醇胺、CDP-胆碱的形成过程

二酰甘油主要来自磷脂酸。磷脂酸是最简单的甘油磷脂，体内存量虽少，但它是合成三酰甘油和磷脂的中间代谢产物。

胆碱和乙醇胺可由食物供给，也可在体内由丝氨酸生成。丝氨酸脱羧生成胆胺，再甲基化后生成胆碱。

（3）甘油磷脂的合成过程

① 二酰甘油合成途径　磷脂酰胆碱及磷脂酰乙醇胺主要通过此途径合成。这两类磷脂

图 6-14　二酰甘油合成途径

在体内含量最多，占组织及血液中磷脂的 75% 以上。二酰甘油是合成的重要中间物。胆碱及乙醇胺由活化的 CDP-胆碱及 CDP-乙醇提供。其合成过程见图 6-14。

② CDP-甘油二酯合成途径　肌醇磷脂、丝氨酸磷脂及心磷脂由此途径合成。由葡萄糖生成磷脂酸与上述途径相同。不同的是磷脂酸不被磷脂酸酶水解，本身即为合成这类磷脂的前体。然后，磷脂酸由 CTP 提供能量，在磷脂酰胞苷转移酶的催化下，生成活化的 CDP-甘油二酯。CDP-甘油二酯是合成这类磷脂的直接前体和重要中间物，在相应合成酶的催化下，与丝氨酸、肌醇或磷脂酰甘油缩合，即生成磷脂酰丝氨酸、磷脂酰肌醇或二磷脂酰甘油（心磷脂）见图 6-15。

图 6-15　CDP-甘油二酯合成途径

以上是各类磷脂合成的基本过程。此外磷脂酰胆碱也可由磷脂酰乙醇胺从 S-腺苷甲硫氨酸获得甲基生成，通过这种方式合成占总量的 10%～15%。磷脂酰丝氨酸可由磷脂酰乙醇胺羧化或其乙醇胺与丝氨酸交换生成。

2. 甘油磷脂的分解代谢

在人体内，甘油磷脂可在多种磷脂酶的作用下，水解为它们的各组成成分，见表 6-2。

表 6-2　各磷脂酶作用于甘油磷脂的部位及产物

磷脂酶种类	酶作用部位	作用产物
磷脂酶 A_1	第 1 位酯键	溶血磷脂 2、脂酸
磷脂酶 A_2	第 2 位酯键	溶血磷脂 1、脂酸
磷脂酶 B_1	溶血磷脂的第 1 位酯键	甘油磷脂、脂酸
磷脂酶 B_2	溶血磷脂的第 2 位酯键	甘油磷脂、脂酸
磷脂酶 C	第 3 位磷酸酯键	二酰甘油、磷酸胆碱、磷酸乙醇胺
磷脂酶 D	磷酸取代基间酯键	磷酸甘油、含氮碱

磷脂酶 A_1、磷脂酶 A_2、磷脂酶 B_1、磷脂酶 B_2、磷脂酶 C、磷脂酶 D 分别作用于甘油磷脂的各个酯键（见图 6-16）。磷脂酶 A_2 以酶原形式存在于胰腺中，此酶使磷脂酰胆碱水解生成具有较强的表面活性的溶血磷脂酰胆碱，故能使红细胞膜等膜结构被破坏，从而引起溶血或细胞坏死。某些蛇毒中含有磷脂酶 A_1，其水解产物亦为溶血磷脂，因此机体中蛇毒时也会表现出大量溶血的症状。有人认为急性胰腺炎的发病机制与胰腺磷脂酶 A_2 对胰腺细胞

膜的损伤密切相关。在胰腺及若干组织中还含有磷脂酶 B_1（溶血磷脂酶）。它能水解溶血磷脂酰胆碱等溶血型磷脂，使其再脱去另一脂酰基，从而失去溶解膜的作用。甘油磷脂的水解产物如甘油、脂酸、磷酸、胆碱及乙醇胺等，可分别进行有关的合成或分解代谢。

图 6-16　磷脂酶对磷脂的水解示意图

第五节　胆固醇的代谢

胆固醇是人体重要的脂类物质之一。健康成人体内含胆固醇总量约为 140g，平均含量约为 2g/kg(体重)。胆固醇广泛分布于全身各组织中，其中神经组织（特别是脑）、肾上腺皮质、卵巢中含量最高，肝、肾、肠等内脏及皮肤、脂肪组织也含较多的胆固醇。骨骼中含胆固醇最低。

胆固醇是生物膜的重要组成成分，在维持膜的流动性和正常功能中起重要作用。膜结构中的胆固醇均为游离胆固醇，而细胞中储存的都是胆固醇酯。胆固醇在体内可转变成胆汁酸、维生素 D_3、肾上腺皮质激素（adrenal corticosteroid hormone）及性激素（sex hormone）等重要生理活性物质。胆固醇代谢发生障碍可使血浆胆固醇增高，是形成动脉粥样硬化的一种危险因素。

体内的胆固醇有两个来源：内源性胆固醇和外源性胆固醇。外源性胆固醇由膳食摄入，全部来自动物性食品，其中以禽卵和动物的脏器及脑髓含量最多。内源性胆固醇由机体合成，正常人 50% 以上的胆固醇来自机体自身合成。

一、胆固醇的合成部位和原料

1. 合成部位

成人除脑组织及成熟红细胞外，几乎全身各组织都能合成胆固醇。肝脏的合成能力最强，占全身总合成的 70%～80%，小肠合成能力次之，占总量的 10%。胆固醇合成酶系存在于细胞液和内质网中。

2. 合成原料

乙酰 CoA 是合成胆固醇的直接原料，此外还要 ATP 供能，$NADPH+H^+$ 供给还原所需的氢。实验证明：每合成 1 分子胆固醇需 18 分子乙酰 CoA、36 分子 ATP 及 16 分子 $NADPH+H^+$。乙酰 CoA 和 ATP 大多来自线粒体内的氧化过程。乙酰 CoA 在线粒体内与草酰乙酸缩合成柠檬酸，后者出线粒体进入细胞液，由柠檬酸裂解酶裂解为乙酰 CoA，作为胆固醇合成的原料。$NADPH+H^+$ 则来自细胞液中的磷酸戊糖途径，因此，糖是胆固醇合成原料的主要来源。

二、胆固醇的合成过程

胆固醇的合成过程比较复杂，有近 30 步的酶促反应，有些步骤目前尚未完全阐明。整个合成过程可分为三个阶段（见图 6-17）。

图 6-17 胆固醇的生成示意图

1. 3 分子乙酰 CoA 合成甲羟戊酸（mevalonic acid，MVA）

首先由 2 分子乙酰 CoA 缩合成乙酰乙酰 CoA，然后再与 1 分子乙酰 CoA 缩合成 β-羟基-β-甲基戊酸单二酰 CoA（HMG-CoA），后者经 HMG-CoA 还原酶的催化生成甲羟戊酸。HMG-CoA 是胆固醇、酮体及脂肪酸代谢的重要中间产物。但是 HMG-CoA 还原酶仅存在于内质网中，是胆固醇的限速酶。

2. 甲羟戊酸经 15 碳的焦磷酸法尼酯合成 30 碳的鲨烯

MVA 首先在 ATP 供能条件下脱羧、脱羟基，生成活泼的 5 碳焦磷酸化合物，然后 3 分子的 5 碳化合物缩合成 15 碳的焦磷酸法尼酯，2 分子的 15 碳化合物再缩合成为含 30 碳的多烯烃——鲨烯。

3. 鲨烯环化为羊毛固醇，再变为胆固醇

鲨烯结合在细胞液中的固醇载体蛋白上，经单加氧酶、环加氧酶等的作用，环化生成羊毛固醇，后者经氧化、脱羧及还原等反应，脱去 3 个甲基生成 27 碳的胆固醇。反应过程中消耗氧，并由 $NADPH+H^+$ 提供氢。

三、胆固醇合成代谢的调节

体内胆固醇主要由肝脏合成，HMG-CoA 还原酶是胆固醇合成的限速酶，各种影响胆固醇合成的因素主要通过调节 HMG-CoA 还原酶的活性来实现。

1. 食物成分对胆固醇合成的影响

食入胆固醇能显著抑制胆固醇的合成；食入脂肪，尤其是不饱和脂酸能增强胆固醇的合成；葡萄糖和蛋白质提供了胆固醇合成的原料乙酰 CoA，故亦增强胆固醇的合成；而禁食时，肝中 HMG-CoA 还原酶活性显著下降，胆固醇合成减少。

2. HMG-CoA 还原酶活性与胆固醇合成的节律性一致

动物实验发现，大鼠肝合成胆固醇有昼夜节律性，午夜时合成最高，中午合成最低；肝中 HMG-CoA 还原酶活性有与胆固醇合成一致的昼夜节律性变化。

3. 激素的调节作用

胰岛素增强肝中 HMG-CoA 还原酶活性，从而增加胆固醇的合成。胰高血糖皮质激素则降低 HMG-CoA 还原酶活性，抑制胆固醇的合成。甲状腺素虽然可以增强 HMG-CoA 还原酶的活性，但促进胆固醇在肝内转化为胆汁酸的能力更强，故总效应是转化大于合成，使胆固醇的含量下降。临床上常见甲状腺功能亢进患者血浆胆固醇浓度低于正常值。

四、胆固醇的酯化、转变与排泄

1. 胆固醇的酯化

细胞内和血浆中游离的胆固醇都可以被酯化成胆固醇酯，但不同部位催化胆固醇酯化的酶及其反应过程不同。

（1）细胞内胆固醇的酯化

在组织细胞内，非酯化胆固醇可在脂酰 CoA 胆固醇脂酰基转移酶（acylcholesterol acyltransfesa，ACAT）的催化下，接受脂酰 CoA 的脂酰基形成胆固醇酯（cholesteryl esters，CHE）。

（2）血浆中胆固醇的酯化

血浆中胆固醇在卵磷脂胆固醇脂酰基转移酶（lecithin cholesterol acyl transferase，LCAT）的催化下，卵磷脂第 2 位碳原子上的脂酰基，转移到胆固醇第 3 位羟基上，生成胆固醇酯和溶血卵磷脂。反应中的 LCAT 由肝细胞合成，而后分泌入血，在血浆中发挥作用。

正常时胆固醇的含量与胆固醇酯的含量有一定的比值，为 CH/CHE＝1：3。肝细胞病变或损伤时，LCAT 活性降低，引起血浆胆固醇酯含量下降，导致比值升高，故测定 CH/CHE 可作为反映肝细胞功能的指标。

2. 胆固醇的转变

机体可将乙酰 CoA 合成胆固醇，但却不能将胆固醇彻底氧化分解为 CO_2 和 H_2O，而只能经氧化、还原转变为其他含多氢菲母核的化合物，参与体内的代谢和调节，有近一半的胆固醇不经变化，直接被排出体外。

（1）转变为胆汁酸

在肝中，胆固醇转化为胆汁酸的反应是体内胆固醇的主要去路。正常人每天合成的胆固醇总量的约 40%（0.4～0.6g）在肝内转变为胆汁酸，随胆汁排入肠道。

胆汁酸既含亲水的羟基、羧基或磺酸基，又含疏水的烃基、甲基及脂酰侧链，故胆汁酸分子具有亲水和疏水两性，能在油水两相间起降低表面张力的作用。因而，胆汁中的胆汁酸盐和磷脂酰胆碱可与胆固醇形成微团而使胆固醇在胆汁中以溶解状态存在，可避免胆固醇析出沉淀。故当胆汁中胆汁酸盐、磷脂酰胆碱与胆固醇的比值下降（小于 10：1）时，可使胆固醇析出沉淀，引起胆道结石。生成胆汁酸既是胆固醇的主要去路，胆汁酸与胆固醇形成混合微团又是胆固醇排泄的主要方式，因此，胆汁酸与胆固醇代谢关系极为密切。胆汁酸在小肠内可促进脂类的乳化，促进脂类的消化，又可与脂类的消化产物形成胆汁酸混合微团，在脂类的吸收中起主要作用。

(2) 转变为维生素 D_3

胆固醇在肝脏、小肠黏膜和皮肤等处，可脱氢生成 7-脱氢胆固醇。储存于皮下的 7-脱氢胆固醇，经紫外线（如日光）照射进一步转化成维生素 D_3。维生素 D_3 经肝细胞微粒体 25-羟化酶催化生成 25-羟维生素 D_3，后者通过血浆转运至肾，再经 1 位羟化形成具有生理活性的 1,25-二羟维生素 $D_3[1,25-(OH)_2-D_3]$。活性维生素 D_3 具有调节钙、磷代谢的作用。

(3) 转变成类固醇激素

胆固醇失去侧链氧化形成类固醇激素。在肾上腺皮质球状带转变为醛固酮、在皮质束状带转变为皮质醇、在皮质网状带转变为雄激素；在卵巢可转变成孕酮及雌二醇；在睾丸可转变成睾酮等。

3. 胆固醇的排泄

胆固醇在体内的代谢去路主要是转变成一些重要的生理活性物质。部分胆固醇可随胆汁进入肠道，进入肠道的胆固醇，一部分被重吸收，另一部分受肠道细菌作用还原生成类固醇随粪便排出体外。

胆固醇代谢简示：

考点提示 胆固醇能转化成哪些重要物质

第六节　血脂及血浆脂蛋白

一、血脂

血浆中所含的脂类统称为血脂，主要包括三酰甘油、磷脂、胆固醇、固醇酯及游离脂酸 (free fatty acid, FFA) 等。正常成人空腹 12～14h 血脂的组成和正常参考值见表 6-3。

表 6-3　正常成人空腹血脂的组成及正常参考值

成　分	正常参考值/(mmol/L)(mg/dL)	成　分	正常参考值/(mmol/L)(mg/dL)
三酰甘油	1.1～1.7(10～150)	游离胆固醇	1.0～1.8(40～70)
总胆固醇	2.6～6.5(100～250)	磷脂	48.4～80.7(150～250)
胆固醇酯	1.85～2(70～200)	游离脂酸	0.195～0.805(5～20)

注：正常情况下，血浆脂类的来源和去路处于平衡状态，但这种平衡常受膳食、年龄、性别、职业以及代谢等多种因素的影响，使正常成人血脂含量范围较大。

血脂的来源有外源性和内源性两个方面：外源性是从肠道吸收入血的脂类；内源性是由肝、脂肪组织合成或从组织动员释放入血的脂类。血脂的去路是不断被组织摄取后，氧化供能、能源储存（脂库内储存）、构成生物膜、转变成其他物质等。

血浆中脂类的含量与全身脂类总量相比，虽然只占极少的一部分，但无论是外源性脂类物质还是内源性脂类物质都需要经过血液转运于各个组织之间，因此血脂含量可反映体内脂类的代谢情况。临床上测定血脂含量对某些疾病诊断有一定意义，如血浆三酰甘油、胆固醇的测定是临床生化检验的常规项目。

二、血浆脂蛋白

血浆中的脂类与载脂蛋白结合组成的复合体称为血浆脂蛋白。血浆脂蛋白是血脂运输形式。因三酰甘油、胆固醇及其酯的水溶性很差，不能直接溶解于血浆转运，必须与水溶性强的蛋白质、磷脂形成脂蛋白（lipoprotein，LP）才能在血浆中转运。三酰甘油动员释放入血的游离脂酸则与血浆中的清蛋白结合成复合体（也有人认为是一种脂蛋白）而转运。其结构如图 6-18 所示。疏水性较强的三酰甘油及胆固醇酯位于脂蛋白的内核，具有极性和非极性基团的载脂蛋白（apolipoprotein，Apo）、磷脂及游离胆固醇则以单分子层借其非极性疏水基团与

图 6-18　脂蛋白结构示意图

内部的疏水链相联系，覆盖在脂蛋白表面，极性基团朝外，呈球状。

1. 血浆脂蛋白的分类

各种血浆脂蛋白含有的脂类和蛋白质量均不相同，因而其密度、颗粒大小、表面电荷、电泳行为及免疫性也各有不同。一般用超速离心法及电泳法可将血浆脂蛋白分为四类（见表 6-4）。

(1) 超速离心法（密度分类法）

根据脂蛋白密度大小进行分类。由于不同脂蛋白中各种脂类和蛋白质所占比例不同，故其密度不同。根据血浆在一定密度的盐溶液中进行超速离心时沉降速度不同，将血浆脂蛋白分为四种：即乳糜微粒（chylomicron，CM）、极低密度脂蛋白（very low density lipoprotein，VLDL）、低密度脂蛋白（low density lipoprotein LDL）和高密度脂蛋白（high density lipoprotein，HDL）。

此外，还有一种中间密度脂蛋白（intermediate density lipoprotein，IDL），它是 VLDL 在血浆中代谢的中间产物，其组成、颗粒大小和相对密度（1.006～1.019）介于 VLDL 和 LDL 之间。

(2) 电泳法

由于各类血浆脂蛋白中载脂蛋白的不同，其表面电荷多少也不同，颗粒大小也有差异，在同一电场中具有不同的迁移率。按其在电场移动的快慢，可将脂蛋白分离成四条区带：α-脂蛋白（α-LP）、前 β-脂蛋白（Preβ-LP）、β-脂蛋白（β-LP）和乳糜微粒（见图 6-19）。这四类脂蛋白分别与超速离心法的 HDL、VLDL、LDL、CM 相对应（见表 6-4）。

图 6-19　血浆脂蛋白琼脂凝胶电泳图

正常人电泳图谱上 β-脂蛋白多于 α-脂蛋白，而 α-脂蛋白又多于前 β-脂蛋白。前 β-脂蛋白

含量少时在一般电泳图谱上看不出来。乳糜微粒仅在进食后才有，空腹时也很难检出。

表6-4 血浆脂蛋白的分类、性质、组成、合成部位及功能

项目	CM	VLDL	LDL	HDL	LP(a)
蛋白质	0.5~2	5~10	20~25	45~50	22~31
TG	80~95	50~75	8~12	3~6	3~10
PL	5~7	18~20	20~25	20~30	19~23
CE	3	10~17	40~42	15~17	26~40
Apo	A C B_{48}	C B_{100} E	B_{100}	AⅠ AⅡC	(a)B_{100}
合成部位	小肠黏膜	肝细胞	血浆、肝	肝、小肠	肝细胞
功能	转运外源三酰甘油	转运内源三酰甘油	转运内源胆固醇	逆向转运胆固醇	抑制纤溶酶原激活

考点提示 各种脂蛋白与其转运脂类的对应关系

2. 血浆脂蛋白的组成

血浆脂蛋白中的蛋白质部分称载脂蛋白。各脂蛋白中都含有载脂蛋白、三酰甘油、磷脂、胆固醇及其酯，但组成比例不同。乳糜微粒的颗粒最大，含三酰甘油最多，达80%~95%，含载脂蛋白最少，约1%，所以密度最小。VLDL颗粒比CM小，含三酰甘油较多，含载脂蛋白比CM多；LDL颗粒比VLDL小，含胆固醇量最多，约占血浆总胆固醇的1/3；HDL的颗粒最小，含载脂蛋白最多，约占50%，三酰甘油含量最少，颗粒最小，密度最大。血浆脂蛋白组成特点见表6-5。

表6-5 血浆脂蛋白组成特点

项目		CM	VLDL	LDL	HDL
密度		<0.95	0.95~1.003	1.006~1.063	1.063~1.210
组成	脂类	含TG最多,80%~90%	含TG,50%~70%	含胆固醇及其酯最多,40%~50%	含脂类50%
	蛋白质	最少,1%	5%~10%	20%~25%	最多,约50%
载脂蛋白组成		ApoB48、ApoE、ApoAⅠ、ApoAⅡ、ApoAⅣ、ApoCⅠ、ApoCⅡ、ApoCⅢ	ApoB100、ApoCⅠ、ApoCⅡ、ApoCⅢ、ApoE	apoB100	apoAⅠ、ApoAⅡ

血浆脂蛋白中的载脂蛋白是由肝细胞、小肠黏膜细胞合成的特异球蛋白。目前发现的载脂蛋白有18种之多，主要有ApoA、ApoB、ApoC、ApoD和ApoE等五类。其中ApoA可分为AⅠ、AⅡ；ApoB可分为B_{100}及B_{48}；ApoC又可分为CⅠ、CⅡ、CⅢ等数种。不同脂蛋白所含的载脂蛋白不同。载脂蛋白的生理功能主要有以下几方面：①维持脂蛋白的结构，ApoAⅠ、ApoCⅠ和ApoE能维持各种脂蛋白的结构；②调节脂蛋白代谢关键酶的活性，例如ApoAⅠ和ApoCⅠ能激活LCAT，促进胆固醇的酯化；ApoCⅡ能激活脂蛋白脂酶（LPL），促进CM和VLDL中的三酰甘油降解；③参与脂蛋白受体等的识别作用，例如ApoE能识别肝细胞CM残余颗粒受体，故能促进CM进入肝细胞进行代谢；ApoB_{100}能识别LDL受体，促进LDL的代谢。

3. 血浆脂蛋白的功能

（1）乳糜微粒

乳糜微粒是在小肠黏膜细胞内合成的，通过高尔基体分泌，经淋巴管进入血液循环，主

要作用是转运外源性三酰甘油至肝及其他组织。新生的 CM 经淋巴管进入血液接受 HDL 所提供的 ApoC 和 ApoE，并将部分 ApoA 转给 HDL，形成成熟的 CM。ApoCⅡ能激活脂蛋白脂肪酶，此酶催化乳糜微粒中的三酰甘油水解为脂酸和甘油。LPL 是一种细胞外酶，主要存在于毛细血管内皮细胞表面，尤其是脂肪组织、心肌、脾、乳腺等组织的毛细血管内皮细胞表面脂蛋白脂肪酶活性较高。在 LPL 的反复作用下，CM 内核的三酰甘油 90% 以上不断被水解，释放的脂酸被脂肪组织、心肌等摄取利用，颗粒逐渐变小。其表面磷脂、胆固醇和 ApoC 转向 HDL，并接受 HDL 转移来的胆固醇酯，成为富含胆固醇酯的残余颗粒并被肝脏摄取。进入肝细胞的 CM 残余颗粒中的脂类可用于合成 VLDL。

CM 代谢较快，半衰期仅为 5~15min，所以食入大量的脂肪后血浆浑浊只是暂时现象，数小时后血浆便澄清，这种现象称为脂肪的廓清。正常空腹 12~14h 后血液中应无 CM 存在。极少数由于先天性脂蛋白脂肪酶缺乏，空腹血电泳时可检出 CM。

(2) 极低密度脂蛋白

极低密度脂蛋白（VLDL）主要由肝细胞合成，含有较多的三酰甘油，其脂酸来源为：糖在肝内转变成的脂酸；由脂库动员出来的脂酸；部分来自 CM 中的三酰甘油水解生成的脂酸。所以 VLDL 的主要功能是运输内源性三酰甘油，从肝内到脂肪组织或其他组织。

VLDL 在血浆中半衰期为 6~12h，其分解代谢和 CM 相似，VLDL 也是在血中从 HDL 获得 ApoC 和 ApoE，然后在脂蛋白脂肪酶的作用下，其中三酰甘油被水解而释放，VLDL 逐渐变小，形成中间密度脂蛋白（IDL）。VLDL 表面的磷脂、胆固醇、ApoC 向 HDL 转移。而 HDL 的胆固醇酯向 IDL 转运，IDL 最后转变成 LDL。

(3) 低密度脂蛋白

低密度脂蛋白（LDL）是在血浆中由 VLDL 转变而来，仅含有 ApoB 的脂蛋白。因 LDL 含有较多的胆固醇和胆固醇酯，所以，LDL 的主要功能是运输内源性胆固醇，从肝内到肝外组织。人血浆总胆固醇有 60%~70% 由 LDL 运输。肝是降解 LDL 的主要器官（约 50%）。

LDL 在血浆中半衰期为 2~4 天。肝外组织细胞表面存在 LDL 受体，当 LDL 与细胞膜特异受体结合后，LDL 便进入细胞内，并被溶酶体水解。游离的胆固醇被释放，供细胞摄取利用，如参与生物膜的组成，也可抑制细胞内胆固醇的合成（抑制 HMGCoA 还原酶），还可激活脂酰胆固醇脂酰基转移酶（ACAT），将过多的胆固醇转变成胆固醇酯加以储存。

(4) 高密度脂蛋白

高密度脂蛋白（HDL）由肝细胞和小肠黏膜细胞合成，主要功能是从肝外组织运输胆固醇到肝内代谢。这种将胆固醇从肝外组织向肝转运的过程，称为胆固醇的逆向转运（RCT）。

HDL 在血浆中半衰期为 3~5 天。新生的 HDL 颗粒呈圆盘状，主要由载脂蛋白和磷脂组成，仅含少量的胆固醇。新生的 HDL 进入血液后，与富含胆固醇的细胞膜及其他脂蛋白接触，由于物理平衡作用而获得胆固醇。进入 HDL 表层的胆固醇在卵磷脂-胆固醇酰基转移酶（LCAT）催化下，被酯化成胆固醇酯，此胆固醇酯转入 HDL 核心部分。由于胆固醇酯不断形成、核心逐渐增长膨大，使盘状 HDL 变成球形 HDL，即新生的 HDL 转变为含有较多胆固醇酯的 HDL_3。HDL_3 再增加胆固醇酯，同时从 CM 和 VLDL 接受 ApoC、磷脂和自由胆固醇而变成 HDL_2，HDL_2 进一步增加胆固醇酯和 ApoE 形成 HDL_1（HDLc），即可被肝细胞的 ApoE 受体识别，并转入肝细胞内降解，其中胆固醇可以转变成胆汁酸或直接通过胆汁排出体外。因此，HDL 可降低血浆中胆固醇的浓度，HDL 中的胆固醇与动脉粥样硬化的发生呈负相关。

三、高脂血症与高脂蛋白血症

血脂高于正常人上限即为高脂血症。由于血脂在血中以脂蛋白形式运输，因此也可将高脂血症称为高脂蛋白血症（hyperlipoproteinemia）。正常人上限的标准因地区、膳食、年龄、劳动状况、职业以及测定方法不同而有差异。一般以成人空腹 12～14h 血中三酰甘油超过 2.26mmol/L（200mg/dL），胆固醇超过 6.21mmol/L（240mg/dL），儿童胆固醇超过 4.14mmol/L（160mg/dL）为标准。

1970 年世界卫生组织（WHO）建议，将高脂蛋白血症分为六型，其脂蛋白及血脂的改变见表 6-6。

表 6-6　高脂蛋白血症分型

分型	脂蛋白变化	血脂变化
Ⅰ	CM↑	胆固醇↑　三酰甘油↑↑↑
Ⅱa	LDL↑	胆固醇↑↑
Ⅱb	LDL↑　VLDL↑	胆固醇↑↑　三酰甘油↑↑
Ⅲ	IDL↑	胆固醇↑↑　三酰甘油↑↑
Ⅳ	VLDL↑	三酰甘油↑↑
Ⅴ	VLDL↑　CM↑	胆固醇↑　三酰甘油↑↑↑

高脂血症可分为原发性和继发性两大类。继发性高脂血症是继发于其他疾病如糖尿病、肾病和甲状腺功能减退等的高脂血症。原发性高脂血症是指原因不明的高脂血症，现已证明有些与遗传性缺陷有关。

本章知识要点

1. 脂肪的主要生理功能为储能与供能、提供必需脂肪酸等，类脂的功能为构成生物膜、转变成多种重要的活性物质等。

2. 脂肪（可变脂）主要分布于脂肪组织，如皮下、大网膜、内脏周围。类脂（固定脂）主要存在于细胞的各种膜结构中。

3. 脂肪动员即甘油三酯逐步水解为脂肪酸和甘油的过程。甘油生成后进入糖代谢途径进行代谢。脂肪酸的氧化主要是进行 β-氧化，即从 β-碳原子开始依次进行脱氢、加水、再脱氢和硫解四步连续循环反应，生成乙酰 CoA。

4. 酮体包括乙酰乙酸、β-羟丁酸和丙酮，在肝内乙酰 CoA 为原料合成，在肝外组织被氧化利用。

阅读材料　胆固醇代谢与动脉粥样硬化

复习导图

目标检测

一、名词解释
脂肪动员　必需脂肪酸　酮体　血脂　载脂蛋白　胆固醇逆向转运途径

二、选择题
1. 1mol 软脂酸彻底氧化生成的 ATP 是（　　）。
   A. 131mol　　　　B. 129mol　　　　C. 86mol　　　　D. 98mol
2. 胆固醇合成的限速酶是（　　）。
   A. HMG-CoA 合成酶　　　　　　　B. α-磷酸甘油脂酰基转移酶
   C. HMG-CoA 还原酶　　　　　　　D. 乙酰 CoA 羧化酶
3. 若食物中缺乏蛋氨酸，会造成肝 VLDL 合成障碍，使 TG 在肝细胞堆积，最终导致脂肪肝，其可能的主要原因是（　　）。
   A. 蛋白质合成障碍　　　　　　　　B. 卵磷脂合成障碍
   C. 脑磷脂合成障碍　　　　　　　　D. 肉碱合成减少
4. 严重肝功能障碍患者测定其血浆总胆固醇，尤其是血浆胆固醇酯水平降低，可能的原因是（　　）。
   A. 胆固醇酯酶活性增加　　　　　　B. LPL 活性增加
   C. LCAT 合成减少　　　　　　　　D. 胆固醇酯分解加强
5. 密度最低的血浆脂蛋白是（　　）。
   A. 乳糜微粒　　　　　　　　　　　B. β-脂蛋白
   C. 前 β-脂蛋白　　　　　　　　D. α-脂蛋白
6. 脂肪酸生物合成（　　）。
   A. 不需要乙酰辅酶 A　　　　　　　B. 中间产物是丙二酰辅酶 A
   C. 在线粒体内进行　　　　　　　　D. 以 NADH 为还原剂
   E. 最终产物为十碳以下脂肪酸

三、简答题

1. 谈谈三酰甘油在机体能量代谢中的作用和特点。
2. 试述人体胆固醇的来源与去路。
3. 脂肪酸的 β-氧化与生物合成的主要区别是什么？
4. 何谓酮体？酮体是如何生成及氧化利用的？
5. 什么是血浆脂蛋白？它在维持细胞游离胆固醇平衡中有什么作用？

四、实例分析

患者，女，糖尿病史 7 年，平时每天皮下注射胰岛素治疗。因发热伴神志不清入院。深大呼吸，呼出气味为烂苹果味。血糖 21mmol/L，尿糖＋＋＋＋，尿酮体＋＋＋＋。试分析患者患何病，并阐述该病的生化发生机制。

第七章 氨基酸代谢

氨基酸代谢

【学习目标】

熟悉蛋白质的营养功用；掌握氨基酸的脱氨基方式；掌握氨的代谢及 α-酮酸的代谢；了解个别氨基酸的代谢。

氨基酸是蛋白质的基本组成单位。体内的大多数蛋白质均不断地进行合成与分解代谢，体内的这种转换过程一方面可清除异常蛋白质，因为这些异常蛋白质的积聚会损伤细胞。另一方面使酶或调节蛋白的活性由合成和分解得到调节，进而调节细胞代谢。

蛋白质分解代谢首先在酶的催化下蛋白质水解为氨基酸，而后各氨基酸进行分解代谢，或转变为其他物质，或参与新的蛋白质的合成。因此氨基酸代谢是蛋白质分解代谢的中心内容。

第一节 概 述

一、蛋白质的营养作用

1. 蛋白质营养作用的重要性

蛋白质是生命的物质基础，维持细胞、组织的生长、更新、修补，以及催化、运输、代谢调节等均需要蛋白质参与。同时，蛋白质也是能源物质，每克蛋白质在体内氧化分解可释放约 17kJ 的能量。因此，提供足够食物蛋白质对正常代谢和各种生命活动的进行十分重要，对于处于生长发育期的儿童和康复期的病人，供给足量、优质的蛋白质尤为重要。

2. 蛋白质的需要量和营养价值

（1）氮平衡

机体内蛋白质代谢的概况可根据氮平衡实验来确定。如前所述，蛋白质的平均含氮量约为 16%。食物中的含氮物质绝大部分是蛋白质。因此测定食物中的含氮量可以估算出所含蛋白质的量。蛋白质在体内分解代谢所产生的含氮物质主要由尿、粪排出。测定尿与粪中的含氮量（排出氮）及从食物中摄入的含氮量（摄入氮）可以反映人体蛋白质的代谢情况。

① 氮的总平衡 摄入氮＝排出氮，反映正常成年人的蛋白质代谢情况。

② 氮的正平衡 摄入氮＞排出氮，部分摄入的氮用于合成体内蛋白质，见于儿童、孕妇及恢复期病人。

③ 氮的负平衡 摄入氮＜排出氮，摄入的蛋白质不能满足机体的需要，见于长期饥饿或者消耗性疾病患者。

（2）生理需要量

根据氮平衡实验计算，在不进食蛋白质时，成人每日最低分解约 20g 蛋白质。由于食物蛋白质与人体蛋白质组成的差异，不可能全部被利用，故成人每日最低需要 30～50g 蛋白质。我国营养学会推荐成人每日蛋白质需要量为 80g。

（3）蛋白质的营养价值

在营养方面，不仅要注意膳食蛋白质的量，还必须注意蛋白质的质。由于各种蛋白质所含氨基酸的种类和数量不同，它们的质不同。

组成人体蛋白质的氨基酸有20种，其中有数种不能在人体内合成，而必须获自食物，这些氨基酸被称为"必需氨基酸"，它们是蛋氨酸、赖氨酸、色氨酸、苏氨酸、缬氨酸、苯丙氨酸、亮氨酸和异亮氨酸。此外，幼儿生长尚需组氨酸。除这些必需氨基酸以外的其他氨基酸，因为都能在机体内合成，故被称为"非必需氨基酸"。食物蛋白质的营养价值即有效利用率，与必需氨基酸密切相关。因此，评价一种食物蛋白质的营养价值，主要应视其所含的各种必需氨基酸量是否能满足机体的需要。

一般来说，含有必需氨基酸种类多和数量足的蛋白质，其营养价值高，反之营养价值低。由于动物性蛋白质所含必需氨基酸的种类和比例与人体需要相近，故营养价值高。营养价值较低的蛋白质混合食用，则必需氨基酸可以互相补充，从而提高营养价值，称为食物蛋白质的互补作用。例如：谷类蛋白质含赖氨酸较少而含色氨酸较多，豆类蛋白质含赖氨酸较多而含色氨酸较少，两者混合食用即可提高营养价值。

在某些病理情况下，为保证患者的营养需要，可进行混合氨基酸输液。

二、蛋白质的消化、吸收与腐败作用

1. 蛋白质的消化

各种生物体都具有特异的蛋白质组成与结构。因此，人体不能用与体内分子组成和结构不同的食物蛋白质来直接修补或更新组织，而必须先将食物蛋白质消化成为简单的氨基酸，这样可以消除食物蛋白质的种属特异性或抗原性，便于吸收和用于合成机体自身特有的蛋白质。如果机体吸收了未降解的异种蛋白质，就会引起过敏、毒性反应，如蛇毒。蛋白质消化的实质是一系列的酶促水解反应。唾液不含蛋白水解酶，蛋白质的消化从胃开始，主要在小肠中进行。

(1) 胃中的消化

胃中消化蛋白质的酶是胃蛋白酶，它由胃蛋白酶原经胃酸激活，胃蛋白酶也能激活胃蛋白酶原变成胃蛋白酶，称为自身激活作用。胃蛋白酶的最适pH为1.5～2.5，对蛋白质肽键的特异性较差。蛋白质经胃蛋白酶作用后，主要分解成多肽及少量氨基酸。胃蛋白酶对乳中的酪蛋白有凝乳作用，这对哺乳婴儿较为重要，因为乳液凝成乳块后在胃中停留时间延长，有利于消化。

(2) 小肠中的消化

食物在胃中停留时间较短，因此蛋白质在胃中消化很不完全，在小肠中，蛋白质的消化产物及未被消化的蛋白质再受胰液及肠黏膜细胞分泌的多种蛋白水解酶及肽酶的共同作用，进一步水解成氨基酸。因此，小肠是蛋白质消化的主要部位。

胃和小肠中的蛋白酶一般均由无活性的酶原经激活而成。各种蛋白水解酶对肽键作用的专一性不同，通过各种蛋白酶的协同作用，生成氨基酸及二肽后方可被吸收，各种蛋白酶对肽键作用的专一性见表7-1。

2. 氨基酸的吸收

氨基酸的吸收主要在小肠中进行，一般认为它主要是一个耗能的主动吸收过程。其主要有两种方式：一是小肠黏膜上有氨基酸的载体蛋白，载体将氨基酸、Na^+运入细胞内，钠泵消耗ATP将Na^+排出。第二种方式是γ-谷氨酰基循环，在此循环中，待吸收的氨基酸与谷胱甘肽的谷氨酰基生成γ-谷氨酰基-氨基酸而被转入肠黏膜细胞内，在细胞中其他酶作用下，释放出氨基酸和谷氨酰胺，并重新生成谷胱甘肽，每次循环吸收一个氨基酸，消耗3分子ATP。

表 7-1 蛋白水解酶的专一性

蛋 白 酶	专 一 性
胃蛋白酶	Ala、Leu、Phe、Trp、Met、Tyr 的羧基形成的肽键
胰蛋白酶	Lys、Arg 的羧基形成的肽键
糜蛋白酶	Phe、Tyr、Trp 的羧基形成的肽键
弹性蛋白酶	脂肪族氨基酸的羧基形成的肽键
氨基肽酶	除了 Pro 外,任何氨基酸的氨基形成的肽键
羧基肽酶 A	除了 Lys、Arg、Pro 外,任何氨基酸的氨基形成的肽键
羧基肽酶 B	Lys、Arg 的氨基形成的肽键

3. 蛋白质的腐败作用

在肠道中没有经过彻底消化的蛋白质、多肽、氨基酸在肠道中被细菌消化,发生变质,称为腐败作用。腐败产物有多种:胺类、酚类、醇类、氨、甲烷、吲哚、甲基吲哚,还可以产生少量的脂肪酸、维生素 K 等。有些物质对人体有害。

第二节 氨基酸的一般代谢

食物蛋白经过消化吸收后,以氨基酸的形式通过血液循环运到全身的各组织中。这种来源的氨基酸称为外源性氨基酸。机体各组织的蛋白质在组织酶的作用下,也不断地分解成为氨基酸;机体还能合成部分氨基酸(非必需氨基酸),这两种来源的氨基酸称为内源性氨基酸。外源性氨基酸和内源性氨基酸彼此之间没有区别,共同构成了机体的氨基酸代谢库。氨基酸代谢库通常以游离氨基酸总量计算,机体没有专一的组织器官储存氨基酸,氨基酸代谢库实际上包括细胞内液、细胞间液和血液中的氨基酸。

氨基酸的主要功能是合成多肽、蛋白质,也合成其他含氮的生理活性物质。除了维生素之外(维生素 PP 是个例外),体内的各种含氮物质几乎都可由氨基酸转变而成,包括蛋白质、肽类激素、氨基酸衍生物、黑色素、嘌呤碱、嘧啶碱、肌酸、胺类、辅酶或辅基等。

从氨基酸的结构上看,除了侧链 R 基团不同外,均有 α-氨基和 α-羧基。氨基酸在体内的分解代谢实际上就是氨基、羧基和 R 基团的代谢。氨基酸分解代谢的主要途径是脱氨基生成氨和相应的 α-酮酸,氨基酸的另一条分解途径是脱羧基生成 CO_2 和胺。胺在体内可经胺氧化酶作用,进一步分解生成氨和相应的醛和酸。氨对人体来说是有毒的物质,氨在体内主要合成尿素排出体外,还可以合成其他含氮物质(包括非必需氨基酸、谷氨酰胺等),少量的氨可直接经尿排出。R 基团部分生成的酮酸可进一步氧化分解生成 CO_2 和水,并提供能量,也可经一定的代谢反应转变生成糖或脂在体内储存。由于不同的氨基酸结构不同,因此它们的代谢也有各自的特点。图 7-1 表示体内氨基酸的代谢概况。

各组织器官在氨基酸代谢上的作用有所不同,其中以肝脏最为重要。肝脏蛋白质的更新速度比较快,氨基酸代谢活跃,大部分氨基酸在肝脏进行分解代谢,同时氨的解毒过程主要也在肝脏中进行。

一、氨基酸脱氨基作用

脱氨基作用是指氨基酸在酶的催化下脱去氨基生成 α-酮酸的过程。这是氨基酸在体内分解的主要方式。参与人体蛋白质合成的氨基酸共有 20 种,它们的结构不同,脱氨基的方

第七章 氨基酸代谢

图 7-1 氨基酸代谢概况

式也不同，主要有氧化脱氨基、转氨基、联合脱氨基，以联合脱氨基最为重要。

1. 氧化脱氨基作用

氧化脱氨基作用是指在酶的催化下，氨基酸在氧化脱氢的同时脱去氨基的过程。由不需氧脱氢酶催化的氧化脱氨基作用。

L-谷氨酸在线粒体中由 L-谷氨酸脱氢酶催化氧化脱氨。L-谷氨酸脱氢酶为不需氧脱氢酶，以 NAD^+ 或 $NADP^+$ 作为辅酶。氧化反应通过谷氨酸脱氢转给 $NAD(P)^+$ 形成 α-亚氨基戊二酸，再水解生成 α-酮戊二酸和氨。

$$\begin{array}{c}COOH\\|\\CH_2\\|\\CH_2\\|\\CHNH_2\\|\\COOH\end{array} \xrightleftharpoons[\text{L-谷氨酸脱氢酶}]{\substack{NAD^+\\或\\NADP^+}\quad\substack{NADH+H^+\\或\\NADPH+H^+}} \begin{array}{c}COOH\\|\\CH_2\\|\\CH_2\\|\\C=NH\\|\\COOH\end{array} \xrightleftharpoons[-H_2O]{+H_2O} \begin{array}{c}COOH\\|\\CH_2\\|\\CH_2+NH_3\\|\\C=O\\|\\COOH\end{array}$$

L-谷氨酸　　　　　　　　　　　　α-亚氨基戊二酸　　　　α-酮戊二酸

L-谷氨酸脱氢酶为变构酶，GDP 和 ADP 为变构激活剂，ATP 和 GTP 为变构抑制剂。

在体内，L-谷氨酸脱氢酶催化可逆反应。一般情况下偏向于谷氨酸的合成，因为高浓度氨对机体有害，此反应平衡点有助于保持较低的氨浓度。但当谷氨酸浓度高而 NH_3 浓度低时，则有利于脱氨和 α-酮戊二酸的生成。

2. 转氨基作用

（1）转氨基作用

转氨基作用指在转氨酶催化下，将 α-氨基酸的氨基转给另一个 α-酮酸，生成相应的 α-酮酸和一种新的 α-氨基酸的过程。

$$\begin{array}{c}COOH\\|\\CHNH_2\\|\\R\end{array} + \begin{array}{c}COOH\\|\\C=O\\|\\R^1\end{array} \xrightleftharpoons{\text{转氨酶}} \begin{array}{c}COOH\\|\\CHNH_2\\|\\R^1\end{array} + \begin{array}{c}COOH\\|\\C=O\\|\\R\end{array}$$

体内绝大多数氨基酸通过转氨基作用脱氨。参与蛋白质合成的 20 种 α-氨基酸中，除赖氨酸、苏氨酸不参加转氨基作用外，其余均可由特异的转氨酶催化参加转氨基作用。

转氨基作用最重要的氨基受体是 α-酮戊二酸，产生谷氨酸作为新生成氨基酸；进一步将谷氨酸中的氨基转给草酰乙酸，生成 α-酮戊二酸和天冬氨酸；或转给丙酮酸，生成 α-酮戊二酸和丙氨酸，通过第二次转氨反应，再生出 α-酮戊二酸。正常时，转氨酶主要存在于细胞内，血清中的活性相当低，各组织器官中以肝和心脏的活性最高，如肝细胞中含量最高的是谷丙转氨酶（GDT），又称丙氨酸氨基转移酶（ALT）；心肌细胞中含量最高的是谷草转氨酶（GOT），又称天冬氨酸氨基转移酶（AST）。如某种原因使细胞膜通透性增高或细胞破坏时，则转氨酶可以大量释放进入血液，引起血清中转氨酶活性明显升高。例如：心肌梗死患者血清中GOT明显升高，急性肝炎患者血清GTP活性明显升高，临床上可以作为疾病诊断和预防的指标之一。

转氨基作用是可逆的，平衡常数约为1。反应的方向取决于四种反应物的相对浓度。因而，转氨基作用也是体内某些氨基酸（非必需氨基酸）合成的重要途径。

（2）转氨基作用的生理意义

转氨基作用起着十分重要的作用。通过转氨基作用可以调节体内非必需氨基酸的种类和数量，以满足体内蛋白质合成时对非必需氨基酸的需求。转氨基作用还是联合脱氨基作用的重要组成部分，从而加速了体内氨的转变和运输，沟通了机体的糖代谢、脂代谢和氨基酸代谢的互相联系。

3. 联合脱氨基作用

联合脱氨基作用是体内主要的脱氨方式。主要有两种反应途径。

（1）由L-谷氨酸脱氢酶和转氨酶联合催化的联合脱氨基作用

先在转氨酶催化下，将某种氨基酸的α-氨基转移到α-酮戊二酸上生成谷氨酸，然后，在L-谷氨酸脱氢酶作用下将谷氨酸氧化脱氨生成α-酮戊二酸，而α-酮戊二酸再继续参加转氨基作用。

L-谷氨酸脱氢酶主要分布于肝、肾、脑等组织中，而α-酮戊二酸参加的转氨基作用普遍存在于各组织中，所以此种联合脱氨主要在肝、肾、脑等组织中进行，反应可逆。

（2）嘌呤核苷酸循环

骨骼肌和心肌组织中L-谷氨酸脱氢酶的活性很低，因而不能通过上述形式的联合脱氨反应脱氨基。但骨骼肌和心肌中含丰富的腺苷酸脱氨酶，能催化腺苷酸加水、脱氨生成次黄嘌呤核苷酸（IMP），见图7-2。

图7-2 转氨基作用与嘌呤核苷酸循环的联合

一种氨基酸经过两次转氨基作用可将α-氨基转移至草酰乙酸生成天冬氨酸。天冬氨酸又可将此氨基转移到次黄嘌呤核苷酸上生成腺嘌呤核苷酸（通过中间化合物腺苷酸代琥珀酸）。

目前认为嘌呤核苷酸循环是骨骼肌和心肌中氨基酸脱氨的主要方式。肌肉活动增加时需要三羧酸循环增强以供能。而此过程需三羧酸循环中间产物增加，肌肉组织中缺乏能催化这种补偿反应的酶。肌肉组织则依赖此嘌呤核苷酸循环补充中间产物——草酰乙酸。研究表明肌肉组织中催化嘌呤核苷酸循环反应的酶的活性均比其他组织中高几倍。AMP脱氨酶遗传缺陷患者（肌腺嘌呤脱氨酶缺乏症）易疲劳，而且转运后常出现痛性痉挛。

这种形式的联合脱氨是不可逆的，因而不能通过其逆过程合成非必需氨基酸。这一代谢途径不仅把氨基酸代谢与糖代谢、脂代谢联系起来，而且也把氨基酸代谢与核苷酸代谢联系起来。

考点提示 谷氨酸脱氢酶参与的联合脱氨基作用的概念及过程

二、氨的代谢

1. 氨的来源

（1）组织中氨基酸分解生成的氨

组织中的氨基酸经过联合脱氨作用脱氨或经其他方式脱氨，这是组织中氨的主要来源。组织中氨基酸经脱羧基反应生成胺，再经单胺氧化酶或二胺氧化酶作用生成游离氨和相应的醛，这是组织中氨的次要来源，组织中氨基酸分解生成的氨是体内氨的主要来源。

（2）肾脏来源的氨

血液中的谷氨酰胺流经肾脏时，可被肾小管上皮细胞中的谷氨酰胺酶分解生成谷氨酸和NH_3。这一部分NH_3约占肾脏产氨量的60％。其他各种氨基酸在肾小管上皮细胞中分解也产生氨，约占肾脏产氨量的40％。

肾小管上皮细胞中的氨有两条去路：排入原尿中，随尿液排出体外；或者被重吸收入血成为血氨。氨容易透过生物膜，而NH_4^+不易透过生物膜。所以肾脏产氨的去路决定于血液与原尿的相对pH值。血液的pH值是恒定的，因此实际上决定于原尿的pH值。原尿pH值偏酸时，排入原尿中的NH_3与H^+结合成为NH_4^+，随尿排出体外。若原尿的pH值较高，则NH_3易被重吸收入血。

（3）肠道来源的氨

这是血氨的主要来源。正常情况下肝脏合成的尿素有15％～40％经肠黏膜分泌入肠腔。肠道细菌有尿素酶，可将尿素水解成为CO_2和NH_3，这一部分氨约占肠道产氨总量的90％（成人每日约为4g）。肠道中的氨可被吸收入血，其中3/4的吸收部位在结肠，其余部分在空肠和回肠。氨入血后可经门脉入肝，重新合成尿素。这个过程称为尿素的肠肝循环。

肠道中的一小部分氨来自腐败作用。这是指未被消化吸收的食物蛋白质或其水解产物氨基酸在肠道细菌作用下分解的过程。肠道中NH_3重吸收入血的程度决定于肠道内容物的pH值，肠道内pH值低于6时，肠道内氨生成NH_4^+，随粪便排出体外；肠道内pH值高于6时，肠道内氨吸收入血。

2. 氨的去路

氨是有毒的物质，机体必须及时将氨转变成无毒或毒性小的物质，然后排出体外。主要去路是在肝脏合成尿素、随尿排出；一部分氨可以合成谷氨酰胺和天冬酰胺，也可合成其他非必需氨基酸；少量的氨可直接经尿排出体外。

氨的来源及去路的概括见图7-3。

图7-3 氨的来源及去路

3. 氨的转运

(1) 葡萄糖-丙氨酸循环

肌肉组织中以丙酮酸作为转移的氨基受体，生成丙氨酸经血液运输到肝脏。在肝脏中，经转氨基作用生成丙酮酸，可经糖异生作用生成葡萄糖，葡萄糖由血液运输到肌肉组织中，分解代谢再产生丙酮酸，后者再接受氨基生成丙氨酸。这一循环途径称为"葡萄糖-丙氨酸循环"。通过此途径，肌肉氨基酸的氨基，运输到肝脏以 NH_3 或天冬氨酸合成尿素，见图7-4。

图7-4 葡萄糖-丙氨酸循环

饥饿时通过此循环将肌肉组织中氨基酸分解生成的氨及葡萄糖的不完全分解产物丙酮酸，以无毒性的丙氨酸形式转运到肝脏作为糖异生的原料。肝脏异生成的葡萄糖可被肌肉或其他外周组织利用。

(2) 谷氨酰胺生成

氨与谷氨酸在谷氨酰胺合成酶的催化下生成谷氨酰胺，并由血液运输至肝或肾，再经谷氨酰胺酶水解成谷氨酸和氨。谷氨酰胺主要从脑、肌肉等组织向肝或肾运氨。

谷氨酰胺合成酶催化合成谷氨酰胺，主要分布于脑、心肌和骨骼肌等组织细胞中，谷氨酰胺分解由谷氨酰胺酶催化，此酶主要存在于肾脏、肝脏及小肠中。

谷氨酰胺的合成，对于防止组织中氨浓度过高有重要意义，当谷氨酰胺生成后，经血液主要转运至肾脏、肝脏及小肠等组织中被利用。故谷氨酰胺既是体内氨的解毒产物，又是氨的储存和运输形式。临床上常给氨中毒的患者服用或输入谷氨酸钠,以降低血氨浓度。

4. 尿素合成

根据动物实验,人们很早就确定了肝脏是尿素合成的主要器官,肾脏是尿素排泄的主要器官。1932 年,Krebs 等利用大鼠肝切片做体外实验,发现在供能的条件下,可由 CO_2 和氨合成尿素。若在反应体系中加入少量的精氨酸、鸟氨酸或瓜氨酸可加速尿素的合成,而这种氨基酸的含量并不减少。为此,Krebs 等提出了鸟氨酸循环学说。

尿素中的两个氮原子分别由氨和天冬氨酸提供,而碳原子来自 HCO_3^-,五步酶促反应,二步在线粒体中,三步在胞液中进行。其详细过程可分为以下五步。

(1) 氨基甲酰磷酸的合成

氨基甲酰磷酸是在 Mg^{2+}、ATP 及 N-乙酰谷氨酸存在的情况下,由氨基甲酰磷酸合成酶-Ⅰ催化 NH_3 和 HCO_3^- 在肝细胞线粒体中合成。

$$H_2O+CO_2+NH_3+2ATP \xrightarrow[N-乙酰谷氨酸,Mg^{2+}]{氨基甲酰磷酸合成酶-Ⅰ} H_2N-\overset{O}{\underset{}{C}}-O-\overset{OH}{\underset{OH}{\overset{\|}{P}}}=O + ADP + H_3PO_4$$

氨基甲酰磷酸

肝细胞线粒体中谷氨酸脱氢酶和氨基甲酰磷酸合成酶-Ⅰ催化的反应是紧密偶联的。谷氨酸脱氢酶催化谷氨酸氧化脱氨,生成的产物为 NH_3 和 $NADH+H^+$。NADH 经 NADH 氧化呼吸链传递氧化生成 H_2O,释放出来的能量用于 ADP 磷酸化生成 ATP。因此谷氨酸脱氢酶催化反应不仅为氨基甲酰磷酸的合成提供了底物 NH_3,同时也提供了该反应所需要的能量 ATP。氨基甲酰磷酸合成酶-Ⅰ将有毒的氨转变成氨基甲酰磷酸,反应中生成的 ADP 又是谷氨酸脱氢酶的变构激活剂,促进谷氨酸进一步氧化脱氨。这种紧密偶联有利于迅速将氨固定在肝细胞线粒体内,防止氨逸出线粒体进入细胞质,进而透过细胞膜进入血液,引起血氨升高。

(2) 瓜氨酸的生成

鸟氨酸氨基甲酰转移酶存在于线粒体中,通常与氨基甲酰磷酸合成酶-Ⅰ形成酶的复合物,催化氨基甲酰磷酸转甲酰基给鸟氨酸生成瓜氨酸(注意:鸟氨酸、瓜氨酸不出现在蛋白质中)。此反应在线粒体内进行,而鸟氨酸在胞液中生成,所以必须通过一特异的穿梭系统进入线粒体内。

$$H_2N-\overset{O}{\underset{}{C}}-O-\overset{OH}{\underset{OH}{\overset{\|}{P}}}=O + \begin{matrix}NH_2\\|\\(CH_2)_3\\|\\CHNH_2\\|\\COOH\end{matrix} \xrightarrow{鸟氨酸氨基甲酰转移酶} \begin{matrix}NH-\overset{O}{\underset{}{C}}-NH_2\\|\\(CH_2)_3\\|\\CHNH_2\\|\\COOH\end{matrix} + H_3PO_4$$

氨基甲酰磷酸　　　鸟氨酸　　　　　　　　　瓜氨酸

(3) 精氨酸代琥珀酸的合成

瓜氨酸穿过线粒体膜进入胞浆中,在胞浆中由精氨酸代琥珀酸合成酶催化瓜氨酸的脲基与天冬氨酸的氨基缩合生成精氨酸代琥珀酸,获得尿素分子中的第二个氮原子。此反应由 ATP 供能。

[反应式：瓜氨酸 + 天冬氨酸 —(ATP, Mg²⁺, 精氨酸代琥珀酸合成酶)→ 精氨酸代琥珀酸 + ADP, Pi + H₂O]

(4) 精氨酸的生成

精氨酸代琥珀酸裂解酶催化精氨酸代琥珀酸裂解成精氨酸和延胡索酸。该反应中生成的延胡索酸可经三羧酸循环的中间步骤生成草酰乙酸，再经谷草转氨酶催化转氨作用重新生成天冬氨酸。由此，通过延胡索酸和天冬氨酸，使三羧酸循环与尿素循环联系起来。

[反应式：精氨酸代琥珀酸 —(精氨酸代琥珀酸裂解酶)→ 精氨酸 + 延胡索酸]

(5) 尿素的生成

尿素循环的最后一步反应是由精氨酸酶催化精氨酸水解生成尿素并再生成鸟氨酸，鸟氨酸再进入线粒体参与另一轮循环。

[反应式：精氨酸 + H₂O —(精氨酸酶)→ 尿素 + 鸟氨酸]

尿素合成的循环是一个耗能的过程，合成 1 分子尿素需要消耗 4 个高能磷酸键。3 个 ATP 水解生成 2 个 ADP、2 个 Pi、1 个 AMP 和 PPi。尿素合成的循环总结如图 7-5 所示。

(6) 尿素循环的调节

正常情况下，肝细胞以合适的速率合成尿素，以保证及时解除氨的毒性。尿素合成的速率可受多种因素的调节。

① 食物蛋白质的影响　高蛋白膳食者，尿素排出量增多；低蛋白质膳食者，尿素的排出量相对减少。饥饿时，肌肉蛋白质分解代谢加强，尿素的排出量也增加。

② 氨基甲酰磷酸合成酶-Ⅰ对尿素合成的影响　尿素合成过程中，氨基甲酰磷酸的生成是重要的调节步骤，而 N-乙酰谷氨酸是氨基甲酰磷酸合成酶-Ⅰ的别构激活剂，而精氨酸则是 N-乙酰谷氨酸合成酶的激活剂，精氨酸浓度高时，尿素合成加快。临床上常用静脉注射

图 7-5　尿素合成过程
1—氨基甲酰磷酸合成酶；2—鸟氨酸氨基甲酰转移酶；3—精氨酸代琥珀酸合成酶；4—精氨酸代琥珀酸裂解酶；5—精氨酸酶

精氨酸降低血氨浓度。

5. 高血氨症及氨中毒

氨的毒性很强，在正常情况下，血氨的来源及去路保持动态的平衡，使得血液中氨的浓度很低，不致引起中毒。氨在肝脏中合成尿素是血氨的主要去路，所以是维持这种动态平衡的关键。当肝功能严重损伤时，尿素合成障碍，血氨浓度升高，即为高氨血症。大脑对氨非常敏感，氨进入脑组织中，与 α-酮戊二酸结合生成谷氨酸，谷氨酸再与氨结合生成谷氨酰胺，因此脑中氨的增加使脑细胞的 α-酮戊二酸减少，三羧酸循环减弱，ATP 生成减少，引起大脑功能障碍，严重时可昏迷。对高血氨患者应采取的降低血氨的常用方法有：给予谷氨酸以促进谷氨酰胺的合成，从而降低脑组织中 α-酮戊二酸的消耗；给予精氨酸或者鸟氨酸，以促进尿素合成；给予抑制肠道细菌的药物，限制摄入蛋白质，酸化肠道，以减少肠道氨的生成和吸收。

考点提示　肝性脑病、氨的去路

三、α-酮酸的代谢

氨基酸经联合脱氨或其他方式脱氨所生成的 α-酮酸有下述去路。

1. 生成非必需氨基酸

α-酮酸经 L-谷氨酸脱氢酶和转氨酶联合催化的联合脱氨基作用的逆过程可生成相应的氨基酸。八种必需氨基酸中，除赖氨酸和苏氨酸外，其余六种亦可由相应的 α-酮酸加氨生成。但和必需氨基酸相对应的 α-酮酸不能在体内合成，所以必需氨基酸依赖于食物供应。

2. 氧化供能

这是 α-酮酸的重要去路之一。α-酮酸通过一定的反应途径先转变成丙酮酸、乙酰 CoA 或三羧酸循环的中间产物，再经过三羧酸循环彻底氧化分解。三羧酸循环将氨基酸代谢与糖代谢、脂肪代谢紧密联系起来。

3. 生成糖和酮体

与氨基酸相对应的 α-酮酸，在机体蛋白质、氨基酸供应充足，并且能量供应又不足时，α-酮酸可以转变成糖或者脂肪。用各种氨基酸饲养人工糖尿病犬，发现大多数氨基酸可以使

犬尿中葡萄糖的含量增多，称此氨基酸为生糖氨基酸；若尿中酮体含量增多，则称为生酮氨基酸；尿中二者都增多者称为生糖兼生酮氨基酸。凡能生成丙酮酸或三羧酸循环的中间产物的氨基酸均为生糖氨基酸；凡能生成乙酰 CoA 或乙酰乙酸的氨基酸均为生酮氨基酸；凡能生成丙酮酸或三羧酸循环中间产物同时能生成乙酰 CoA 或乙酰乙酸者为生糖兼生酮氨基酸。

亮氨酸和赖氨酸为生酮氨基酸；异亮氨酸、色氨酸、苏氨酸、苯丙氨酸和酪氨酸为生糖兼生酮氨基酸；其余氨基酸均为生糖氨基酸。

四、氨基酸、糖、脂肪之间的联系

糖、脂肪和氨基酸代谢相互联系、变化和转变，其代谢之间的联系见图 7-6。

图 7-6　氨基酸、糖及脂肪代谢的联系

第三节　个别氨基酸的代谢

一、氨基酸的脱羧成胺

部分氨基酸可在氨基酸脱羧酶催化下进行脱羧基作用，生成相应的胺，脱羧酶的辅酶为磷酸吡哆醛。从量上讲，脱羧基作用不是体内氨基酸分解的主要方式，但可生成有重要生理功能的胺。下面列举几种氨基酸脱羧产生的重要胺类物质。

1. γ-氨基丁酸（GABA）

GABA 由 L-谷氨酸脱羧基生成，催化此反应的酶是 L-谷氨酸脱羧酶。此酶在脑、肾组织中活性很高，所以脑中 GABA 含量较高。GABA 是一种仅见于中枢神经系统的抑制性神经递质，对中枢神经元有普遍性抑制作用。在脊髓，作用于突触前神经末梢，减少兴奋性递质的释放，从而引起突触前抑制，在脑则引起突触后抑制。

$$\underset{\text{L-谷氨酸}}{\begin{array}{c}\text{COOH}\\|\\\text{(CH}_2)_2\\|\\\text{CHNH}_2\\|\\\text{COOH}\end{array}} \xrightarrow[\text{CO}_2]{\text{L-谷氨酸脱羧酶}} \underset{\gamma\text{-氨基丁酸}}{\begin{array}{c}\text{COOH}\\|\\\text{(CH}_2)_2\\|\\\text{CH}_2\text{NH}_2\end{array}}$$

2. 组胺

由组氨酸脱羧生成。组胺主要由肥大细胞产生并储存，在乳腺、肺、肝、肌肉及胃黏膜中含量较高。组胺是一种强烈的血管舒张剂，并能增加毛细血管的通透性。可引起血压下降和局部水肿。组胺的释放与过敏反应症状密切相关。组胺可刺激胃蛋白酶和胃酸的分泌，所以常用它作胃分泌功能的研究。

$$\underset{\text{组氨酸}}{\text{咪唑环-CH}_2\text{CHCOOH}(\text{NH}_2)} \xrightarrow[\text{CO}_2]{\text{组氨酸脱羧酶}} \underset{\text{组胺}}{\text{咪唑环-CH}_2\text{CH}_2\text{NH}_2}$$

3. 5-羟色胺

色氨酸在脑中首先由色氨酸羟化酶催化生成 5-羟色氨酸，再经脱羧酶作用生成 5-羟色胺。5-羟色胺在神经组织中有重要的功能，目前已肯定中枢神经系统有 5-羟色胺能神经元。5-羟色胺可使大部分交感神经节前神经元兴奋，而使副交感节前神经元抑制。其他组织，如小肠、血小板、乳腺细胞中也有 5-羟色胺，具有强烈的血管收缩作用。

$$\underset{\text{色氨酸}}{\text{吲哚-CH}_2\text{CHCOOH}(\text{NH}_2)} \xrightarrow{\text{色氨酸羟化酶}} \underset{\text{5-羟色氨酸}}{\text{HO-吲哚-CH}_2\text{CHCOOH}(\text{NH}_2)}$$

$$\xrightarrow[\text{CO}_2]{\text{5-羟色氨酸脱羧酶}} \underset{\text{5-羟色胺}}{\text{HO-吲哚-CH}_2\text{CH}_2\text{NH}_2}$$

4. 牛磺酸

体内牛磺酸主要由半胱氨酸脱羧生成。半胱氨酸先氧化生成磺酸丙氨酸，再由磺酸丙氨酸脱羧酶催化脱去羧基，生成牛磺酸。牛磺酸是结合胆汁酸的重要组成成分。

$$\underset{\text{L-半胱氨酸}}{\begin{array}{c}\text{CH}_2\text{SH}\\|\\\text{CHNH}_2\\|\\\text{COOH}\end{array}} \xrightarrow{[\text{O}]} \underset{\text{磺酸丙氨酸}}{\begin{array}{c}\text{CH}_2\text{SO}_2\text{H}\\|\\\text{CHNH}_2\\|\\\text{COOH}\end{array}} \xrightarrow[\text{CO}_2]{\text{磺酸丙氨酸脱羧酶}} \underset{\text{牛磺酸}}{\begin{array}{c}\text{CH}_2\text{SO}_2\text{H}\\|\\\text{CH}_2\text{NH}_2\end{array}}$$

5. 多胺

某些氨基酸的脱羧作用可以产生多胺类物质，如鸟氨酸在鸟氨酸脱羧酶催化下可生成腐胺，然后转变成精脒和精胺。腐胺、精脒和精胺为多胺。

多胺存在于精液及细胞核糖体中，是调节细胞生长的重要物质，多胺分子带有较多正电荷，能与带负电荷的 DNA 及 RNA 结合，稳定其结构，促进核酸及蛋白质合成的某些环节。在生长旺盛的组织如胚胎、再生肝及癌组织中，多胺含量升高。所以可将利用血或尿中多胺含量作为肿瘤诊断的辅助指标。另外研究发现，维生素 A 对鸟氨酸脱羧酶有抑制作用，从而减少多胺的合成，阻止癌细胞的生长和分裂，具有一定的抗癌作用。

二、一碳单位代谢

某些氨基酸在代谢过程中能生成含一个碳原子的基团，经过转移参与生物合成过程。这些含一个碳原子的基团称为一碳单位。有关一碳单位生成和转移的代谢称为一碳单位代谢。

体内的一碳单位有：甲基（—CH_3）、亚甲基（>CH_2）、次甲基（≡CH）、甲酰基（—CHO）及亚氨甲基（—CH=NH）等。它们可分别来自甘氨酸、组氨酸、丝氨酸、色氨酸等。

1. 一碳单位代谢的辅酶

一碳单位不能游离存在，通常与四氢叶酸（FH_4）结合而转运或参加生物代谢，FH_4 是一碳单位代谢的辅酶。其结构如下：

四氢叶酸

一碳单位共价连接于 FH_4 分子的 N^5、N^{10} 位上。

N^5-甲基-FH_4　　N^5,N^{10}-亚甲基-FH_4　　N^5,N^{10}-次甲基-FH_4

N^{10}-甲酰-FH_4　　N^5-亚氨甲基-FH_4

2. 一碳单位的来源及转换

丝氨酸在丝氨酸羟甲基转移酶催化转变为甘氨酸的过程中产生的 N^5,N^{10}-亚甲基-FH_4。

甘氨酸在甘氨酸裂解酶催化下可分解为 CO_2、NH_4^+ 和 N^5,N^{10}-次甲基-FH_4。

在组氨酸转变为谷氨酸过程中由亚胺甲基谷氨酸提供了 N^5-亚氨甲基-FH_4。

色氨酸分解代谢能产生甲酸，甲酸可与 FH_4 结合产生 N^{10}-甲酰-FH_4。

体内一碳单位分别处于不同的氧化水平，在相应的酶促氧化还原反应下可相互转换（见图7-7）。

蛋氨酸分子中的甲基也可以说是一碳单位。在 ATP 的参与下蛋氨酸转变生成 S-腺苷蛋氨酸（SAM，又称活性蛋氨酸）。S-腺苷蛋氨酸是活泼的甲基供体。因此四氢叶酸并不是一碳单位的唯一载体。

3. 一碳单位的功能

（1）一碳单位是合成嘌呤和嘧啶的原料

在核酸生物合成中有重要作用。如 N^5,N^{10}=CH-FH_4 直接提供甲基用去脱氧核苷酸 dUMP 向 dTMP 的转化。N^{10}-CHO-FH_4 和 N^5,N^{10}=CH-FH_4 分别参与嘌呤碱中 C^2，C^3 原子的生成。

```
色氨酸
甘氨酸  ──→  $N^{10}$-CHO-FH$_4$

            $N^{10}$-甲酰四氢叶酸
                    ⇅
组氨酸 ──→ $N^5$-CH=NH-FH$_4$ ⇌ $N^5,N^{10}$=CH-FH$_4$
         $N^5$-亚氨甲基四氢叶酸    $N^5,N^{10}$-次甲基四氢叶酸
                                        ⇅
丝氨酸
甘氨酸  ──→ $N^5,N^{10}$-CH$_2$-FH$_4$
              $N^5,N^{10}$-亚甲基四氢叶酸
                        ↓
                   $N^5$-CH$_3$-FH$_4$
                   $N^5$-甲基四氢叶酸
```

图 7-7 一碳单位的来源及相互转变

(2) SAM 提供甲基可参与体内多种物质合成

例如合成肾上腺素、胆碱、胆酸等。

一碳单位代谢将氨基酸代谢与核苷酸及一些重要物质的生物合成联系起来。一碳单位代谢的障碍可造成某些病理情况，如巨幼红细胞贫血等。磺胺药及某抗癌药（甲氨蝶呤等）正是分别通过干扰细菌及瘤细胞的叶酸、四氢叶酸合成，进而影响核酸合成而发挥药理作用的。

三、含硫氨基酸的代谢

含硫氨基酸共有蛋氨酸、半胱氨酸和胱氨酸三种，蛋氨酸可转变为半胱氨酸和胱氨酸，后两者也可以互变，但后者不能变成蛋氨酸，所以蛋氨酸是必需氨基酸。

1. 蛋氨酸的代谢

(1) 转甲基作用与蛋氨酸循环

蛋氨酸中含有 S-甲基，可参与多种转甲基的反应，生成多种含甲基的生理活性物质。在腺苷转移酶催化下与 ATP 反应生成 S-腺苷蛋氨酸（SAM）。SAM 中的甲基是高度活化的，称活性甲基，SAM 称为活性蛋氨酸。

SAM 可在不同甲基转移酶的催化下，将甲基转移给各种接受体而形成许多甲基化合物，如肾上腺素、胆碱、甜菜碱、肉毒碱、肌酸等都是从 SAM 中获得甲基的。SAM 是体内最主要的甲基供体。

SAM 转出甲基后形成 S-腺苷同型半胱氨酸（SAH），SAH 水解释出腺苷变为同型半胱氨酸。同型半胱氨酸可以接受 N^5-CH$_3$-FH$_4$ 提供的甲基再生成蛋氨酸，形成一个循环过程，称为蛋氨酸循环（见图 7-8）。此循环的生理意义在于蛋氨酸分子中甲基可间接通过 N^5-CH$_3$-FH$_4$ 由其他非必需氨基酸提供，以防蛋氨酸的大量消耗。

N^5-CH$_3$-FH$_4$ 同型半胱氨酸甲基转移酶的辅酶是甲基 B$_{12}$。维生素 B$_{12}$ 缺乏会引起蛋氨酸循环受阻。临床上可以见到维生素 B$_{12}$ 缺乏引起的巨幼细胞性贫血。由于维生素 B$_{12}$ 缺乏，引起甲基 B$_{12}$ 缺乏，使甲基转移酶活性低下，甲基转移反应受阻导致叶酸以 N^5-CH$_3$-FH$_4$ 形式在体内堆积。这样，其他形式的叶酸大量消耗，以这些叶酸作辅酶的酶活力降低，影响了嘌呤碱和胸腺嘧啶的合成，因而影响核酸的合成，引起巨幼细胞性贫血。也就是说，

图 7-8 蛋氨酸循环

维生素 B_{12} 对核酸合成的影响是间接地通过影响叶酸代谢而实现的。

虽蛋氨酸循环可生成蛋氨酸，但体内不能合成同型半胱氨酸，只能由蛋氨酸转变而来，所以体内实际上不能合成蛋氨酸，必须由食物供给。

（2）肌酸的合成

肌酸和磷酸肌酸在能量储存及利用中起重要作用。二者互变使体内 ATP 供应具有后备潜力。肌酸在肝和肾中合成，广泛分布于骨骼肌、心肌、大脑等组织中。肌酸以甘氨酸为骨架，精氨酸提供脒基、SAM 供给甲基、在脒基转移酶和甲基转移酶的催化下合成。在肌酸激酶催化下将 ATP 中 Pi 转移到肌酸分子中形成磷酸肌酸（CP）储备起来（见图 7-9）。

图 7-9 肌酸的代谢

肌酸和磷酸肌酸代谢的终产物是肌酸酐简称肌酐。健康成年人每天尿中肌酸酐的排泄量很恒定，当肾功能不全时，肌酸酐排泄受阻，在血中的含量可升高。

2. 半胱氨酸和胱氨酸的代谢

(1) 半胱氨酸和胱氨酸的互变

半胱氨酸含巯基（—SH），胱氨酸含有二硫键（—S—S—），二者可通过氧化还原而互变。胱氨酸不参与蛋白质的合成，蛋白质中的胱氨酸由半胱氨酸残基氧化脱氢而来。在蛋白质分子中两个半胱氨酸残基间所形成的二硫键对维持蛋白质分子构象起重要作用。而蛋白分子中半胱氨酸的巯基是许多蛋白质或酶的活性基团。

$$\underset{\text{半胱氨酸}}{\begin{matrix} H_2C-SH \\ | \\ HC-NH_2 \\ | \\ COOH \end{matrix} + \begin{matrix} H_2C-SH \\ | \\ HC-NH_2 \\ | \\ COOH \end{matrix}} \underset{+2H}{\overset{-2H}{\rightleftharpoons}} \underset{\text{胱氨酸}}{\begin{matrix} H_2C-S-S-CH_2 \\ | \quad\quad\quad\quad | \\ HC-NH_2 \quad HC-NH_2 \\ | \quad\quad\quad\quad | \\ COOH \quad\quad COOH \end{matrix}}$$

(2) 半胱氨酸分解代谢

机体中半胱氨酸主要通过两条途径降解为丙酮酸。一是加双氧酶催化的直接氧化途径，或称半胱亚磺酸途径，另一是通过转氨的3-巯基丙酮酸途径。

(3) 活性硫酸根代谢

含硫氨基酸经分解代谢可生成 H_2S，H_2S 氧化成为硫酸。半胱氨酸巯基亦可先氧化生成亚磺基，然后再生成硫酸。其中一部分以无机盐形式从尿中排出，一部分经活化生成 $3'$-磷酸腺苷-$5'$-磷酸硫酸（PAPS），即活性硫酸根。

PAPS 的性质活泼，在肝脏的生物转化中有重要作用。例如类固醇激素可与 PAPS 结合成硫酸酯而被灭活，一些外源性酚类亦可形成硫酸酯而增加其溶解性，以利于从尿中排出。此外，PAPS 也可参与硫酸角质素及硫酸软骨素等分子中硫酸化氨基多糖的合成。

(4) 谷胱甘肽的合成

谷胱甘肽（GSH）是一种含 γ-肽键的三肽，由谷氨酸、半胱氨酸及甘氨酸组成。谷胱甘肽有还原型（GSH）和氧化型（GSSG）两种形式，在生理条件下以还原型谷胱甘肽占绝大多数。谷胱甘肽还原酶催化两型间的互变。该酶的辅酶为磷酸糖旁路代谢提供的 NADPH。

谷胱甘肽的主要生理作用是作为体内一种重要的抗氧化剂，它能够清除掉人体内的自由基，清洁和净化人体内环境污染，从而增进人的身心健康。由于还原型谷胱甘肽本身易受某些物质氧化，所以它在体内能够保护许多蛋白质和酶等分子中的巯基不被如自由基等有害物质氧化，从而让蛋白质和酶等分子发挥其生理功能。人体红细胞中谷胱甘肽的含量很多，这对保护红细胞膜上蛋白质的巯基处于还原状态，防止溶血具有重要意义，而且还可以保护血红蛋白不受过氧化氢氧化、自由基等氧化，从而使它持续正常地发挥运输氧的能力。红细胞中部分血红蛋白在过氧化氢等氧化剂的作用下，其中二价铁氧化为三价铁，使血红蛋白转变为高铁血红蛋白，从而失去了带氧能力。还原型谷胱甘肽既能直接与过氧化氢等氧化剂结合，生成水和氧化型谷胱甘肽，也能够将高铁血红蛋白还原为血红蛋白。

四、苯丙氨酸和酪氨酸的代谢

1. 苯丙氨酸在体内一般先转变为酪氨酸

由苯丙氨酸羟化酶催化引入羟基生成酪氨酸，苯丙氨酸羟化酶所催化反应不可逆，体内酪氨酸不能转变为苯丙氨酸。

2. 儿茶酚胺与黑色素的合成

酪氨酸经酪氨酸羟化酶催化生成3,4-二羟苯丙氨酸（多巴）。多巴经多巴脱羧酶催化生成多巴胺。多巴胺在多巴胺 β-氧化酶催化下使 β-碳原子羟化，生成去甲肾上腺素。而后由 SAM 提供甲基，使去甲肾上腺素甲基化生成肾上腺素。多巴胺、去甲肾上腺素、肾上腺素统称为儿茶酚胺。酪氨酸羟化酶是儿茶酚胺合成的限速酶，受终产物的反馈调节。

在黑色素细胞中，酪氨酸在酪氨酸酶催化下羟化生成多巴，多巴再经氧化生成多巴醌而进入合成黑色素的途径。所形成的多巴醌进一步环化和脱羧生成吲哚醌。黑色素即是吲哚醌的聚合物。人体若缺乏酪氨酸酶，黑色素合成障碍，皮肤、毛发发"白"，称为白化病。

苯丙氨酸和酪氨酸的代谢途径见图 7-10。

图 7-10 苯丙氨酸和酪氨酸的代谢

3. 酪氨酸是生糖兼生酮氨基酸

酪氨酸经转氨基作用生成对羟基苯丙酮酸，进一步分解则生成乙酰乙酸和延胡索酸，所以是生糖兼生酮氨基酸。先天性氨基酸代谢缺陷见表 7-2。

表 7-2 先天性氨基酸代谢缺陷

病 名	缺陷的酶	病 名	缺陷的酶
苯丙酮尿症	苯丙氨酸羟化酶	Ⅰ型高氨血症	氨基甲酰磷酸合成酶Ⅰ
尿黑酸尿症	尿黑酸氧化酶	Ⅱ型高氨血症	鸟氨酸氨基甲酰转移酶
白化病	黑色素细胞的酪氨酸酶	精氨酸代琥珀酸尿症	精氨酸代琥珀酸裂解酶
瓜氨酸血症	精氨酸代琥珀酸合成酶	高精氨酸血症	精氨酸酶

本章知识要点

1. 蛋白质在体内的代谢状况可通过氮平衡来描述。氮平衡有三种情况：氮的总平衡、氮的正平衡、氮的负平衡。

2. 必需氨基酸有 8 种，食物蛋白的营养价值取决于必需氨基酸的种类、数量和比例。

3. 氨基酸的分解有脱氨基和脱羧基两种方式。脱氨基作用包括氧化脱氨基作用、转氨基作用、联合脱氨基作用（主要作用）。

4. 氨基酸脱氨基的产物为氨及相应的 α-酮酸。

5. 氨有三个来源，三条去路（又称为解除氨毒的措施），最终主要以无毒的尿素排出体外。

6. α-酮酸可氧化供能，转变成糖或脂肪。

7. 丝氨酸、甘氨酸、组氨酸、色氨酸分解能产生一碳单位，其载体为四氢叶酸，重要功能是作为核苷酸合成的原料。

8. 芳香族氨基酸包括苯丙氨酸、酪氨酸、色氨酸。苯丙氨酸代谢产生酪氨酸，酪氨酸代谢生成黑色素、儿茶酚胺、甲状腺素或转变为酮体或糖。先天缺乏酪氨酸酶及苯丙氨酸羟化酶可分别导致白化病和苯丙酮酸尿症。

阅读材料　氨基酸代谢紊乱

复习导图

目标检测

一、名词解释

必需氨基酸　一碳单位　生糖氨基酸和生酮氨基酸　联合脱氨基作用　氮平衡

二、简答题

1. 试述氨基酸的联合脱氨基作用？
2. 试述尿素合成过程？
3. 一碳单位的生理功能是什么？
4. 试比较氨基酸、糖类、脂类的分解代谢？
5. 简要说明氨的来源及去路？
6. 试述氨基酸的代谢途径？

第八章 核酸代谢与蛋白质的生物合成

核酸代谢与蛋白质的生物合成

【学习目标】

了解核酸的基本组成成分、基本结构单位；熟悉嘌呤、嘧啶核苷酸合成的原料及分解终产物；掌握中心法则、复制、转录、翻译、PCR 的含义；掌握两类核酸的分子组成和主要功能；掌握知道三种 RNA 在蛋白质合成中的作用。

自然界各种生物体内都含有蛋白质和核酸，它们是生命的物质基础，是具有复杂结构和功能的生物大分子。核酸是生物遗传的物质基础，指导蛋白质合成。而蛋白质是生命功能的体现者。总之，核酸和蛋白质参与人体的生长、发育、运动、遗传、繁殖等一切生命活动。

第一节 核 酸 化 学

一、核酸的分类与分布

核酸分为脱氧核糖核酸（DNA）和核糖核酸（RNA）两大类。DNA 绝大部分存在于细胞核染色质中，是遗传信息的载体。RNA 绝大部分分布于细胞质中。RNA 分为三类：信使 RNA（mRNA）、转运 RNA（tRNA）、核糖体 RNA（rRNA），它们都与蛋白质的生物合成有关。

知识链接

核酸的发现

核酸的发现已有 100 多年的历史，但人们对它真正有所认识不过近 60 年的事。远在 1868 年瑞士化学家米歇尔（Miesher，F.1844－1895），首先从脓细胞分离出细胞核，用碱抽提再加入酸，得一种含氮和磷特别丰富的沉淀物质，当时称它核质。1872 年又从鲑鱼的精子细胞核中，发现了大量类似的酸性物质，随后有人在多种组织细胞中也发现了这类物质的存在。因为这类物质都是从细胞核中提取出来的，而且都具有酸性，因此称为核酸。多年以后，才有人从动物组织和酵母细胞分离出含蛋白质的核酸。

二、核酸的分子组成

生物大分子核酸是由许多个核苷酸连接而成的，核苷酸又包含含氮碱（也称为碱基）、戊糖、磷酸三个基本组成成分。

核酸→核苷酸→┬─核苷─┬─碱基 ── 嘌呤碱，嘧啶碱
　　　　　　　│　　　　└─戊糖 ── D-核糖，D-2-脱氧核糖
　　　　　　　└─磷酸

1. 核酸的基本成分
(1) 碱基

核酸中的碱基分为嘌呤和嘧啶。嘌呤主要有鸟嘌呤（G）和腺嘌呤（A）两种；嘧啶主要有胸腺嘧啶（T）、胞嘧啶（C）、尿嘧啶（U）三种。A、G、C既存在于DNA分子中又存在于RNA分子；T仅存在于DNA分子；而U仅存在于RNA分子中。它们的结构式如图8-1。

(2) 戊糖

戊糖是核苷酸的重要成分。RNA分子中含D-核糖，DNA分子中含D-2-脱氧核糖。两种戊糖的结构式如图8-2。

图8-1 五种碱基的结构式图　　图8-2 两种戊糖的结构式图

两类核酸的基本组成成分见表8-1。

表8-1 两类核酸的基本组成成分

基本成分	RNA	DNA
磷酸	磷酸	磷酸
戊糖	D-核糖	D-2-脱氧核糖
碱基	鸟嘌呤（G）、腺嘌呤（A）胞嘧啶（C）、尿嘧啶（U）	鸟嘌呤（G）、腺嘌呤（A）胞嘧啶（C）、胸腺嘧啶（T）

考点提示：两类核酸的基本组成成分

2. 核酸的基本单位——核苷酸

戊糖与碱基连接成的化合物称为核苷，核苷再与磷酸连接成为核苷酸，核苷酸是核酸的基本组成单位（图8-3）。

如：腺嘌呤与核糖组成的化合物称为腺苷，再与磷酸结合生成腺苷酸，或称腺苷一磷酸（AMP）；胞嘧啶与脱氧核糖组成脱氧胞苷，再与磷酸结合成脱氧胞核苷酸，或称脱氧胞苷一磷酸（dCMP）等等。

图8-3 核苷酸的组成简图

组成RNA的核苷酸有AMP、GMP、CMP及UMP四种，组成的DNA的核苷酸有dAMP、dGMP、dCMP及dTMP四种。

生物体细胞内有些核苷酸不组成核酸而是游离存在，它们含量虽少却有重要的生理作用。如腺苷一磷酸

（AMP）可进一步磷酸化，生成腺苷二磷酸（ADP）和腺苷三磷酸（ATP），ATP 是体内能量的直接来源和利用形式。

三、核酸的分子结构

1. 核酸的一级结构

由核苷酸以 3′,5′-磷酸二酯键相连聚合而成的多核苷酸链即核酸。在多核苷酸链的一端，戊糖的 C-5′ 与游离的磷酸相连，称为 5′-末端；另一端，戊糖的 C-3′ 具有自由的羟基，称为 3′-末端，故其具有严格的方向性。核酸分子中相同的磷酸和戊糖构成分子骨架，4 种不同碱基排列在骨架的一侧，故其是无分支结构的线性分子，核酸分子结构见图 8-4。

核酸的一级结构就是指多核苷酸链中核苷酸的排列顺序，即碱基的排列顺序。多核苷酸链书写方式有多种，常用的最简式是用碱基的排列顺序来表示，如 5′-A-C-T-G-G-A-T-T-3′。不同的核酸因其核苷酸的数目和排列顺序千差万别，故携带不同的遗传信息。

2. 核酸的空间结构

（1）DNA 的空间结构

1953 年 Watson 和 Crick 两位科学家提出了 DNA 二级结构的双螺旋结构模型，成为分子生物学发展的里程碑，同时也为现代生物学奠定了基础。DNA 双螺旋结构的要点是：

① DNA 分子是由两条反向平行的脱氧核苷酸链围绕同一中心轴盘旋形成双螺旋结构，螺旋的直径为 2nm，螺距为 3.4nm。DNA 双螺旋结构模型见图 8-5。

② 碱基位于螺旋的内侧，以脱氧核糖和磷酸构成两条链的骨架位于螺旋的外侧，见图 8-5。

③ 两条链上的碱基按严格的碱基互补规律形成碱基对，通过氢键作用连接，即：A 与 T 通过两个氢键配对，G 与 C 通过三个氢键配对。配对的两个碱基称为互补碱基，DNA 两条链彼此称为互补链。

图 8-4 多核苷酸链分子结构

DNA 在形成二级结构的基础上，还可形成更为复杂的超螺旋结构形式。

考点提示：DNA 二级结构的要点

（2）RNA 的空间结构

RNA 可分为信使核糖核酸（mRNA）、转运核糖核酸（tRNA）、核糖体核糖核酸（rRNA）。RNA 通常以一条核苷酸链形式存在，但可以通过链内的碱基配对（A 与 U，G 与 C）形成局部双螺旋。非螺旋区不进行碱基配对而形成环状结构。局部的双链和环状形成的发卡结构就是 RNA 的二级结构。每种 RNA 结构都有与功能相适应的特点，如：各种 tRNA 的二级结构均呈"三叶草"形，有四个螺旋区、三个环和一个附加叉，见图 8-6。顶端的环称为反密码环，三个核苷酸组成反密码子，不同的 tRNA 其反密码均不相同；另一端是氨基酸臂，这是连接氨基酸的部位，它们在蛋白质合成中有着十分重要的作用。

图 8-5　DNA 双螺旋结构模型　　　　图 8-6　tRNA 的二级结构

第二节　核苷酸的代谢

食物中的核酸多以核蛋白形式存在，经胃酸作用可分解成蛋白质和核酸。消化核酸的主要部位是小肠，核酸先被核酸酶水解成单核苷酸，单核苷酸进一步被分解为磷酸、戊糖和含氮碱。水解产物均可被吸收，其中磷酸和戊糖可再被机体利用，而嘌呤和嘧啶则大部分被分解后排出体外。尽管食物中核酸含量丰富，但含氮碱很少被机体利用，因此，与糖、脂类、蛋白质等不同，核酸不是人体必需的营养素。体内的核苷酸主要来源于机体细胞自身合成。

核苷酸有嘌呤核苷酸和嘧啶核苷酸两类，各自的代谢方式不同。

一、核苷酸的合成代谢

嘌呤核苷酸的合成有从头合成途径和补救合成途径两种。从头合成途径是主要途径，是利用天冬氨酸、甘氨酸、谷氨酰胺、一碳单位、CO_2 和 5-磷酸核糖为原料，在磷酸核糖的基础上逐渐环化（嘌呤环的元素来源见图 8-7），先合成次黄嘌呤核苷酸（IMP），再逐步转变为腺嘌呤核苷酸（AMP）和鸟嘌呤核苷酸（GMP）。补救合成是细胞利用现有的嘌呤碱和嘌呤核苷在酶的催化下生成嘌呤核苷酸的过程。

图 8-7　嘌呤环的元素来源　　　　　　图 8-8　嘧啶环的元素来源

> **知识链接**

自毁容貌症或 Lesch-Nyhan 综合征

体内的某些组织器官如脑、骨髓等，不能从头合成嘌呤核苷酸，补救合成途径是嘌呤核苷酸合成的唯一途径。先天性缺失补救合成途径相关酶的患儿表现为脑发育不全、智力低下、共济失调，具有攻击性和敌对性，还有咬自己的口唇、手指和足趾等自毁容貌表现。

嘧啶核苷酸的合成也有从头合成途径和补救合成途径两种。从头合成途径是主要途径，是利用天冬氨酸、谷氨酰胺、CO_2 和 5-磷酸核糖，先合成嘧啶环（嘧啶环的元素来源见图 8-8），再与磷酸核糖相连，在合成尿嘧啶核苷酸（UMP）后，再逐步转变为胞嘧啶核苷酸（CMP）。补救合成是细胞利用现有的嘧啶碱和嘧啶核苷在酶的催化下生成嘧啶核苷酸的过程。

脱氧核苷酸由相应的核苷酸还原生成，其中脱氧尿嘧啶核苷酸转变为胸腺嘧啶核苷酸。

核苷酸的抗代谢物是一些嘌呤、嘧啶或叶酸的类似物，它们以竞争性抑制的方式干扰或阻断核苷酸的合成代谢，从而进一步干扰核酸及蛋白质生物合成，起到抗肿瘤的作用。如 6-巯基嘌呤（6-MP）的结构与次黄嘌呤相似，能抑制 AMP、GMP 的生成；5-氟尿嘧啶（5-FU）的结构与尿嘧啶、胸腺嘧啶相似，能抑制 dTMP 的生成；氨甲蝶呤（MTX）是叶酸的类似物，能抑制叶酸还原为二氢叶酸和四氢叶酸，干扰了一碳单位的代谢，起到抑制嘌呤核苷酸和胸腺嘧啶核苷酸合成的作用等等。

考点提示：嘌呤核苷酸和嘧啶核苷酸从头合成的原料

二、核苷酸的分解代谢

细胞中的嘌呤核苷酸经酶的催化，先脱下磷酸生成嘌呤核苷，后者经磷酸解生成磷酸核糖和嘌呤。磷酸核糖可进一步代谢，嘌呤则最终转变为尿酸，随尿排出。正常人血中尿酸含量为 0.12~0.36mmol/L。痛风症病人血中尿酸含量升高，当超过 0.48mmol/L 时，尿酸盐所形成的晶体可沉积在关节、软骨、软组织及肾脏等处，导致关节炎、尿路结石及肾疾病等。进食高嘌呤食物（如动物肝脏）可导致血尿酸含量升高。此病成年男性较女性发病率高。

嘧啶核苷酸在分解时同样在酶的作用下先脱去磷酸、核糖，生成嘧啶。嘧啶降解代谢的终产物都溶于水。其中胞嘧啶和尿嘧啶最终生成 NH_3、CO_2 及 β-丙氨酸，胸腺嘧啶则生成 NH_3、CO_2 和 β-氨基异丁酸。临床发现，肿瘤患者经放疗或化疗后，尿中排出的 β-氨基异丁酸增多。核苷酸分解代谢的大致过程归纳如下：

核苷酸 →(核苷酸酶, H_2O, Pi)→ 核苷 →(核苷磷酸化酶, Pi, 磷酸核糖)→ 含氮碱 { 嘌呤 → 尿酸；嘧啶 { 胞嘧啶、尿嘧啶 → NH_3 CO_2 → β-丙氨酸；胸腺嘧啶 → NH_3 CO_2 → β-氨基异丁酸 } }

三、核苷酸合成的抑制剂

一些物质的化学结构与核苷酸合成代谢的中间产物相似，可通过竞争性抑制等方式干扰或阻断核苷酸的正常合成代谢，从而抑制核酸、蛋白质合成及细胞增殖，把这一类物质称为核苷酸的抑制剂，也称为核苷酸的抗代谢物，临床上常用它们作为抗肿瘤药物。核苷酸的抑制剂主要有嘌呤类似物和嘧啶类似物、叶酸类似物和某些氨基酸类似物。

1. 嘌呤类似物和嘧啶类似物

嘌呤类似物主要有 6-巯基嘌呤（6-MP）、2,6-二氨基嘌呤、8-氮鸟嘌呤等。嘧啶类似物主要有 5-氟尿嘧啶（5-FU）、6-氮尿嘧啶（6-AU）等，其结构式如图 18-9 所示。其中最常用的是 5-氟尿嘧啶和 6-巯基嘌呤。

图 8-9　常见嘌呤类似物与嘧啶类似物

5-氟尿嘧啶（5-FU）的结构与胸腺嘧啶类似（以氟代替甲基），它在体内首先转变成 5-氟尿嘧啶核苷酸（5-FUMP），然后再转变成 5-氟尿嘧啶脱氧核苷酸（5-FdUMP），后者可抑制胸腺嘧啶核苷酸合成酶，从而阻断胸腺嘧啶核苷酸的合成，最终抑制 DNA 的合成。此外，5-氟尿嘧啶核苷酸（5-FUMP）还可以转变为 5-氟尿嘧啶核苷三磷酸（5-FUTP），在 RNA 合成时以 5-氟尿嘧啶核苷三磷酸（5-FUTP）的形式掺入到 RNA 分子中，从而破坏 RNA 的结构与功能。

6-巯基嘌呤（6-MP）的结构与次黄嘌呤类似（C_6 上巯基取代了羟基），它可进入体内竞争性地抑制次黄嘌呤（IMP）-鸟嘌呤（GMP）磷酸核糖转移酶，从而抑制次黄嘌呤（IMP）和鸟嘌呤（GMP）的补救合成。6-巯基嘌呤还可经磷酸核糖化而转变为 6-巯基嘌呤核苷酸，从而抑制 IMP 转变成 AMP 和 GMP。此外，6-巯基嘌呤核苷酸还可反馈抑制嘌呤核苷酸从头合成的调节酶——磷酸核糖酰胺转移酶，使 5-磷酸核糖胺（PRA）的合成受阻，从而干扰 IMP、AMP 和 GMP 的合成。

除上述物质外，某些改变了戊糖结构的核苷类似物也是重要的抗癌药物。例如，阿糖胞苷（AraC）能抑制胞嘧啶核苷二磷酸（CDP）还原为胞嘧啶脱氧核苷二磷酸（dCDP），从而抑制 DNA 的合成。

2. 叶酸类似物

四氢叶酸（FH_4）是一碳单位的载体，它在嘌呤及嘧啶核苷酸的生物合成中起着重要作用。某些叶酸的类似物，如氨基蝶呤和氨甲蝶呤等可作为二氢叶酸还原酶的竞争性抑制剂，阻断二氢叶酸（FH_2）还原为四氢叶酸（FH_4），使嘌呤和嘧啶核苷酸的合成受到抑制，从而影响 DNA 的合成。其中，氨甲蝶呤在临床上常用于白血病等恶性肿瘤的治疗。

3. 氨基酸类似物

谷氨酰胺是合成嘌呤核苷酸的重要原料，而重氮乙酰丝氨酸、重氮酮基正亮氨酸的化学结构与谷氨酰胺相似，可干扰谷氨酰胺参与嘌呤环的形成。

第三节 核酸的生物合成

遗传是生物体具有的基本特征之一。对于大多数生物，遗传信息储存在 DNA 分子中。1958 年 Crick 将遗传信息的传递方式归纳为分子生物学的中心法则，其内容要点是：遗传信息从 DNA 传递给 DNA（复制），以及遗传信息从 DNA 传递给 RNA（转录），再从 RNA 传递给蛋白质（翻译）。这是所有有细胞结构的生物所遵循的法则。1970 年，科学家又发现，对于某些病毒等少数生物，RNA 也可以作为遗传信息的载体，通过 RNA 的复制，遗传信息可以从 RNA 传递到 RNA（复制）；遗传信息还可以从 RNA 传递到 DNA（反转录）。中心法则因此得到了补充和修正（图 8-10）。

图 8-10 中心法则

一、DNA 的复制

1. 复制的概念

DNA 是遗传信息的载体。因此，亲代 DNA 必须以自身为模板来合成新的 DNA 分子，并分配到两个子代细胞去，完成其遗传信息载体的使命。DNA 复制是指以亲代 DNA 为模板，合成子代 DNA，使遗传信息从亲代传递到子代的过程。DNA 复制的方式为半保留复制，即复制后的子代 DNA 分子的一条链保留了亲代的，一条链则是新合成的，这样维护了种系遗传的高保真性。

2. DNA 复制的过程

DNA 复制是在细胞核，以四种脱氧三磷酸核苷酸为基本原料，在多种酶和因子的参与下，完成复制过程。其中比较重要的酶类有引物酶、解链解旋酶类、DNA 聚合酶、DNA 连接酶等。DNA 复制过程分为三个阶段：起始、延长、终止。DNA 复制过程见图 8-11。

（1）复制的起始

解链解旋酶类在 DNA 的特定起始部位将一段 DNA 双链解开，使 DNA 局部成单链结构，引物酶以解开的两条 DNA 链为模板，按 $5'\rightarrow 3'$ 方向合成一小段 RNA 作为引物。

（2）复制的延长

在 DNA 聚合酶催化下，以 dATP、dGTP、dCTP、dTTP 为原料，以 DNA 的两条链为模板，在 RNA 引物的基础上，合成出两条新的互补链。由于 DNA 两条链是反向平行的，而新链合成的方向是沿 $5'\rightarrow 3'$ 方向，故新合成的链有一条与复制前进方向一致，可以按 $5'\rightarrow 3'$ 连续合成，称为前导链；而另一条链与复制方向相反，是不连续合成的，称为

图 8-11 DNA 复制过程

随从链。

（3）复制的终止

随从链当 DNA 片段合成至一定长度时，RNA 引物被酶水解，在 DNA 聚合酶催化下，DNA 片段可以继续延长，填补引物水解后的空缺。DNA 连接酶将不连续的 DNA 片段连接起来，形成完整的 DNA 分子。领头链的引物被水解后，也需 DNA 聚合酶催化填补空隙，连接酶催化缝合缺口。

二、RNA 的转录

1. 转录的概念

转录是指生物体以 DNA 为模板合成 RNA 的过程，也就是把 DNA 的碱基序列抄录成 RNA 的碱基序列。通过转录遗传信息从 DNA 传递到了 mRNA，转录是基因表达的第一步，是遗传信息传递的重要环节。转录还包括合成 tRNA 和 rRNA。

2. 转录的过程

RNA 的转录发生在细胞核，以 DNA 为模板，以四种三磷酸核苷酸（ATP、GTP、CTP、TTP）为原料，在 RNA 聚合酶和某些蛋白因子的参与下，按照碱基互补配对原则，合成与模板 DNA 核苷酸序列相应的核苷酸序列的 RNA 分子。

DNA 在复制时全长均需复制，这样可以保留物种的全部遗传信息。而在转录时，则因细胞发育时序、生理需要等，只有少部分的基因发生转录。作为转录模板的 DNA 的某一区段称为结构基因。在这段 DNA 双链上，作为转录模板的 DNA 链称为模板链或无意义链，而相对应的另一条无转录功能的 DNA 链称为编码链或反意义链。不同结构基因的模板链并非总在同一单链上，转录的这种方式称为不对称转录（见图 8-12）。RNA 转录过程分为三个阶段：起始、延长、终止。

图 8-12　不对称转录

（1）转录的起始

RNA 聚合酶能识别 DNA 上的特殊启动部位并与之准确结合，将 DNA 的双螺旋结构局部解开成单链，使模板链暴露，在 RNA 聚合酶的催化下，与模板相配对的两个核苷酸形成二核苷酸。

（2）链的延长

RNA 聚合酶沿着模板链以 $3'→5'$ 方向滑动，按碱基互补原则，将一个个核苷酸连接上去，使新合成的 RNA 链沿 $5'→3'$ 方向不断延长，合成与模板链互补的 RNA 链。随着新合成的 RNA 链逐步延长并与模板链分离，已被转录的 DNA 区域又重新形成双螺旋结构。

（3）转录的终止

当 RNA 聚合酶沿 DNA 模板链滑行至终止信号区域时，RNA 聚合酶在 DNA 模板上停顿下来不再前进，RNA 聚合酶和新合成的 RNA 链从 DNA 模板链上脱落，转录过程终止。

转录合成的 RNA 是 mRNA、rRNA 和 tRNA 的前体，需经过一系列加工修饰才能成为具有生物学功能的成熟 RNA 分子。

RNA 的转录过程与复制有很多相似之处，例如：都是以 DNA 为模板；都需聚合酶的催化，聚合形成的化学键都是磷酸二酯键；合成的方向都是 $5'→3'$，都遵从碱基配对原则等。但两者之间又有很多区别，归纳如表 8-2。

表 8-2　复制与转录的区别

项目	复制	转录
模板	两条链均复制	模板链转录
原料	dATP、dGTP、dCTP、dTTP	ATP、GTP、CTP、TTP
酶	DNA 聚合酶	RNA 聚合酶
产物	双链 DNA	mRNA、rRNA、tRNA
配对	A-T、G-C	A-U、T-A、G-C
合成方式	半保留复制	不对称转录

三、基因工程与聚合酶链反应

1. 基因工程

基因工程又称 DNA 重组技术或基因拼接技术，是在分子水平上对基因进行操作的复杂技术，是将外源基因通过体外重组后导入受体细胞内，使这个基因能在受体细胞内复制、转录、翻译表达的操作。实施基因工程有四步：获取目的基因；目的基因与运载体结合；将目的基因导入受体细胞；目的基因的检测与表达。

科学界预言，21 世纪是一个基因工程世纪。基因工程技术为生命科学的理论研究提供了新的技术手段。基因工程在医学中的应用主要包括：疾病基因的发现与克隆、基因诊断、基因治疗、遗传病的预防、生物制药。目前利用基因工程技术研制的药物已达百种以上，如胰岛素、肿瘤坏死因子、干扰素、乙型肝炎疫苗等。

2. 聚合酶链反应

聚合酶链反应（PCR）是 DNA 体外酶促扩增反应，是一种模拟体内 DNA 复制原理，在体外利用 DNA 聚合酶反应来合成 DNA 的过程。PCR 能快速特异地扩增所希望的目的基因或 DNA 片段，它利用耐热的 DNA 聚合酶、模板 DNA（其中含有目的 DNA 的序列）、两种引物以及四种 dNTP 等，反复多次地进行 DNA 的合成。在数小时内能将所要研究的一个目的基因或 DNA 片段扩增至百万甚至千百万倍。

该技术于 1985 年由 Mullis K. 创建，以其敏感性高、特异性强、重复性好、操作简单、产量高等优点迅速广泛的应用于分子生物学研究领域，如分子克隆、基因诊断、肿瘤机制研究、法医等。PCR 技术是分子生物学里程碑式的发现，也因此在 1993 年创建者 Mullis K. 荣获诺贝尔化学奖。

第四节　蛋白质的生物合成

蛋白质生物合成又称为翻译，是指以 mRNA 为直接模板合成蛋白质的过程，即把 mRNA 分子上的核苷酸序列解读为蛋白质分子中的氨基酸排列顺序。由中心法则可知：遗传信息贮存于 DNA 分子，通过转录传递至 mRNA，mRNA 传递遗传信息出胞质，翻译指导合成蛋白质，使基因得到表达，合成的蛋白质则行使各种生物学功能。

同其他生物分子的合成一样，蛋白质生物合成是一个复杂的过程。除需要 20 种氨基酸作为基本原料外，还需要 mRNA、tRNA、核糖体、相关的酶类及蛋白因子、ATP、GTP 等。新合成的蛋白质需要修饰加工、靶向输出后才发挥作用。

一、RNA 在蛋白质合成中的作用

蛋白质合成时 mRNA、tRNA、rRNA 三种 RNA 起了重要作用。

1. mRNA

mRNA 是蛋白质合成的直接模板,它带有来自 DNA 的遗传信息,因此称为信使 RNA。在真核生物中,每一种 mRNA 一般只带有一种蛋白质的编码信息,指导合成一条多肽链。

mRNA 分子从 5′端开始,每三个相邻的核苷酸为一组形成一个三联体,代表一种氨基酸或一种信息,称为遗传密码或密码子。mRNA 分子中含有 A、G、C、U 四种核苷酸,每三个一组,共可形成 64(4^3)种密码子(表8-3),其中有 61 种分别代表 20 种不同的氨基酸。密码子 AUG 即可表达为蛋氨酸,又可作为多肽链合成的起始信号,称为起始密码子。三种密码子 UAA、UAG、UGA 不代表任何氨基酸,而表示多肽链合成的终止信号,称为终止密码子。

遗传密码有以下特点:

① 方向性　翻译时从 mRNA 的起始密码子 AUG 开始,按 5′-3′的方向逐一阅读,至终止密码子结束。

② 连续性　mRNA 序列上密码子的排列是连续的,没有任何分割的标志。因此,在 mRNA 序列上插入或缺失一个或数个碱基,读码会发生错误,翻译出的肽链氨基酸序列就发生改变。

③ 简并性　从表8-3 中可知,一种氨基酸可有两个或两个以上的密码子为其编码。

④ 通用性　研究表明,这套密码从最简单的病毒、细菌到人类都是通用的,这也为地球上的生物同源的进化学说提供了有力的证据。

表 8-3　密码子表

第一个碱基	第二个碱基				第三个碱基
	U	C	A	G	
U	苯丙氨酸 UUU	丝氨酸 UCU	酪氨酸 UAU	半胱氨酸 UGU	U
	苯丙氨酸 UUC	丝氨酸 UCC	酪氨酸 UAC	半胱氨酸 UGC	C
	亮氨酸 UUA	丝氨酸 UCG	停止码 UAA	停止码 UGA	A
	亮氨酸 UUG	丝氨酸 UCU	终止码 UAG	色氨酸 UGG	G
C	亮氨酸 CUU	脯氨酸 CCU	组氨酸 CAU	精氨酸 CGU	U
	亮氨酸 CUC	脯氨酸 CCC	组氨酸 CAC	精氨酸 CGC	C
	亮氨酸 CUA	脯氨酸 CCA	谷氨酰胺 CAA	精氨酸 CGA	A
	亮氨酸 CUG	脯氨酸 CCG	谷氨酰胺 CAG	精氨酸 CGG	G

2. tRNA

在蛋白质合成中,tRNA(转运核糖核酸)是携带并转运氨基酸的工具,保证多肽链氨基酸正确的排列顺序。tRNA 结构上有两个关键部位：一个是结合氨基酸的部位即氨基酸臂；另一个是 mRNA 的结合部位。反密码环上的反密码子识别 mRNA 上的密码子，严格按照 mRNA 上的密码子的顺序，将其所携带的氨基酸准确运送到核糖体中参与蛋白质的合成。

3. rRNA

rRNA 与多种蛋白质结合构成核糖体，核糖体是蛋白质合成的场所。核糖体由大小两个亚基组成，小亚基上有 mRNA 结合的部位，大亚基上有两个与 tRNA 结合的位点——给位（P 位）与受位（A 位）（图 8-13）。蛋白质合成时，mRNA 与大、小亚基结合成复合体，核糖体沿着 mRNA 移动，使多肽链逐步合成。

图 8-13 核糖体的结构

考点提示：三类 RNA 在蛋白质合成中的作用

二、蛋白质的合成过程

蛋白质的合成需要 mRNA 作模板，tRNA 转运氨基酸，核糖体提供合成场所，及多种酶和蛋白因子的参与，合成的多肽链经过加工才能成为有活性的蛋白质。

蛋白质合成过程包括两个：氨基酸的活化和核糖体循环。

1. 氨基酸的活化

在氨基酰-tRNA 合成酶的催化下，特定的氨基酸与特异的 tRNA 相结合，生成各种氨基酰-tRNA 的过程称为氨基酸的活化。活化一分子氨基酸需消耗 2 个高能磷酸键，由 ATP 供能。氨基酸的活性形式是氨基酰-tRNA。

2. 核糖体循环

分为起始、延长、终止三个阶段。因三阶段均在核糖体上完成，故称为核糖体循环。现以原核生物的肽链合成为例：

(1) 起始阶段

指模板 mRNA 和起始的氨基酰-tRNA 结合到核糖体上形成起始复合物的过程：核糖体大、小亚基分离；mRNA 在小亚基上准确定位结合；起始氨基酰-tRNA 与结合到小亚基给位（P 位）；结合了 mRNA 及起始氨基酰-tRNA 的小亚基与大亚基重新结合，形成起始复合物。

（2）延长阶段

在起始复合物形成后，对 mRNA 上的遗传密码进行连续翻译，使一个个氨基酸形成肽键，肽链不断延长。此阶段需延长因子、GTP、Mg^{2+}、K^+ 参加，进位、成肽、转位三步骤连续循环进行。核糖体循环的延长阶段见图 8-14。

① 进位　通过密码、反密码之间的碱基互补，相应的氨基酰-tRNA 按照 mRNA 模板密码子的指令进入并结合到核糖体受位（A 位）的过程。

② 成肽　在转肽酶的催化下，给位（P 位）上 tRNA 携带的蛋氨酰基转移到受位（A 位）的氨基酰-tRNA 上，形成肽键。脱去了蛋氨酰基的 tRNA 离开核糖体。

③ 转位　当核糖体沿 mRNA 从 5′-3′方向移动一个密码子的距离，受位上的肽酰-tRNA 便从受位移到给位，于是受位空出，空出的受位可接受下一个与密码子相对应的氨基酰-tRNA。

进位→成肽→转位每循环一次就形成一个新的肽键，在肽链中新增加一个氨基酸残基。这样反复进行，肽链就会按 mRNA 上密码子的排列顺序不断延长。

3. 终止阶段

当肽链合成至 mRNA 出现终止密码子后，肽链合成终止。接着，合成的多肽链释放出来；mRNA、核糖体大小亚基相互分离。核糖体的大、小亚基可重新进入核糖体循环（图 8-14）。

图 8-14　核糖体循环的延长阶段
fMet 为甲酰甲硫氨酸

图示是单个核糖体循环。细胞内合成蛋白质时有多个核糖体可同时结合在一条 mRNA 分子上，形成多核糖体，合成多条同样的多肽链。新合成的多肽链还不具有生物活性，往往需复杂的加工、修饰，有时需要亚基间的聚合、连接辅基等，才能转变成为具有一定空间构象和一定生物活性的成熟蛋白质。新合成的蛋白质前体需定向输送到相应细胞部位发挥作用称为蛋白质的靶向输送。

三、蛋白质合成与医学的关系

蛋白质的合成与生物体的遗传、代谢、分化、免疫等生命活动密切相关。分子病、放射病、肿瘤等的发病都与核酸和蛋白质合成代谢障碍有关。某些药物和生物活性物质能抑制或干扰蛋白质的生物合成。临床医学应用抗生素抑制微生物生长的药物机理就是通过干扰微生物蛋白质合成，阻止其生长繁殖，达到治疗目的。可见，学习蛋白质合成的知识有助于我们对一些医药学问题的理解。

1. 分子病

分子病是由于基因突变使蛋白质合成异常，具体指蛋白质分子中氨基酸排列顺序改变和功能异常，进而导致体内某些组织细胞结构和功能异常。临床上常见的分子病包括：镰状细胞贫血、脂蛋白异常、血红蛋白病、补体异常、铜蓝蛋白异常、转铁蛋白异常、受体蛋白异常等。

知识链接

分子病的发现与镰状细胞贫血

分子病这一名词是1949年美国化学家L.C.波林在研究镰形细胞贫血症时提出的，他发现患者的异常血红蛋白β链N端的第6位的谷氨酸被缬氨酸所替代，并把它称为血红蛋白Hb-s。Hb-s在氧分压较低时易沉淀析出，使红细胞变形成为镰刀状，易于破裂，引起贫血。迄今已发现的血红蛋白异常达300多种，包括由于血红蛋白分子结构异常导致的异常血红蛋白病和血红蛋白肽链合成速率异常导致的血红蛋白病如地中海贫血。

2. 抗生素对蛋白质合成的作用

许多抗生素通过作用于蛋白质生物合成过程中的不同环节从而抑制蛋白质生物合成，最终发挥杀菌、抑菌或抗肿瘤的作用；多种抗生素可抑制蛋白质合成的不同环节，包括抑制起始因子、延长因子及核糖体的作用等。如链霉素、庆大霉素、卡那霉素、四环素等都能与细菌的核糖体小亚基结合，阻止氨基酰-tRNA的进位，抑制了肽链的延长；红霉素、螺旋霉素、氯霉素等则能与细菌核糖体的大亚基结合，从而抑制了细菌蛋白质的合成；丝裂霉素C、争光霉素、放线菌素、阿霉素等能抑制DNA的复制或转录，结果抑制了肿瘤细胞的增长；抗结核药利福霉素能与RNA聚合酶结合，抑制转录而影响蛋白质合成。

知识链接

青霉素的发现

1929年，英国细菌学家弗莱明在培养皿中培养细菌时发现，从空气中偶然落在培养基上的青霉菌长出的菌落周围没有细菌生长，他认为是青霉菌产生了某种化学物质，分泌到培养基里抑制了细菌的生长。这种化学物质便是最早被发现的抗生素——青霉素。

3. 其他干扰蛋白质合成的物质

白喉毒素、干扰素等作用于特异的靶位点而干扰或抑制蛋白质的生物合成。

白喉毒素是白喉杆菌分泌的对真核生物蛋白质合成的延长因子起抑制作用，属于真核细胞蛋白质合成抑制剂。其毒性很强，只需微量就会导致细胞死亡。

干扰素是真核细胞感染病毒后细胞合成和分泌的一类小分子蛋白质，能抑制病毒DNA

和蛋白质的合成,影响病毒的装配和释放,抑制病毒的繁殖等。由于干扰素具有很强的抗病毒作用,而且还具有调节细胞生长分化、激活免疫系统等功效,因此在医学上有重要的实用价值。

本章知识要点

1. 核酸分两类即 DNA 和 RNA。核酸的基本单位是核苷酸,核苷酸由磷酸、戊糖和碱基组成。DNA 由脱氧核糖、A、C、G、T 四种碱基组成;RNA 由核糖,A、C、G、U 四种碱基组成。

2. 核苷酸通过磷酸二酯键相连。

3. DNA 的二级结构为双螺旋结构,两条链反向平行。碱基对通过氢键互补配对(A=T G=C)。

4. RNA 的二级结构:单链,局部双螺旋发卡结构。tRNA 的二级结构是三叶草结构。三种 RNA 的功能性:mRNA 是蛋白质合成的模板,tRNA 是携带转运氨基酸的工具,rRNA 与蛋白质构成的核糖体是蛋白质合成的场所。

5. 核苷酸合成途径有两条:从头合成途径和补救合成途径,以从头合成途径为主。

6. 嘌呤核苷酸从头合成是在磷酸核糖基础上逐步合成嘌呤环,首先合成 IMP,之后转变为 AMP 和 GMP;嘧啶核苷酸从头合成是合成嘧啶环后再与磷酸核糖相连,首先合成 UMP,之后转变为 CMP 和 dTMP。

7. 补救合成是机体对游离碱基或核苷的再利用,对脑、骨髓等神经组织尤为重要。

8. 核苷酸代谢物干扰正常核苷酸的合成代谢,进而影响核酸、蛋白质的生物合成。临床上常用作抗肿瘤药物。

9. 嘌呤核苷酸分解产生磷酸、戊糖和嘌呤碱基。嘌呤碱在人体内分解代谢的终产物是尿酸,尿酸水溶性较差,血尿酸过高或排泄障碍会导致痛风病。

10. 嘧啶核苷酸分解代谢主要生成 NH_3、CO_2、β-氨基酸。

11. 核苷酸分解的产物碱基、核苷等中间产物还可被重新利用,参与核苷酸的补救合成。

12. DNA 的复制以四种 dNTP 为原料,两条链为模板,从特定的起始点开始,半保留半不连续复制。大多双向复制,链的延伸方向为 $5'\rightarrow 3'$ 方向。

13. 转录是以 DNA 的一条链为模板,不需要引物,以四种 NTP 为原料,按照碱基配对原则(A-U 配对,C-G 配对,T-A 配对),由 RNA 聚合酶催化,链的延伸方向为 $5'\rightarrow 3'$ 方向。

14. 基因工程又称重组 DNA 技术。聚合酶链式反应是体外酶促合成特异 DNA 片段的一种方法。

15. 翻译的实质是将 mRNA 分子上四种核苷酸编码的遗传信息解读为蛋白质一级结构中 20 种氨基酸的排列顺序。

16. 蛋白质合成体系:三种 RNA、20 种氨基酸、三种酶、多种蛋白质因子及无机离子,还有 ATP 和 GTP 提供能量。

17. 遗传密码有 64 个,代表蛋白质合成的起始、终止信号及 20 种编码氨基酸。密码有方向性、连续性、简并性、通用性等特点。

复习导图

目标检测

一、名词解释

中心法则 转录 复制 翻译

二、简答题

1. DNA双螺旋结构基本要点是什么？
2. 比较DNA与RNA在分布、分子组成和主要功能上有哪些不同？
3. 嘌呤核苷酸、嘧啶核苷酸合成的原料及分解终产物有哪些？
4. 简述DNA的半保留复制及其过程。
5. 试述RNA的合成过程。
6. 比较复制、转录、翻译的异同点。
7. 三种RNA在蛋白质合成中各发挥着什么功能？
8. 试述蛋白质合成的基本过程。
9. 中年男性患者，主诉关节疼痛，血浆尿酸0.55mmol/L，该患者患何种病？医生劝其不要进食动物肝，为什么？

10. 简要说明别嘌呤醇降低血尿酸的机制。

三、实例分析

男，53岁，近2年来出现关节炎症状和尿路结石，进食海鲜食物时病情加重。该患者患何种疾病？为什么进食海鲜食物时病情加重？

第九章　肝胆生物化学

肝胆生物化学

【学习目标】

了解肝脏在各物质代谢中的作用；熟悉胆汁酸的代谢过程及生理意义；掌握生物转化作用的概念、反应类型及代谢意义；掌握胆红素的代谢过程及黄疸产生的原因、类型和各种黄疸类型的血、尿、粪的指标特征。

肝脏是人体内最大的腺体，成人肝组织重约 1500g，占体重的 2.5%，具有重要而复杂的代谢功能。它在体内糖、脂、蛋白质、维生素和激素等物质的代谢中均起着重要作用。同时，肝脏还具有分泌、排泄、生物转化等方面的功能。

表 9-1　肝细胞物质代谢的区域化

Ⅰ带	Ⅲ带	Ⅰ带	Ⅲ带
葡萄糖的释放	葡萄糖的摄取	氨基酸的利用	解氨毒作用
糖原分解	糖原生成	氨基酸转化为糖	
糖异生作用	糖酵解	氨基酸分解	
	脂类生成	氨基酸氮生成尿素	从氨氮生成尿素
氧化供能代谢			生物转化作用
脂肪酸的氧化		氧化保护作用	
三羧酸循环		胆汁酸排泄	
氧化呼吸链		胆红素排泄	

肝脏具有"物质代谢中枢"之称。人肝约含 2.5×10^{11} 个肝细胞，组成 50 万～100 万个肝小叶。小叶间血管在相邻的两个肝小叶间形成相应的终末门微静脉和终末肝微动脉，其营养物质逐渐被肝细胞吸收，形成浓度梯度。不同部位的肝细胞由于获得的氧和营养物质的差

图 9-1　肝细胞分带示意图（箭头表示血流方向）

异，形成肝细胞结构与功能的异质性（见表9-1）。

肝细胞所在的区域因此可分为三条带（见图9-1）：Ⅰ带（门管周带，periportal zone）是终末微血管周围的肝细胞，这些肝细胞首先从血液中获取充足的氧和营养物质；Ⅲ带（小叶中心带，centrolobular zone）是接近中央静脉的肝细胞，其营养条件最差；Ⅱ带介于两者之间。电镜观察发现，Ⅰ带肝细胞含有成倍的高尔基体，后者是胆固醇合成的部位和胆汁酸合成的限速步骤所在地，也是生物转化的主要场所。

考点提示 肝脏在物质代谢中的作用

第一节 胆汁酸的代谢

一、胆汁

胆汁（bile）是由肝细胞分泌储存于胆囊中的一种液体，它是脂类物质消化吸收所必需的一类物质。正常成人每天分泌300～700mL。肝细胞分泌的胆汁呈金黄色，清澈透明，微苦，称为肝胆汁。进入胆囊后的胆汁，有部分水分、无机盐和其他一些成分被胆囊壁吸收而变得浓缩，同时胆囊壁分泌黏液掺入胆汁，使其呈棕色，称为胆囊胆汁。胆汁中的胆汁酸以钾盐或钠盐形式存在，称为胆汁酸盐，是胆汁中的主要固体成分，约占固体成分的50%，其次是无机盐、黏蛋白、磷脂、胆色素、胆固醇等，还含有一些消化酶、脂肪酶、磷脂酶、淀粉酶、磷酸酶等。胆盐和酶类与消化吸收有关，磷脂与胆固醇溶解有关，其他成分多属排泄物。进入人体的药物、毒物、重金属盐等异源物，经肝脏生物转化后也随胆汁排出体外。

二、胆汁酸的代谢

正常人每天合成的胆固醇总量约有40%（0.4～0.6g）在肝内转变为胆汁酸，并随胆汁排入肠道。胆汁酸均为24碳胆烷酸的衍生物，按其来源不同可分为初级胆汁酸和次级胆汁酸两大类。由肝细胞合成的胆汁酸称为初级胆汁酸；初级胆汁酸在肠道中受细菌作用生成的脱氧胆酸和石胆酸及其在肝中生成的结合产物称为次级胆汁酸。其代谢包括合成、排泄及肠肝循环三个主要环节。

1. 初级胆汁酸的生成

肝细胞以胆固醇为原料，在一系列酶的催化下合成胆汁酸，这是肝清除胆固醇的主要方式。在肝细胞的微粒体和胞液中，胆固醇经胆固醇7α-羟化酶（7α-hydroxylase）的催化下，生成7α-羟胆固醇，然后再经氧化、还原、羟化、侧链氧化及断裂等多步酶促反应生成游离胆汁酸（free bile acid）（见图9-2）。人胆汁中含量最多的初级胆汁酸是胆酸和鹅脱氧胆酸，它们即为游离型初级胆汁酸。这两种胆汁酸可在酶催化下，与甘氨酸或牛磺酸分别结合形成甘氨胆酸、牛磺胆酸、甘氨鹅脱氧胆酸和牛磺鹅脱氧胆酸，它们即为结合型初级胆汁酸。一般结合型胆汁酸水溶性较游离型大，pK值降低，这种结合使胆汁酸盐更稳定，在酸或Ca^{2+}存在时不易沉淀出来，健康人胆汁以结合型胆汁酸为主，其中甘氨胆汁酸与牛磺胆汁酸的比例为3:1，胆汁酸多以钠盐或钾盐（胆汁酸盐）的形式存在。几种初级胆汁酸的结构如图9-2所示。

在肝细胞内，胆固醇合成胆汁酸的酶促反应中，7α-羟化酶为其限速酶，此酶受胆汁酸的反馈抑制。当人服用消胆胺或富含纤维素的食物时，这类物质能吸收胆汁酸而促进其排泄，从而减少胆汁酸的重吸收，重吸收入肝的胆汁酸减少，即能解除它在肝中对7α-羟化酶

图 9-2　几种初级胆汁酸的结构图

的抑制作用，因而促进胆汁酸的合成，就可收到降低血清胆固醇浓度的效果。此外，甲状腺素能增加 7α-羟化酶的活性，加速胆固醇转化为胆汁酸。故甲亢时，血清胆固醇浓度降低，反之亦然。

2. 次级胆汁酸的生成

胆汁酸随胆汁分泌入肠道并在脂类的消化、吸收过程中起作用后，在小肠下段及大肠中，一部分结合型初级胆汁酸受细菌的作用可水解成游离型胆汁酸，后者可在肠菌的作用下，一部分被水解脱去 7 位羟基，由此胆酸可转变为脱氧胆酸，鹅脱氧胆酸转变为石胆酸，此类由初级胆汁酸在肠菌作用下形成的胆汁酸称为次级胆汁酸，包括脱氧胆酸和石胆酸。它们可被重吸收回肝，再分泌入胆汁中。人胆汁中的次级胆汁酸含量较多的为图 9-3 所示的两种。

图 9-3　脱氧胆酸和石胆酸结构图

3. 胆汁酸的肠肝循环

胆汁酸盐排入肠道后在脂类的消化、吸收中发挥作用的同时，肠道中的各种胆汁酸平均有 95% 被肠壁重吸收，仅小部分胆汁酸随粪便排泄。胆汁酸的重吸收主要有两种方式：①结合型胆汁酸在回肠部位主动重吸收，经门静脉又回到肝；②游离型胆汁酸在小肠各部位及大肠被动重吸收，经门静脉回到肝，被肝细胞摄取利用。胆汁酸的重吸收主要依靠主动重吸收方式。石胆酸主要以游离型存在，故大部分不被吸收而排出。正常人每天从粪便排出的胆汁酸为 0.4~0.6g。由肠道重吸收的胆汁酸（包括初级和次级胆汁酸；结合型和游离型胆汁酸）均由门静脉进入肝脏，在肝脏中游离型胆汁酸再转变为结合型胆汁酸，再随胆汁排入肠腔。此过程称为"胆汁酸的肠肝循环"（见图 9-4）。胆汁酸肠肝循环的生理意义在于使有限的胆汁酸重复利用，促进脂类的消化与吸收。正常人体肝脏内胆汁酸池为 3～5g，而维持脂类物质消化吸收，需要肝脏每天合成 16～32g，依靠胆汁酸的肠肝循环可弥补胆汁酸的合成不足。每次饭后可以进行 2～4 次肠肝循环，使有限的胆汁酸能够发挥最大限度的乳化作用，以维持脂类食物消化吸收的正常进行。若肠肝循环被破坏，如腹泻或回肠大部切除，则胆汁酸不能重复利用。此时，一方面影响脂类的消化吸收，另一方面胆汁中胆固醇含量相对增高，处于饱和状态，极易形成胆固醇结石。

图 9-4　胆汁酸的肠肝循环

胆汁酸合成总过程见图 9-5。

三、胆汁酸的生理作用

1. 促进脂类物质的消化吸收

胆汁酸分子既含亲水性的羟基和羧基，又含疏水性的甲基和烃核，它的立体构型具有亲水和疏水两个侧面，从而能够降低油/水两相之间的表面张力，成为较强的乳化剂。胆汁酸能和卵磷脂、胆固醇、脂肪或脂溶性维生素等物质在水中乳化成直径只有 3～10μm 的细小微团，使这些物质能稳定地分散在水溶液中，既有利于消化酶的作用，又有利于脂类物质通过肠黏膜表面水层，促进脂类物质的吸收。

2. 排泄胆固醇

人体内约 99% 的胆固醇随胆汁从肠道排出体外，其中 2/3 以直接形式、1/3 以胆汁酸形式排出体外。胆汁中的胆汁酸盐和磷脂酰胆碱可与胆固醇形成微团而使胆固醇在胆汁中以溶解状态存在，可避免胆固醇析出沉淀。若肝合成胆汁酸的能力下降，消化道丢失胆汁酸过多或肠肝循环中肝摄取胆汁酸过少，以及排入胆汁中的胆固醇过多，使胆汁中胆汁酸盐、磷脂酰胆碱与胆固醇的比值下降（小于 10∶1）时，可使胆固醇析出沉淀，引起胆道结石。

图 9-5　胆汁酸的生成及转化

3. 对胆固醇代谢的调控作用

胆汁酸浓度对胆汁酸生成的限速酶—7α-羟化酶和胆固醇合成的限速酶—HMG-C_OA 还原酶均有抑制作用，进入肝的胆汁酸可同时抑制这两种酶的活性。肝合成胆固醇的速度，可影响胆汁酸的生成。胆汁酸代谢过程对体内胆固醇的代谢有重要的调控作用。

考点提示　胆汁酸的生理功能

第二节　非营养物质的代谢

人体内经常存在一些非营养物质，这些物质既不能构成组织细胞的结构成分，又不能氧化供能，其中一些对人体有一定的生物学效应或毒性作用，机体在排出这些物质以前将其进行各种代谢转变，这一过程称为生物转化（biotransformation）。

机体内需要进行生物转化的非营养物质可分为内源性和外源性两类。内源性物质包括激素、神经递质和其他胺类等一些对机体具有强烈生物学活性的物质，以及氨、胆红素等对机体有毒性的物质。在日常生活中，人体接触到的外来化学物质多达几万种，其中可被人类摄取的食品添加剂、色素和药物等有 1 万余种。此外，还有肠道经细菌作用产生的腐败产物（如胺、酚、吲哚和硫化氢等）。这些外源性物质均需经生物转化从体内排出。肝是机体内生物转化的主要器官。

生物转化的生理意义在于它对体内的非营养物质进行转化，使其生物学活性降低或消除（灭活作用），或使毒性物质减低或消除（解毒作用，detoxification）。更为重要的是生物转化作用可将这些物质的溶解性增高，变为易于从胆汁或尿液中排出体外的物质。应该指出的是，也有少数物质本身并没有毒性或直接致癌作用，当通过生物转化后才显示其毒性或致癌作用，例如二甲基硝胺进入体内经转化生成重氮甲烷和甲基自由基后，才称为致癌物质。因此也不能把生物转化作用简单地看作是解毒作用。

一、生物转化的反应类型

生物转化过程所包括的化学反应可归纳为两相。第一相反应包括氧化、还原、水解反应；第二相反应称为结合反应。少数物质只经过第一相反应即可排出体外，但多数非营养物质经过第一相反应后，其极性变化不明显，还需进一步进行第二相反应，以得到更大的溶解度，才能排出体外。有些则不经过第一相反应，直接进行第二相反应。每一相反应又各自包括多种不同的反应，分别在不同的部位进行（见表 9-2）。

表 9-2 生物转化反应的类型

反应类型	反应酶类	作用	部位
氧化反应	加单氧酶系	最重要,占总反应的50%	微粒体
	单胺氧化酶系	胺类物质→醛类→酸	线粒体
	醇、醛脱氢酶系	醇类→醛→酸	肝细胞
还原反应	硝基还原酶类	硝基化合物→胺类	肝细胞
	偶氮还原酶类	偶氮化合物→胺类	肝细胞
水解反应	多种水解酶类	脂类、酰胺类和糖苷类→水解	微粒体、胞质
结合反应	葡萄糖醛酸基转移酶	极性基团化合物→与 UDPGA 结合	微粒体
（第二相反应）	硫酸基转移酶(PAPS供体)	醇、酚和芳胺→硫酸酯类	胞质
	乙酰基转移酶	芳胺类与乙酰 CoA 的乙酰基结合	胞质
	甲基转移酶(SMA 供体)	胺类→甲基化后灭活	微粒体、胞质

1. 第一相反应——氧化、还原及水解反应

大多数毒物、药物等进入肝细胞后，常先进行氧化反应，有些可被水解，少数物质被还原。经过氧化、还原和水解作用，一般能使非极性的化合物产生带氧的极性基团，从而使其水溶性增加，以便于排泄，同时也改变了药物或毒物分子原有的功能基团，或产生新的功能基团使毒物解毒或活化，某些药物的药理活性发生变化。

（1）氧化反应

在肝细胞的微粒体、线粒体及胞液中含有参与生物转化的不同的氧化酶系，包括加单氧酶系、单胺氧化酶系及脱氢酶系。

① 细胞色素 P_{450} 加单氧酶系　该酶存在肝细胞微粒体中，是氧化异源物的最重要酶系，又称混合功能氧化酶，催化脂溶性物质从分子氧中接受一个氧原子，生成羟基化合物或环氧化合物。反应式如下：

$$RH + NADPH + H^+ + O_2 \longrightarrow ROH + NADP^+ + H_2O$$

进入人体的外来化合物约一半以上经此系统氧化。加单氧酶的羟化作用不仅增加药物或毒物的水溶性，有利于排泄，而且是许多物质代谢不可缺少的步骤。有些致癌物质经氧化后丧失其活性，而有些本来无活性的物质经氧化后生成有毒或致癌物质。例如，多环芳烃经加单氧酶作用生成的环氧化合物是致癌物质，需经进一步的生物转化，如可待因在体内转化可生成吗啡。

② 单胺氧化酶系 存在于线粒体外膜的单胺氧化酶（MAO）是另一类参与生物转化的氧化酶类。它是一种黄素蛋白，可催化内源性胺类（如组胺、酪胺、5-羟色胺和腐胺等）和外源性胺类（如苯胺、苯乙醇胺、伯胺喹啉等）氧化脱氨基生成相应的酸，后者进一步在胞液中醛脱氢酶催化下氧化成酸。反应式如下：

$$RCH_2NH_2 + O_2 + H_2O \longrightarrow RCHO + NH_3 + H_2O_2$$

③ 醇脱氢与醛脱氢酶系 肝细胞内含有非常活跃的醇脱氢酶（ADH），可催化醇类（如乙醇）氧化成醛，后者再经醛脱氢酶（SALDH）作用可进一步氧化成酸。大量饮酒会经 ADH 和微粒体乙醇氧化系统（乙醇 P_{450} 加单氧酶）将乙醇氧化为乙醛，有 90% 以上在 ALDH 催化进行进一步氧化成乙酸。反应式如下：

$$CH_3CH_2OH \xrightarrow[NAD^+ \quad NADH+H^+]{醇脱氢酶} CH_3CHO \xrightarrow[H_2O+NAD^+ \quad NADH+H^+]{醛脱氢酶} CH_3COOH$$

（2）还原反应

肝细胞微粒体中主要有偶氮还原酶类和硝基还原酶类，均为黄素蛋白酶类，可分别催化硝基化合物（多见于工业试剂、杀虫剂、食品防腐剂等）和偶氮化合物（常见于食品色素、化妆品、药物、纺织品与印刷工业）生成相应的胺类。如硝基苯经还原反应生成苯胺，苯胺再在单胺氧化酶的作用下，生成相应的酸：

〇—NO₂ → 〇—NO → 〇—NHOH → 〇—NH₂
硝基苯　　　亚硝基苯　　　N-羟基苯胺　　　苯胺

（3）水解反应

肝细胞的胞液与微粒体中含有多种水解酶类，可将脂类（普鲁卡因）、酰胺类（异丙异菸肼）和糖苷类化合物（洋地黄毒苷）水解，以减低或消除其生物活性，这些水解产物通常还需要进一步经其他反应才能排出体外。如普鲁卡因和乙酰水杨酸的水解：

普鲁卡因 —脂解/H₂O→ 对氨基苯甲酸 + HOCH₂CH₂N(C₂H₅)₂ 二乙氨乙醇

乙酰水杨酸 —水解→ 水杨酸 —氧化→ 羟基水杨酸 —结合反应→ 排出体外

2. 第二相反应——结合反应

有机毒物或药物，特别是具有极性基团的物质，不论是否经过氧化、还原及水解反应，大多要与体内其他化合物或基团相结合，从而遮盖药物或毒物分子中的某些功能基团，使它们的生物活性、分子大小以及溶解度等发生改变，这就是生物转化中的结合反应。肝细胞内含有许多催化结合反应的酶类。凡含有羟基、羧基或氨基的药物、毒物或激素均可与葡萄糖醛酸、硫酸、谷胱甘肽、甘氨酸等发生结合反应，或进行酰基化和甲基化等反应。结合反应往往属于耗能反应，它在保护有机体不受外来异物侵害、维持内环境稳定方面具有重要意义。结合反应可在肝细胞的微粒体、胞液和线粒体内进行，不同形式的结合反应由肝内特异的酶系所催化。常见的结合反应有葡萄糖醛酸结合、硫酸结合、乙酰基结合、甘氨酰基结合、甲基结合、谷胱甘肽结合及水化等。与葡萄糖醛酸、硫酸和酰基的结合反应最为重要，尤以葡萄糖醛酸的结合反应最为普遍。

(1) 葡萄糖醛酸结合

葡萄糖醛酸结合是体内最重要和最普遍的结合反应。据研究统计，有数千种亲脂的内源物和外源物可与葡萄糖醛酸结合。葡萄糖醛酸的供体是 UDP 葡萄糖醛酸（UDPGA），在肝细胞的内质网有葡萄糖醛酸基转移酶（UGT），催化 UDPGA 中的葡萄糖醛酸基转移到底物—OH、—COOH、—SH 或—NH$_2$ 上，生成 β-D-葡萄糖醛酸苷，使其水溶性增加，便于从胆汁和尿中排出。有的底物分子可以结合 2 分子葡萄糖醛酸，如胆红素。苯酚的反应如下：

$$\text{苯酚—OH} + \text{UDPGA} \xrightarrow{\text{葡萄糖醛酸基转移酶}} \text{苯-β-葡萄糖醛酸苷—O—GA} + \text{UDP}$$

(2) 硫酸结合

很多含有—OH 的异源物，如醇类、胆汁酸和各种酚类（甲状腺素、异丙肾上腺素、酪胺、甲基多巴等）都可通过与硫酸结合而生成硫酸酯，增加其水溶性，易于从肝、肾排出。3′-磷酸腺苷 5′-磷酸硫酸（PAPS）是硫酸的供体。肝细胞有硫酸转移酶催化。如雌酮经此反应而灭活，反应如下：

$$\text{雌酮 (HO—)} \xrightarrow[\text{PAPS} \quad \text{PAP}]{\text{硫酸转移酶}} \text{雌酮硫酸酯 (HO}_3\text{SO—)（灭活的雌酮）}$$

(3) 乙酰基结合

乙酰辅酶 A 是乙酰基的直接供体，肝细胞含有乙酰转移酶，催化乙酰辅酶 A 分子中的乙酰基与芳香胺类的氨基结合，形成相应的乙酰化合物。如磺胺药在体内的转化，反应如下：

$$\text{H}_2\text{N—}\bigcirc\text{—SO}_2\text{—NHR} + \text{H}_3\text{C—}\overset{\text{O}}{\text{C}}\text{—SCoA} \longrightarrow \text{H}_3\text{C—}\overset{\text{O}}{\text{C}}\text{—NH—}\bigcirc\text{—SO}_2\text{—NHR} + \text{CoASl}$$

磺胺　　　　　　　　　　　　　　　　　　　　N-乙酰磺胺

(4) 甲基结合

肝细胞含有各种甲基转移酶，以 S-腺苷蛋氨酸（SAM）为甲基供体，催化含有氧、氮、硫等亲核基团的化合物的甲基化反应而被代谢。

二、生物转化作用的特点

(1) 反应的连续性

非营养物质在体内的转化，少数非营养物质只需一步反应就可以被排出体外，大多数非营养物质往往需要经过几步反应，才能被排出体外。如解热药乙酰水杨酸，先经过水解生成水杨酸和乙酸，水杨酸再经过氧化和结合反应，然后被排出体外。

(2) 反应类型的多样性

同一种非营养物质可进行多种不同的生物转化反应，生成不同的产物而排出体外。如乙酰水杨酸水解生成水杨酸，水杨酸可与甘氨酸结合生成水杨酰甘氨酸，也可与葡萄糖醛酸结合生成 β-葡萄糖酸苷，还可羟化生成羟基化合物。

(3) 解毒与致毒的双重性

有些非营养物质经生物转化后其毒性降低（解毒），但也可能增强（致毒）。黄曲霉毒素 B_1 经加单氧酶作用生成的黄曲霉毒素 $B_{2,3}$-环化物，可与 DNA 分子中鸟嘌呤结合，引起 DNA 突变。所以黄曲霉毒素是致癌的重要危险因子。

三、影响生物转化作用的因素

生物转化作用受年龄、性别、肝脏疾病及药物等体内外各种因素的影响。

新生儿肝中生物转化酶发育不全，对药物及毒物的转化能力不足，易发生药物及毒素中毒，新生儿高胆红素血症与缺乏 UDPGA 转移酶有关，此酶活性在出生 5~6 天后才开始升高，1~3 个月后接近成人水平。老年人因器官退化，对氨基吡啉等的药物转化能力降低，用药后药效较强，副作用较大。此外，某些药物或毒物可诱导转化酶的合成，使肝脏的生物转化能力增强，称为药物代谢酶的诱导。例如，长期服用苯巴比妥，可诱导肝微粒体加单氧酶系的合成，从而使机体对苯巴比妥类催眠药产生耐药性。同时，由于加单氧酶特异性较差，可利用诱导作用增强药物代谢和解毒，如用苯巴比妥治疗地高辛中毒。苯巴比妥还可诱导肝微粒体 UDP-葡萄糖醛酸转移酶的合成，故临床上用来治疗新生儿黄疸。另一方面由于多种物质在体内转化代谢常由同一酶系催化，同时服用多种药物时，可出现竞争同一酶系而相互抑制其生物转化作用。临床用药时应加以注意，如保泰松可抑制双香豆素的代谢，同时服用时双香豆素的抗凝作用加强，易发生出血现象。

肝实质性病变时，微粒体中加单氧酶系和 UDP-葡萄糖醛酸转移酶活性显著降低，加上肝血流量的减少，病人对许多药物及毒物的摄取、转化发生障碍，易积蓄中毒，故在肝病患者用药时要特别慎重。

第三节 胆色素代谢

体内含铁卟啉的化合物主要是血红蛋白，此外还有肌红蛋白、过氧化氢酶、过氧化物酶和细胞色素。胆色素 (bile pigment) 是体内铁卟啉化合物的主要分解代谢产物，包括胆红素 (bilirubin)、胆绿素 (biliverdin)、胆素原 (bilinogen) 和胆素 (bilin)。这些化合物主要随胆汁排出体外。胆红素是人胆汁的主要色素，呈橙黄色。胆红素的毒性作用可引起大脑不可逆的损害。胆红素的代谢是临床上颇感兴趣的课题，肝是胆红素代谢的主要器官，有关胆红素的知识对于认识肝病具有重要意义。

胆红素主要来自血红蛋白的分解。衰老的红细胞在单核吞噬细胞系统被破坏，释放出血红蛋白。血红蛋白分解为珠蛋白和血红素。血红素在一系列酶的催化作用下，还原生成胆红素。所以本节先从血红素的化学开始。

一、血红素的化学

1. 血红素的合成

血红素 (heme) 是一种铁卟啉化合物，它是血红蛋白、肌红蛋白、细胞色素、过氧化物酶等的辅基。体内各种细胞均可合成血红素，且合成通路相同，但合成的主要器官是肝和骨髓。参与血红蛋白组成的血红素主要在骨髓的幼红细胞和网织红细胞中合成。成熟红细胞因不含线粒体，所以不能合成血红素。

(1) 合成原料及部位

血红素合成的基本原料是甘氨酸、琥珀酰辅酶 A 及 Fe^{2+}。合成的开始和终产物的生成阶段在线粒体内进行，中间阶段则在胞液中进行。成熟红细胞因不含线粒体，故不能合成血红素。

(2) 合成过程

血红素的合成过程分为如下四个步骤。

① δ-氨基-γ-酮戊酸（δ-aminplevulinic acid，ALA）的生成　在线粒体内，首先由甘氨酸和琥珀酰辅酶 A 在 ALA 合酶的催化下缩合生成 ALA。ALA 合酶由两个亚基组成，每个亚基相对分子质量为 60000。其辅酶为磷酸吡哆醛。此酶是血红素合成的限速酶，受血红素的反馈调节。

② 胆色素原的生成　ALA 生成后从线粒体进入胞液，在 ALA 脱水酶的催化下，2 分子 ALA 脱水缩合成 1 分子胆色素原。

③ 尿卟啉原Ⅲ和粪卟啉原Ⅲ的生成　在胞液中，4 分子胆色素原由尿卟啉原Ⅰ同合酶、尿卟啉原Ⅲ同合酶、尿卟啉原Ⅲ脱羧酶催化，经线状四吡咯、尿卟啉原Ⅲ，最终生成粪卟啉原Ⅲ。

$$4 \times 胆色素原 \xrightarrow[\text{同合酶}]{\text{尿卟啉原Ⅰ}} 线状四吡咯 \xrightarrow[\text{同合酶}]{\text{尿卟啉原Ⅲ}} 尿卟啉原Ⅲ \xrightarrow[\text{脱羧酶}]{\text{尿卟啉原Ⅲ}} 粪卟啉原Ⅲ$$

④ 血红素的生成　胞液中生成的粪卟啉原Ⅲ再进入线粒体中，在粪卟啉原Ⅲ氧化脱羧酶作用下，生成原卟啉原Ⅸ，再经原卟啉原Ⅸ氧化酶催化生成原卟啉Ⅸ，最后在亚铁螯合酶催化下和 Fe^{2+} 结合生成血红素。血红素生成后从线粒体转运到胞液，在骨髓有核红细胞及网织红细胞中，与珠蛋白结合成为血红蛋白。

(3) 血红素生物合成的调节

血红素的合成受多种因素的调节，其中最主要的调节步骤是 ALA 的生成。

① ALA 合酶　它是血红素合成体系的限速酶，受血红素的反馈抑制调节。如果血红素的合成速度大于珠蛋白的合成速度，过多的血红素可以氧化成高铁血红素，后者对 ALA 合酶也具有强烈抑制作用。

② 红细胞生成素　红细胞生成素（EPO）主要由肾合成，能刺激有丝分裂，促进红系祖细胞的增殖，并可促进网织红细胞的释放，提高红细胞的抗氧化功能。EPO 在某些生理或病理条件下，其体内含量会有变化，在输入过量红细胞时，EPO 会下降，在再生障碍性贫血患者血中，EPO 的浓度较正常人要高许多。

③ 性激素的影响　雄性激素刺激 EPO 的产生，如睾酮能刺激 EPO、ALA 合酶的合成，所以能促进血红素的合成；睾酮还能刺激骨髓，促进红细胞的生成。故临床常用丙酸睾酮及衍生物治疗再生障碍性贫血。雌激素抑制红细胞的生成，小剂量的雌激素能降低红系祖细胞对 EPO 的反应。

④ 叶酸和维生素 B_{12} 的影响　叶酸和维生素 B_{12} 缺乏时一碳单位代谢和核苷酸代谢障碍，引起红细胞 DNA 合成受阻，红细胞体积变大，核内染色质疏松，引起巨幼细胞贫血。

⑤ 杀虫剂、致癌物及药物　这些物质均可诱导肝 ALA 合酶的合成。因这些物质在肝细胞内进行生物转化时，需要细胞色素 P_{450}，该酶含有血红素辅基，通过增加肝 ALA 合酶以适应生物转化的要求。

2. 血红素的分解代谢

血红素在体内分解代谢的主要产物是胆色素。胆色素是铁卟啉化合物在体内分解代谢的产物，它包括胆红素、胆绿素、胆素原和胆素等化合物。其中，除胆素原族化合物无色外，其余均有一定颜色，故统称胆色素。胆色素的主要成分是胆红素，胆红素是胆汁中的主要色素，呈橙黄色，有毒性，可引起脑组织不可逆性损害。所以胆色素代谢以胆红素代谢为中心，肝脏在胆色素代谢中起着重要作用。

(1) 胆红素的来源与生成

体内含卟啉的化合物有血红蛋白、肌红蛋白、过氧化物酶、过氧化氢酶及细胞色素等。成人每日产生 250~350mg 胆红素。其中 80% 是衰老红细胞中血红蛋白的辅基血红素降解而产生；小部分来自血红素蛋白质（如细胞色素 P_{450}、细胞色素 b_5、过氧化氢酶等）的酶类分解；极小部分由造血过程中，骨髓内作为造血原料的血红蛋白或血红素，在未成为成熟红细胞成分之前有少量分解，即无效造血所产生的胆红素。

体内红细胞的寿命120天，衰老的红细胞由于细胞膜的变化被网状内皮细胞识别并吞噬，在肝、脾及骨髓等网状内皮细胞中，血红蛋白被分解为珠蛋白和血红素。血红素在微粒体中血红素加氧酶催化下，血红素原卟啉Ⅸ环上的α-次甲基桥（=CH—）的碳原子两侧断裂，使原卟啉Ⅸ环打开，并释出CO、Fe^{3+}和胆绿素Ⅸ。Fe^{3+}可被重新利用，CO可排出体外。线性四吡咯的胆绿素进一步在胞液中胆绿素还原酶（辅酶为NADPH）的催化下，迅速被还原为胆红素。血红素加氧酶是胆红素生成的限速酶，需要O_2和NADPH参加，受底物血红素的诱导，而同时血红素又可作为酶的辅基起活化分子氧的作用（见图9-6）。

图9-6 胆红素的生成过程

（2）胆红素在血液中的运输

在生理pH条件下，胆红素是难溶于水的脂溶性物质，在网状内皮细胞中生成的胆红素能自由透过细胞膜进入血液，在血液中主要与血浆清蛋白结合成"胆红素-清蛋白"复合物进行运输。这种结合增加了胆红素在血浆中的溶解度，便于运输，同时又限制胆红素自由透过各种生物膜，使其不致对组织细胞产生毒性作用，每个清蛋白分子上有一个高亲和力结合部位和一个低亲和力结合部位。每分子清蛋白可结合两分子胆红素。在正常人每100mL血浆的血浆清蛋白能与20~25mg胆红素结合，而正常人血浆胆红素浓度仅为0.1~1.0 mg/dL，所以正常情况下，血浆中的清蛋白足以结合全部胆红素。但某些有机阴离子如磺胺类、脂肪酸、胆汁酸、水杨酸等可与胆红素竞争与清蛋白的结合，从而使胆红素游离出来，增加其透入细胞的概率。过多的游离胆红素可与脑部基底核的脂类结合，并干扰脑的正常功能，称胆红素脑病或核黄疸。因此，在新生儿高胆红素血症时，对多种有机阴离子药物必须慎用。

（3）肝脏对胆红素的摄取、转化及排泄

① 肝细胞对胆红素的摄取　与清蛋白结合的胆红素在肝细胞膜血窦域分解出游离的胆红素，并被肝细胞摄取。肝细胞摄取血中胆红素的能力很强。实验证明，注射具有放射性的

胆红素后，大约只需18min就可从血浆中清除50%。肝脏能迅速从血浆中摄取胆红素，是由于肝细胞浆中两种载体蛋白（Y蛋白和Z蛋白）所起的重要作用。主要是与Y蛋白结合，当Y蛋白结合饱和时，Z蛋白的结合才增多。这种结合使胆红素不能返流入血，从而使胆红素不断进入肝细胞内。胆红素被载体蛋白结合后，即以"胆红素-Y蛋白"（胆红素-Z蛋白）形式送至内质网。这是一个耗能的过程，而且是可逆的。如果肝细胞处理胆红素的能力下降，或者生成胆红素过多，超过了肝细胞处理胆红素的能力，则已进入肝细胞的胆红素还可返流入血，使血中胆红素水平增高。

Y蛋白是一种碱性蛋白，由分子量为22000和27000的两个亚基组成，约占肝细胞胞液蛋白质总量的5%。它也是一种诱导蛋白，苯巴比妥可诱导Y蛋白的合成。甲状腺素、溴酚磺酸钠（BSP）和靛青绿（ICG）等可竞争结合Y蛋白，影响胆红素的转运。Y蛋白能与上述多种物质结合，故又称"配体结合蛋白"。由于新生儿在出生7周后Y蛋白才达到成人正常水平，故易产生生理性的新生儿非溶血性黄疸，临床上可用苯巴比妥治疗。Z蛋白是一种酸性蛋白，分子量为12000，与胆红素亲和力小于Y蛋白。当胆红素浓度较低时，胆红素优先与Y蛋白结合。在胆红素浓度高时，则Z蛋白与胆红素的结合量增加。

非脂型胆红素与清蛋白结合后分子量变大，不能经肾小球滤过而随尿液排出，故尿中无此胆红素。由于此胆红素必须加入乙醇后才能与重氮试剂反应，所以称为间接胆红素，又因该胆红素未进入肝进行生物转化的结合反应，故又称未结合胆红素。

② 肝细胞对胆红素的转化作用　肝细胞对胆红素的转化在滑面内质网上进行。肝细胞内质网中有胆红素-尿苷二磷酸-葡萄糖醛酸基转移酶（UGT），它可催化胆红素与葡萄糖醛酸结合，生成葡萄糖醛酸胆红素，称脂型（结合）胆红素。因其能与重氮试剂直接迅速起反应，所以又称为直接胆红素。由于胆红素分子中有两个羧基，可结合两分子葡萄糖醛酸或单葡萄糖醛酸，故可形成胆红素葡萄糖醛酸一酯和胆红素葡萄糖醛酸二酯。在人胆汁中主要以胆红素葡萄糖醛酸二酯（占70%～80%）为主，其次为胆红素葡萄糖醛酸一酯，也有小部分与硫酸根、甲基、乙酰基、甘氨酸等结合。

结合胆红素较未结合胆红素脂溶性弱而水溶性增强，与血浆白蛋白亲和力减小，故易从胆道排出，也易透过肾小球从尿排出。但不易通过细胞膜和血脑屏障，因此不易造成组织中毒，是胆红素解毒的重要方式，又有利于从胆道排泄。两种胆红素的区别见表9-3。

表9-3　两种胆红素性质的比较

性　　质	游离（未结合）胆红素	结合胆红素
别名	间接胆红素、血胆红素	直接胆红素、肝胆红素
水溶性	小	大
脂溶性	大	小
与清蛋白亲和力	大	小
能否透过肾小球	不能	能
经肾随尿排出	不能	能
对细胞膜的透过及毒性	大	小
与重氮试剂反应	间接反应	直接反应
与葡萄糖醛酸结合	未结合	结合

③ 肝脏对胆红素的排泄作用　胆红素在内质网经结合转化后，在细胞质内经过高尔基

复合体、溶酶体等作用，运输并排入毛细胆管随胆汁排出。毛细胆管内结合胆红素的浓度远高于细胞内浓度，故胆红素由肝内排出是一个逆浓度梯度的耗能过程，也是肝脏处理胆红素的一个薄弱环节，容易受损。当肝细胞损伤时，可由于结合型胆红素的排泄障碍而造成肝细胞淤滞性黄疸。由于肝细胞内有亲和力强的胆红素载体蛋白及葡萄糖醛酸基转移酶，因而不断地将胆红素摄取、结合、转化及排泄，保证了血浆中的胆红素不断地经肝细胞而被清除。

（4）胆红素在肠管中的变化及其肠肝循环

结合胆红素随胆汁排入肠道后，自回肠下段至结肠，在肠道细菌作用下，由 β-葡萄糖醛酸酶催化水解脱去葡萄糖醛酸，生成未结合胆红素，后者再逐步还原成为无色的胆素原族化合物，即中胆素原、粪胆素原及尿胆素原。粪胆素原在肠道下段或随粪便排出后经空气氧化，可氧化为棕黄色的粪胆素，它是正常粪便中的主要色素。正常人每日从粪便排出的胆素原为40～80mg。当胆道完全梗阻时，因结合胆红素不能排入肠道，不能形成粪胆素原及粪胆素，粪便则呈灰白色，临床上称之为白陶土样便。

生理情况下，肠道中有10%～20%的胆素原可被重吸收入血，经门静脉进入肝脏。其中大部分（约90%）由肝脏摄取并以原形经胆汁分泌排入肠腔。此过程称为胆素原的肠肝循环（bilinogen enterohepatic circulation）。少量（10%）胆素原可进入体循环，可通过肾小球滤出，由尿排出，即为尿胆素原。正常成人每天从尿排出的尿胆素原为0.5～4.0mg，尿胆素原在空气中被氧化成尿胆素，是尿液中的主要色素，尿胆素原、尿胆素及尿胆红素临床上称为尿三胆（见图9-7）。

图 9-7　胆红素的生成及代谢示意图

二、胆红素与黄疸

正常人血清中胆红素的总量3.4～17μmol/L(0.2～1mg/dL)，其中未结合型约占4/5，其余为结合胆红素。凡能引起胆红素的生成过多，或使肝细胞对胆红素处理能力下降的因素，均可使血中胆红素浓度增高，称高胆红素血症（hyperbilirubinemia）。胆红素是金黄色，当血清中浓度高时，则可扩散入组织，组织被染黄，称为黄疸（jaundice）。特别是巩膜或皮肤，因含有较多弹性蛋白，后者与胆红素有较强亲和力，故易被染黄。黏膜中含有能与胆红素结合的血浆清蛋白，因此也能被染黄。黄疸程度与血清胆红素的浓度密切相关。一般血清中胆红素浓度超过 $34\mu mol/L$ 时，肉眼可见组织黄染，称为显性黄疸；血清胆红素浓度在 $34\mu mol/L$ 以内时，肉眼尚观察不到巩膜或皮肤黄染，称为隐性黄疸。凡能引起胆红素代谢障碍的各种因素均可形成黄疸。根据其成因大致可分三类。

(1) 溶血性黄疸（肝前性黄疸）

因红细胞大量破坏，网状内皮系统产生的胆红素过多，超过肝细胞的处理能力，因而引起血中未结合胆红素浓度异常增高所致。其特征为：血清非脂型胆红素浓度异常增高，脂型胆红素浓度改变不大，与重氮试剂间接反应阳性，尿胆素原升高，尿胆红素阴性。见于恶性疟疾、某些药物及输血不当等均可造成溶血性黄疸。

(2) 肝细胞性黄疸（肝原性黄疸）

因肝细胞功能障碍，对胆红素的摄取、结合、转化及排泄能力下降所引起的高胆红素血症。其特征为：临床检验血清与重氮试剂呈双相反应阳性，尿胆素原升高，尿胆红素阳性。肝细胞性黄疸常见于肝实质性疾病，如各肝炎、肝肿瘤等。

(3) 梗阻性黄疸（肝后性黄疸）

因胆红素排泄的通道受阻，使胆小管或毛细胆管压力增高而破裂，胆汁中胆红素返流入血而引起的黄疸。其特征为：血清脂型胆红素浓度升高，非脂型胆红素浓度无明显改变，与重氮试剂直接反应阳性，尿胆素原减少，尿胆红素强阳性，小便颜色加深。常见于胆管炎症、肿瘤、结石或先天性胆道闭塞等疾病。各种黄疸类型血、尿、粪的变化（见表9-4）。

表 9-4 各种黄疸类型血、尿、粪中某些指标的改变

指标	正常值	溶血性黄疸	肝细胞性黄疸	阻塞性黄疸
血清胆红素				
总量	$<1mg/dL$	$>1mg/dL$	$>1mg/dL$	$>1mg/dL$
结合胆红素	$0\sim0.8mg/dL$	不变或微增	增加	显著增加
游离胆红素	$<1mg/dL$	显著增加	增加	不变或微增
尿液				
尿胆红素	无	无	有	有
尿胆素原	少量	显著增加	不定	减少或无
粪便颜色	黄色	加深	变浅或正常	变浅,完全阻塞时陶土色

考点提示 黄疸的概念及类型，三型黄疸的区别、特征

第四节 肝病的临床生化

一、肝硬化

1. 临床表现

肝硬化是慢性肝病的晚期表现，主要由病毒性肝炎和慢性酒精中毒等疾病演变而来，其病理特点烛肝细胞坏死、弥漫性纤维组织增生，导致肝结构破坏，形成纤维包绕的异常肝细胞结节（假小叶）。肝硬化病人因正常肝细胞明显减少，导致肝的多种生物化学功能紊乱而出现一系列临床表现。肝硬化时糖原合成减少，糖异生作用减弱，对血糖浓度的调节作用降

低，容易出现低血糖；肝线粒体减少，生物氧化功能减弱，可导致乳酸、丙酮酸等酸性物质在体内聚集；脂类代谢紊乱主要表现为胆固醇合成减少，引起血胆固醇尤其是胆固醇酯降低；肝合成血浆蛋白质减少，引起血浆胶体渗透压下降而导致水肿和腹水；多种凝血因子合成减少引起出血倾向；各种酶生成减少，鸟氨酸循环减弱，尿酸合成减少引起血氨升高，血氨明显升高时可发展肝性脑病；对激素的灭活功能降低引起血液激素水平升高，雌激素增高引起性功能降低和男性女性化或女性男性化的表现，雌激素引起毛细血管扩张导致蜘蛛痣；血醛固酮浓度增加引起血容量增加可加重水肿；对维生素的合成和转化能力下降，导致多种维生素缺乏症；对胆红素的摄取、转化和排泄能力降低可引起血清胆红素浓度增高甚至出现黄疸。如肝硬化进一步发展，上述各种症状和体征可明显加重，最后发展为肝性脑病等。

2. 生物化学指标异常

肝硬化病人常见的生化检测异常有：①血清白蛋白降低而球蛋白升高，A/G 比值降低或倒置；②血清结合型及未结合型胆红素升高；③血 ALT 轻至中度升高；④多种凝血因子减少，凝血时间延长；⑤碱性磷酸酶、5-核苷酸酶、亮氨酸氨肽酶可因胆汁淤积而上升；⑥血氨升高；⑦BUN 降低；⑧红细胞和血红蛋白减少。此外，肝硬化病人还有其他的多种检查异常。

二、酒精性肝病

酒精性肝病是由于长期大量饮酒导致的中毒性肝损伤。最初为肝细胞脂肪变性，进而发展为肝炎、肝纤维化，最终导致肝硬化。孕妇长期饮酒可造成胎儿乙醇综合征，影响胎儿的生长发育。

1. 乙醇的代谢途径

饮酒后，乙醇可被胃（吸收30%）和小肠上段（吸收70%）迅速吸收。进入体内的乙醇有90%～98%在肝内进行生物转化，有2%～10%随尿及呼气排出。乙醇在肝内主要通过乙醇/乙醛脱氢酶（ADH/ALDH）催化的乙醇氧化体系和微粒体乙醇氧化体系两条途径进行代谢。

（1）乙醇氧化体系

先后在胞液和线粒体进行。乙醇首先在胞液内由 ADH 催化生成乙醛，然后进入线粒体经 ALDH 作用生成乙酸，乙酸可进一步代谢。

$$CH_3CH_2OH + NAD^+ \xrightarrow{ADH} CH_3CHO + NADH + H^+$$

$$CH_3CHO + NAD^+ + H_2O \xrightarrow{ALDH} CH_3COOH + NADH + H^+$$

（2）微粒体乙醇氧化体系

微粒体乙醇氧化体系（MEOS）是乙醇-P_{450} 单加氧酶，产物是乙醛，仅在血中乙醇浓度高时起作用。

$$CH_3CH_2OH + NADPH + H^+ + O_2 \xrightarrow{MEOS} CH_3CHO + NADP^+ + 2H_2O$$

2. 乙醇对肝细胞的毒性作用

（1）导致代谢紊乱

乙醇可造成蛋白质、糖、脂肪、维生素及药物等代谢障碍。催化乙醇氧化的醇脱氢酶和醛脱氢酶，其辅酶均为 NAD^+，在乙醇氧化过程中被还原为 NADH。因此，乙醇氧化会造成 $NADH/NAD^+$ 比值增大，过多的 NADH 可使胞液中的丙酮酸还原成乳酸，长期而严重的酒精中毒导致乳酸和乙酸堆积，可引起酸中毒和电解质紊乱。酸中毒不利于尿酸的排泄，因而可继发高尿酸血症。丙酮酸减少使糖异生原料减少，同时由于肝糖原储存不足，因而容易发生乙醇性低血糖。由于乙醇作用于肠道使维生素吸收减少，乙醇性肝损伤后，肝对维生素的摄取、转化能力下降，因而可引起维生素缺乏症。乙醇可抑制蛋白质的合成及氨基酸的氧化。乙醇还可竞争性抑制药物代谢酶，容易引起药物中毒。

体内过量的乙醇可引起脂肪合成增加和氧化减少。一次大量摄取乙醇，通过儿茶酚胺的作用可引起周围组织脂肪动员加强，大量游离脂肪酸入肝用于脂肪的合成。过多的NADH，一方面有利于磷酸二羟丙酮还原为α-磷酸甘油，另一方面抑制三羧酸循环和氧化磷酸化，使乙酰CoA过剩，脂肪合成的原料增加，肝细胞内脂肪合成增多。过多的NADH可抑制脂肪酸的氧化，使脂肪在肝内堆积。

（2）造成营养缺乏

长期饮酒者对胆碱、B族维生素及维生素A的需求量增加，且由于正常饮食结构发生改变，因此常有蛋白质、维生素和其他营养物质的缺乏。

（3）引起脂肪肝、肝炎和肝硬化

如上所述，肝内脂肪堆积过多即引起脂肪肝。乙醇对肝的损害首先引起肝细胞脂肪变性，在饮酒数日后即可发生，但戒酒后可完全恢复。

酒精性肝炎主要表现为肝细胞损伤和坏死，是由乙醇和乙醛直接或间接引起。乙醇在肝内代谢的中间物质是乙醛，其性质活泼具有毒性效应：①乙醇可引起肝细胞线粒体损伤和肝细胞坏死，使肝三羧酸循环、脂肪酸β-氧化和氧化磷酸化作用减弱；②乙醛与蛋白质结合形成乙醛-蛋白质复合物，可干扰不同酶的活性，影响肝细胞物质代谢和细胞膜的完整性，损伤肝细胞；③乙醇可催化脂质过氧化产生羟乙基自由基，后者可进一步促进脂质过氧化，引起肝损伤；④乙醇引起肝的代谢率增加，导致耗氧量增加，缺氧则促进肝细胞坏死；⑤营养缺乏使肝细胞耐受酒精毒性能力下降，易于出现肝损害。

乙醇内含铁较多，铁质可刺激纤维增生，因此长期大量饮酒可引起肝硬化。

值得提及的是，在东方人群中，有30%～40%的人的ALDH活性低下，饮酒后乙醛转变为乙酸的速度较慢而在体内堆积，此为酒后血管扩张、面部潮红、心动过速、脉搏加快等反应的重要原因。

（4）引起胎儿乙醇综合征

胎儿乙醇综合征是由于妊娠时母亲饮酒造成的胎儿发育异常，主要表现为中枢神经系统和心脏发育异常。出生后具有特征性容貌及畸形，最常见的是小颅症，伴智力低下、精神障碍、共济失调、癫痫发作。心脏发育异常主要有室间隔缺损、法氏四联征等。异常程度与母亲饮酒量有关。

三、肝性脑病

肝性脑病又称肝昏迷，是由严重肝病（如各种病因引起的肝硬化、急性重症肝损害和原发性肝癌等）引起的代谢为基础的中枢神经系统功能紊乱，临床上以意识障碍、行为失常和昏迷为主要表现。肝性脑病的发病机制一般认为是毒物积聚和机体代谢严重紊乱协同作用所致。

1. 氨中毒学说

认为血氨浓度增高导致肝性脑病。正常人氨的来源和去路保持动态平衡，血氨含量甚微。当氨的生成增多而清除不足时，可使血氨水平升高。过量的氨通过血脑屏障进入脑内，作为神经毒素诱发肝性脑病。

(1) 氨清除减少，生成增多

正常情况下，体内氨的主要去路是在肝脏经鸟氨酸循环合成尿素而排泄。肝功能严重障碍时，肝鸟氨酸循环反应的酶明显减少，导致鸟氨酸循环障碍，尿素合成减少而引起血氨升高。

肝功能障碍时，有许多导致氨产生过多的因素：①肝硬化病人常出现上消化道出血，血液蛋白质在肠道细菌作用下产生大量氨。②肝硬化门脉高压造成胃肠黏膜淤血、水肿，对蛋白质的消化、吸收能力减弱，肠道内蛋白质腐败作用加强产氨增多。③严重肝病常合并肾功能不全而发生氮质血症，尿素排入肠腔增多，在细菌作用下分解产氨增多。氨容易吸收入血，使血氨升高。④肝昏迷前，腺苷酸分解增强，肌肉产氨增多。

(2) 干扰大脑能量代谢

大脑皮质是人类精神和意识活动的高级中枢，皮质细胞本身的代谢和功能正常是保持意识清醒和精神正常的基本条件。血氨增多时，氨透过血脑屏障进入脑组织干扰能量代谢，使大脑 ATP 生成减少和消耗过多，导致大脑能量不足引起中枢神经系统功能紊乱，最终导致昏迷。氨大量进入脑组织可引起一系列生物化学紊乱：①氨抑制丙酮酸脱氢酶活性，致丙酮酸氧化脱羧转变为乙酰 CoA 和 NADH（H^+）的量减少，使三羧酸循环发生障碍，ATP 产生减少；②大脑在解毒过程中，氨与 α-酮戊二酸结合形成谷氨酸，然后谷氨酸再与氨结合生成谷氨酰胺，反应过程中大量消耗 α-酮戊二酸和 ATP。

(3) 改变大脑兴奋性和抑制性神经递质的平衡

正常状态下，脑内兴奋性神经递质与抑制性神经递质保持平衡。氨大量进入脑内，可造成兴奋性神经递质减少而抑制性神经递质增多，从而对大脑的抑制作用加强，引起肝昏迷。①谷氨酸和乙酰胆碱是大脑的兴奋性神经递质。氨进入大脑与谷氨酸结合形成谷氨酰胺时，使谷氨酸减少；氨可抑制丙酮酸氧化脱羧，使乙酰 CoA 生成减少，结果乙酰 CoA 与胆碱结合生成的乙酰胆碱减少。②GABA 是大脑的抑制性神经递质。氨抑制 GABA 转氨酶，使 GABA 不能转化为琥珀酸而进入三羧酸循环，结果使 GABA 在脑内蓄积。

(4) 引起神经细胞电活动异常

脑细胞氨增多可干扰神经细胞膜 Na^+，K^+-ATP 酶活性，同时与 K^+ 有竞争性抑制作用，以致影响 Na^+、K^+ 在神经细胞膜内外的正常分布，从而不能维持正常的膜电位和细胞的兴奋性及传导等功能。

总之，氨中毒学说认为血氨升高从上述各环节干扰细胞的代谢，引起脑功能障碍，诱发肝性脑病。但是血氨水平升高并不能完全解释肝性脑病，因为部分病例血氨并没有升高，有些病情也不与血氨浓度变化相平行。因此，氨中毒不是肝性脑病的唯一发病机制，可能还有其他因素在起作用。

2. 假性神经递质学说

这一学说认为，肝性脑病的发生与某些生物胺中毒有关。严重肝病病人体内产生过多的生物胺，其化学结构与神经递质儿茶酚胺类似，但其生理效应极低，不能正常地传递冲动，故称其为假性神经递质。

(1) 血中假性神经递质生成增多

正常情况下，食物中未消化的蛋白质经肠道细菌的腐败作用生成胺类，如苯丙氨酸脱羧生成的苯乙胺和酪氨酸脱羧生成的酪胺。正常情况下，这些胺类经门静脉吸收入肝后，经肝细胞单胺氧化酶分解而被清除。但严重肝功能不全时，肝单胺氧化酶合成减少，不能有效清除胺类物质，导致血中胺类增加。肝硬化病人存在门-体分流，这些胺类可绕过肝细胞的代谢而直接进入体循环。血中蓄积的胺类通过血脑屏障进入大脑后，苯乙胺和酪胺经 β-羟化酶作用，分别转变为苯乙醇胺和 β-羟酪胺。

(2) 假性神经递质诱发肝性脑病

严重肝病时，脑内假性神经递质苯乙醇胺和 β-羟酪胺生成过多，可竞争性取代正常神经递质，抑制神经递质冲动的传递，引起中枢神经功能紊乱而诱发肝性脑病。另外，脑内过多的苯丙氨酸与酪氨酸对酪氨酸羟化酶有抑制作用，使酪氨酸转变减弱，兴奋性神经递质多巴胺和去甲肾上腺素生成减少，使抑制性神经递质的相对性作用增强而诱发肝性脑病。

3. 支链氨基酸与芳香族氨基酸比例失衡

正常血浆及脑内各种氨基酸的含量存在适当的比例。近年来证实，肝严重受损时，许多氨基酸的含量发生变化，其中主要是芳香族氨基酸（AAA）增多，支链氨基酸（BCAA）减少，二者比值可由正常的 3~3.5 下降至 0.6~1.2。

(1) 严重肝病患者 BCAA/AAA 比值降低

生理情况下，芳香族氨基酸主要在肝降解。肝功能严重障碍时，肝细胞对胰岛素和胰高血糖素的灭活能力降低，使两者浓度增高，但以胰高血糖素的增多更显著，最终血中胰岛素/胰高血糖素比值下降。其中胰高血糖素增多使组织蛋白质分解代谢增强，导致大量芳香族氨基酸释放入血。肝功能严重障碍时，肝对芳香族氨基酸的降解能力下降，同时芳香族氨基酸异生为糖的能力下降。这样，血中芳香族氨基酸来源增多而去路减少使其含量增加。

支链氨基酸的代谢主要在骨骼肌进行。胰岛素可促进肌肉组织摄取和利用支链氨基酸。肝功能严重障碍时，血中胰岛素水平升高，支链氨基酸进入肌肉增多，因而使其血中含量减少。此外，血氨升高可直接使支链氨基酸转氨基作用增强，使其氨基与 α-酮戊二酸结合形成谷氨酸，谷氨酸增多可与氨结合生成谷氨酰胺而有助于减少血氨。在这一解毒过程中，大量支链氨基酸脱氨基转化为相应的酮酸，造成支链氨基酸水平降低。

因此，支链氨基酸减少而芳香族氨基酸增多，二者的比例可明显降低。

(2) BCAA/AAA 比值降低引起肝性脑病

生理情况下，芳香族氨基酸和支链氨基酸借助同一转运载体通过血脑屏障并被脑细胞摄取，因此它们之间有竞争作用。严重肝病时，血中支链氨基酸浓度降低，使芳香族氨基酸（主要是苯丙氨酸、酪氨酸）进入脑细胞增多。增多的苯丙氨酸可抑制酪氨酸羟化酶，使正常神经递质儿茶酚胺生成减少。增多的苯丙氨酸和酪氨酸可分别转变为苯乙醇胺和 β-羟酪胺。可见，血中支链氨基酸与芳香族氨基酸比例降低可通过生成假性神经递质而诱发肝性脑病。

5-HT 是去甲肾上腺素的拮抗物。脑内色氨酸增多可引起 5-HT 增加。5-HT 主要集中于与睡眠有关的脑干中缝核，引起睡眠，故认为 5-HT 增加可能也是引起肝性脑病的重要原因之一。

简而言之，严重肝病时，血浆 BCAA/AAA 比值下降，酪氨酸、苯丙氨酸和色氨酸大量进入脑细胞，使脑内假性神经递质和抑制性神经递质增多，正常神经递质减少，从而诱发肝性脑病。

本章知识要点

1. 肝脏是生物转化的主要器官。生物转化可使营养物质的溶解度增高，易于排出体外。生物转化具有解毒和致毒的双重性。

2. 胆汁酸由胆固醇在肝脏代谢产生。胆汁酸的生理功能性是促进脂类物质消化吸收，抑制胆汁中胆固醇的析出。

3. 血红素分解的主要产物是胆色素。

4. 胆红素位于胆色素代谢的中心，有毒性。胆红素在血液中以胆红素-清蛋白复合物形式运输，在肝脏中与葡萄糖醛酸结合成胆红素-葡萄糖醛酸酯（结合胆红素），在肠道中代谢成胆素原，经肠、肾排出。

5. 过量的胆红素可扩散入组织引起黄疸。根据其发病原因分为溶血性黄疸、肝细胞性黄疸和阻塞性黄疸三类。

阅读材料　乙醇在肝内的代谢及乙醇性肝损伤

复 习 导 图

目标检测

一、名词解释

生物转化　结合胆红素　胆色素　黄疸　肠肝循环　次级胆汁酸

二、选择题

1. 下列物质中，属于初级胆汁酸的是（　　）。
   A. 石胆酸　　　　B. 胆红素　　　　C. 甘氨胆酸　　　D. 牛磺石胆酸

2. 某病人出现黄疸，检查发现其血清未结合胆红素明显升高，尿胆红素为阴性，尿和粪便中胆素原明显增多。该病人出现黄疸的原因最有可能的是（　　）。
   A. 肝硬化　　　　B. 胆结石　　　　C. 急性溶血　　　D. 急性肝炎

3. 胆固醇转变为胆汁酸的限速酶是（　　）。
   A. ALA 合酶　　　B. 25-羟化酶　　　C. 7α-羟化酶　　　D. HMG-CoA 还原酶

4. 下列哪种不是形成胆结石的原因？（　　）
   A. 肝脏合成胆汁酸能力下降
   B. 消化道丢失胆汁酸过多
   C. 胆汁酸肠肝循环中肝脏摄取胆汁酸过少
   D. 胆汁中胆固醇浓度过低

三、简答题

1. 总结肝脏在人体物质代谢中的重要作用。
2. 何谓生物转化作用？有何生理意义？
3. 举例说明生物转化反应类型主要有哪些？
4. 肝脏在胆红素的代谢中有何重要作用？
5. 简述黄疸的分类及其特征。

四、实例分析

某男，50岁，有肝硬化史，反复性昏迷发生三个月，精神有些错乱。血氨增高，转氨酶轻度增高。试分析该患者昏迷的原因。

水和无机盐代谢

第十章 水盐代谢和酸碱平衡

【学习目标】

了解体液的含量、分布；了解微量元素生理作用；掌握水的生理功能；说出体内酸性和碱性物质的来源；解释酸碱平衡的概念；知道血浆碳酸氢盐缓冲体系的缓冲作用及其与血浆pH的关系；熟悉肺、肾在调节酸碱平衡中的作用；学会运用生化指标判断酸碱平衡

第一节 体 液

水是人体最重要的组成成分之一，约占体重的60%。体内的水分称为体液，体液由水及溶解在其中的电解质、低分子有机化合物和蛋白质等组成。细胞内外各种生命活动都是在体液中进行的。机体体液容量、各种离子浓度、渗透压和酸碱度的相对恒定，是维持细胞新陈代谢和生理功能的基本保证。水和电解质平衡是通过神经-内分泌系统及相关脏器的调节得以实现的。当体内水、电解质的变化超出机体的调节能力和（或）调节系统本身功能障碍时，都可导致水、电解质代谢紊乱。临床上，水、电解质代谢紊乱十分常见，它往往是疾病的一种后果或疾病伴随的病理变化，有时也可以由医疗不当引起。严重的水、电解质代谢紊乱又是使疾病复杂化的重要原因，甚至可对生命造成严重的威胁。

一、体液的含量与分布

1. 体液的分布

以细胞膜为界，体液可分为两大部分，即细胞内液与细胞外液。由上皮细胞耗能分泌至体内某些腔隙（第三间隙）的液体，如淋巴液、消化液、脑脊液以及胸腔、腹腔、滑膜腔和眼内的液体等，统称为透细胞液，也属于细胞外液。以血管壁为界细胞外液又可分为血浆和细胞间液（又称组织液）。细胞内液是细胞进行生命活动的基质。而细胞外液是细胞进行生命活动必须依赖的外环境或称机体的内环境。

2. 体液的含量

正常成人的体液总量约为体重的60%，其中细胞内液约占体重的40%，细胞外液占体重的20%。细胞外液中血浆占体重的5%，细胞间液占体重的15%，透细胞液占体重的1%~2%。

体液含量存在着个体差异，受性别、年龄和体脂含量的影响。同等体重情况下，一般成年男性比女性多；年龄越小含量越多；瘦者比胖者多。不同年龄、性别体内各部分体液的含量见表10-1。婴幼儿的生理特性决定其具有体液总量大、细胞外液比例高、体内外水的交换率高、对水代谢的调节与代偿能力较弱的特点。老年人体液总量减少，以细胞内液减少为主。机体肌肉组织含水量高（75%~80%），脂肪组织含水量低（10%~30%），故肥胖者体液量较少。因此，婴幼儿、老年人或肥胖者若丧失体液，容易发生脱水。

表 10-1　正常人体液的分布和容量（占体重的百分比/%）

项　　目	成年人(男)	成年人(女)	儿童	婴儿	新生儿	老年人
体液总量	60	55	65	70	80	52
细胞内液	40	35	40	40	35	27
细胞外液	20	20	25	30	45	25
细胞间液	15	15	20	25	40	20
血浆	5	5	5	5	5	5

二、体液中电解质含量及特点

1. 体液中的电解质

体液中的无机盐一般以离子形式存在，又称电解质，它们在细胞内液与细胞外液的分布与含量见表10-2。

表 10-2　各种体液中的电解质含量

电解质	血浆/(mmol/L)		细胞间液/(mmol/L)		细胞内液/(mmol/L)	
	离子	电荷	离子	电荷	离子	电荷
阳离子						
Na^+	145	145	139	139	10	10
K^+	4.5	4.5	4	4	158	158
Mg^{2+}	0.8	1.6	0.5	1	15.5	31
Ca^{2+}	2.5	5	2	4	3	6
合计	152.8	156	145.5	148	186.5	205
阴离子						
Cl^-	103	103	112	112	1	1
HCO_3^-	27	27	25	25	10	10
HPO_4^{2-}	1	2	1	2	12	24
SO_4^{2-}	0.5	1	0.5	1	9.5	19
蛋白质	2.25	18	0.25	2	8.1	65
有机酸	5	5	6	6	16	16
有机磷酸	—			—	23.3	70
合计	138.75	156	144.75	148	79.9	205

2. 体液的电解质分布与含量特点

从表 10-2 中可看出，体液中电解质分布与含量具有以下特点。

① 各部分体液的阳离子与阴离子摩尔电荷总量相等，呈电中性。

② 细胞内、外液电解质的分布差异很大，细胞外液的重要阳离子是 Na^+，主要阴离子是 Cl^- 和 HCO_3^-，而细胞内液重要阳离子是 K^+，主要阴离子是有机磷酸和蛋白质离子。这种差异的存在与维持是完成人体生命活动不可缺少的条件。

③ 细胞内液电解质总量多于细胞外液，但两者渗透压相等。

④ 血浆的蛋白质含量比组织间液高，这对于维持血浆与组织间液之间体液的交换具有重要作用。

三、体液的交换

体内各部分体液之间在不断地相互交换，随着体液交换，营养物质运至细胞内，代谢废物运出细胞，并通过肾、肠及肺排出体外，确保生命活动正常进行。

1. 血浆与组织液之间的交换

血浆与组织液之间的交换在毛细血管壁上进行，毛细血管壁为一半透膜，血浆与组织间液中的水分和小分子溶质，如葡萄糖、氨基酸、尿素及无机盐等可以自由透过，而大分子的蛋白质则不能自由透过。其影响因素主要取决于有效滤过压。

有效滤过压＝（毛细血管血压＋组织液胶体渗透压）－（血浆胶体渗透压＋组织液静水压）

在毛细血管动脉端，有效滤过压为正值，水和可透过性物质自血浆流向组织液；在毛细血管静脉端，有效滤过压为负值，水和可透过性物质自组织液流回血浆。如此循环往复，保持血管内的血浆与组织间液之间的动态平衡。

任何原因使有效滤过压过高致细胞间液生成过多且超过淋巴回流量，或淋巴回流受阻，可导致血液与细胞间液之间体液交换失去平衡。这是局部和全身性水肿发生的基本机制。

2. 组织液与细胞内液之间的交换

组织液与细胞内液间的交换是通过细胞膜进行的。细胞膜是半透膜，但和毛细血管壁有所不同，它对物质的透过有高度的选择性，水和葡萄糖、氨基酸、尿素、尿酸、肌酐、O_2、CO_2等一些小分子物质可以通过，蛋白质和Na^+、K^+、Ca^{2+}、Mg^{2+}等不能自由透过，须选择性地经某种转运方式在细胞内外进行交换。例如，细胞膜上有"钠泵"（sodium pump），即Na^+-K^+-ATP酶，在消耗ATP条件下，该酶把Na^+泵出细胞外，同时把K^+泵入细胞内，以维持细胞内外Na^+、K^+的浓度差。细胞内外体液的交换动力主要是晶体渗透压。Na^+对细胞外、K^+对细胞内晶体渗透压起主要作用。血浆Na^+浓度过高或过低，可明显影响细胞外晶体渗透压，从而影响细胞内外水的流向。细胞膜功能异常，如果使Na^+在细胞内潴留，可引起细胞肿胀和细胞损伤。

考点提示　细胞内外离子分布特点

第二节　水　代　谢

一、水的功用

水的生理功能主要概括为以下几个方面。

（1）促进和参与物质代谢

水是良好的溶剂，体内许多营养物质和代谢产物溶于水，可通过血液循环被输送至全身各个部位。水还直接参与代谢反应，如水解、加水、加水脱氢等。

（2）调节体温

水的比热大，能吸收或放出较多的热而本身温度变化不大。水的蒸发热大，只需蒸发少量水就能散发较多的热。水的流动性大，能随血液循环迅速分布至全身，使机体各处体温一致。由于水具有这些特性，所以水是良好的体温调节剂。

（3）润滑作用

水具有润滑作用。如唾液有利于吞咽；泪液防止眼球干燥，有利于眼球的活动；关节液可减少运动时关节面之间的摩擦,有利于关节活动。

(4) 维持组织的形态和功能

体内存在的结合水参与构成细胞的特殊形态,以保证一些组织具有独特的生理功能。如心肌含水约79%,血液含水约83%,两者相差无几,但心肌主要含结合水,可使心脏具有坚实的形态,保证心脏有力地推动循环。

二、水的来源与去路

1. 水的来源

体内水的来源有如下途径。

① 饮水　饮水量随气候、活动和生活习惯而不同。

② 食物水　指食物中含的水分。

③ 代谢水　糖、脂肪和蛋白质等营养物质在体内氧化时所产生的水称代谢水。

2. 水的去路

水的排出途径如下。

① 肺排出　即呼吸时以蒸汽形式丢失的水。

② 皮肤排出　以非显性出汗和显性出汗的方式排出。

③ 肠道排出。

④ 肾排出　肾是人体排水的主要器官,除排出体内过多的水,还用于排泄代谢终产物。为使这些代谢终产物保持溶解状态,1g溶质至少需15mL水,每日约排出35g代谢产物,因此,每天的最低尿量为500mL。

当成人不能进水时,每天仍不断地由肺、皮肤蒸发、肾及肠道排出水约1500mL,这是人体每天必然丢失的水量。每日水的出入量见表10-3。

表10-3　正常成人每日水的出入量

水的摄入量/mL		水的排出量/mL	
饮水	1200	肾排出	1500
食物水	1000	皮肤排出	500
代谢水	300	粪便排出	150
		呼吸蒸发	350
总量	2500	总量	2500

三、婴幼儿水代谢的特点

① 小儿体液代谢旺盛,水交换率高,细胞外液参与水代谢的速度较成人快10倍左右。

② 体液调节能力差。

③ 体液紊乱发生率高,且紊乱的情况非常复杂。

四、激素的调节

人体每日水的摄入量和排出量,常受饮食、气候、活动等多种因素的影响而有所变化,但人体能在神经体液因素的调节下,保持动态平衡。

调节水平衡最重要的因素是抗利尿激素(ADH),其主要作用是促进肾小管对水的重吸收。当血浆渗透压升高、血容量减少或血压下降时,ADH分泌释放增加,作用于肾小管,加速对水的重吸收,使尿素减少,有利于机体保留水分,使血浆渗透压、血容量及血压趋于正常。反之,ADH分泌减少,尿量增多。此外,醛固酮通过保钠排钾,也可调节水代谢。

当水、电解质平衡破坏时，可出现脱水、水肿、水中毒等。

考点提示　成人每天对水的需求量

第三节　无机盐代谢

一、无机盐功用

无机盐种类多，功能各异，综合起来有以下几个方面。

1. 维持体液的容量、渗透压平衡

Na^+、Cl^-是维持细胞外液容量和渗透压的主要因素，K^+、HPO_4^{2-}在维持细胞内液的容量和渗透压方面起重要作用。

2. 维持体液的酸碱平衡

体液中的电解质可组成许多缓冲体系，如碳酸氢盐缓冲体系、磷酸氢盐缓冲体系等，参与体内酸碱平衡的调节。另外，通过细胞膜，K^+可与细胞外液的H^+、Na^+进行交换，以维持和调节体液的酸碱平衡。

3. 维持组织的正常应激性

人体组织的正常应激性需要体液中各种离子维持一定的比例。如Na^+、K^+可提高神经肌肉的应激性，Ca^{2+}、Mg^{2+}等的作用则相反，如小儿缺钙时，神经肌肉应激性升高，常出现手足搐。神经肌肉组织的应激性与各种离子浓度的关系可用下式表示：

神经肌肉应激性$\propto [Na^+]+[K^+]/[Ca^{2+}]+[Mg^{2+}]+[H^+]$

离子对心肌和对骨骼肌的影响不同，K^+对心肌有抑制作用，而Na^+、Ca^{2+}有拮抗K^+的作用。

4. 维持细胞正常的新陈代谢

许多酶、激素中都含有钾、锌、铁、铜等元素，它们在代谢中发挥重要作用。如碳酸酐酶中含锌，甲状腺素中含碘等。钾参与糖原及蛋白质的合成。

考点提示　钾离子、钙离子对心肌细胞的影响

二、钠、氯、钾、镁的代谢

1. 钠和氯的代谢

（1）钠和氯的含量与分布

正常成人体内钠的含量为45~50mmol/kg（体重），其中约45%存在于细胞外液，45%存在于骨骼，其余在细胞内液。血浆钠浓度为135~145mmol/L。

氯主要分布于细胞外液，是细胞外液的主要阴离子。血浆氯浓度为98~106mmol/L。

（2）钠和氯的吸收与排泄

人体每日摄入的钠和氯主要来自食盐即NaCl，摄入的Na^+和Cl^-几乎全部被消化道吸收。通常成人每日NaCl的需要量为5~9g。Na^+、Cl^-主要由肾随尿排出，少量由汗液及粪便排处。肾调节血钠浓度的能力很强，氯随钠一起重吸收。当血钠浓度降低时，肾小管重吸收增强，机体完全停止摄入钠时，肾排钠趋向于零，可用"多进多排、少进少排、不进不排"来概括肾对钠排泄的高效控制能力。

2. 钾代谢

（1）钾的含量与分布

正常成人钾含量约为45mmol/kg（体重），K^+主要存在于细胞内。红细胞内钾浓度约为

105mmol/L，血浆（清）钾浓度为 3.5～5.4mmol/L。因此，确定血浆钾时一定要防止溶血。

钾透过细胞膜的速度比水慢得多，用放射性核素钾做静脉注射，大约需 15h 才能使细胞内外的钾达到平衡，心脏病患者则需 45h 左右才能达到平衡。因此，在进行补钾时为防止高血钾的发生，应遵循补钾的浓度不过高、量不过多、速度不过快、时间不过早（注意观察尿量）、首选口服补钾等原则。

物质代谢对钾在细胞内外的分布有一定影响。实验证明，糖原合成时，钾进入细胞内；糖原分解时，钾又释放到细胞外，所以临床上可同时注射葡萄糖和胰岛素以纠正高血钾。蛋白质代谢也需要钾，蛋白质合成时，钾进入细胞内，分解时又转出到细胞外。因此，当组织生长或创伤修复时，蛋白质合成增强，可使血钾降低。

(2) 钾的吸收与排泄

正常人每天需钾 2～3g，主要来自食物，日常膳食即可满足机体需要。食物中的钾约有 90% 在消化道被吸收。严重腹泻时经排泄丢失的钾可达正常时的 10～20 倍。

钾主要经肾排出，但是肾对钾排泄的控制能力远不如对钠的控制能力那么强，在机体停止摄入钾或者钾大量丢失时，仍会有一定量的钾从尿中排出。因此，长期不能进食者应该适当补钾。肾对钾的排泄特点是："多进多排，少进少排，不进也排"。此外，小部分钾还可经粪便和汗液排出。

(3) 钾钠代谢的调节

调节钾钠代谢的主要因素是醛固酮，它是肾上腺皮质球状带分泌的一种类固醇激素，其作用是促进肾小管上皮细胞分泌 K^+ 和重吸收 Na^+，随 Na^+ 的吸收，Cl^- 和 H_2O 也被重吸收。总的作用是排 K^+、保 Na^+ 和 H_2O。醛固酮的分泌主要受血容量、血浆 Na^+、K^+ 浓度的影响，通过肾素-血管紧张素系统来实现其调节作用。

考点提示　高、低血钾的预防

3. 镁的代谢

(1) 镁的含量与分布

镁是人体不可缺少的重要因素，其含量在阳离子中仅次于钠、钾和钙，细胞内仅次于钾而居第二位。镁具有较多的生理作用，其代谢错乱常导致疾病发生。成年人体内镁总量约为 1mol(20～28g)；骨骼占 60%～65%，骨骼肌占 27%，其他细胞占 6%～7%（以肝脏为最高），细胞外液＜1%；红细胞内浓度 2.5mmol/L，血清 0.75～1.25mmol/L。细胞内镁约 90% 是结合型（主要结合到核酸、ATP、负电荷的磷脂和蛋白），游离部分仅为 10%。

血浆中镁有离子型（游离）、复合型（与磷酸、柠檬酸等结合）和蛋白结合型（主要是白蛋白）三种形式，比例为 55：13：12。

(2) 镁的吸收和排泄

镁摄入后主要由小肠吸收。膳食中磷酸盐、乳糖含量、肠腔内镁浓度及肠道功能状态，均影响镁的吸收。镁在肠道吸收是主动过程，与钙相互竞争。氨基酸可增加难溶性镁盐的溶解度而促进吸收，纤维则降低镁的吸收。

健康成年人食物供应的镁为 200～250mg/d，其中 60%～70% 从粪便排出；血浆中可扩散镁从肾小球滤出后，大部分被肾小管重吸收，正常时仅 2%～10% 随尿排出；此外还有少量镁经汗液排出。

(3) 镁代谢的调节

主要由消化道吸收和肾脏排泄来完成。镁摄入量少、食物含钙少、含蛋白质多、活性维生素 D 等，可使肠道吸收镁增加；反之，则吸收减少。肾小管镁重吸收的主要部位是皮质亨利髓袢升支粗段，可达滤过量的 65%。顶膜的 Na^+-K^+-Cl^- 联合转运体和 K^+ 通道开放产生的腔内跨上皮细胞正电位，是镁吸收的主要驱动力。其中血镁浓度影响最大。低镁血症时，刺激甲状旁腺激素，使肾小管对镁的重吸收增加；高镁血症时，重吸收明显减低。多肽激素，例如，PTH、胰高血糖素、降钙素和血管压素，可增强重吸收。维生素 D 可加强肽类激素的作用。

三、钙磷代谢

1. 钙磷的含量和分布

钙和磷是体内含量最多的无机盐，钙占体重的 1.5%～2%，总量为 700～1400g。磷占体重的 0.8%～1.2%，总量为 400～800g。体内 99% 以上的钙存在于骨骼中，其余不足 1% 存在于体液及其他组织。磷约 86% 存在于骨骼，其余 14% 存在于全身各组织及体液中。

2. 钙磷的生理功能

(1) 钙的生理功能

① 构成骨盐。

② Ca^{2+} 是凝血因子之一，参与血液凝固过程。

③ Ca^{2+} 增强心肌的收缩，降低神经骨骼肌的兴奋性。

④ Ca^{2+} 降低毛细血管壁及细胞膜的通透性。

⑤ Ca^{2+} 是许多酶的激活剂或抑制剂，广泛参与细胞代谢的调节作用。

⑥ Ca^{2+} 是激素的第二信使，参与一系列的生理反应。

(2) 磷的生理功能

① 与钙一起构成骨盐。

② 组成血液缓冲体系，维持血液酸碱平衡。

③ 磷脂中含磷酸，是生物膜、神经鞘及脂蛋白的基本组分。

④ 是 DNA、RNA 的基本成分之一，在生物遗传、基因表达等方面发挥着重要作用。

⑤ 在物质代谢及调节中的重要作用：在糖类、脂类、蛋白质等物质代谢中必须有磷酸基参与；磷酸基是许多辅酶，如 NAD^+、$NADP^+$、FAD、TPP、CoA 等以及 CAMP、CGMP、IP3 等第二信使组成成分；通过磷酸化和去磷酸化修饰调节酶的活性；参与能量的生成、储存及利用等。

3. 钙、磷的吸收与排泄

(1) 钙的吸收与排泄

正常成人钙的需要量 0.5～1.0g/d，生长发育期儿童、妊娠和哺乳期妇女需要量增加。

钙主要在小肠中吸收，其中十二指肠和空肠吸收能力最强。影响钙吸收的因素如下。

① 维生素 D_3 它的活性形式是 1,25-二羟维生素 D_3 [1,25-$(OH)2D_3$]，是影响钙吸收的主要因素，它可促进小肠对钙的吸收。

② 食物成分及肠道 pH 的影响 钙盐在酸性环境中容易溶解，故凡能使消化道 pH 降低的食物，如乳酸、某些氨基酸等均可促进钙的吸收；胃酸缺乏，钙的吸收率降低；食物中的草酸、植酸及磷酸等能与钙结合成难溶性的盐，而影响钙的吸收。

③ 年龄的影响 钙的吸收与年龄成反比，婴儿可吸收食物钙的 50% 以上，儿童为

40%，成人为20%左右，40岁以后，钙的吸收率直线下降，平均每10年减少5%～10%。

正常成人摄入的钙80%由粪便排出，20%由肾排出。每日通过肾小球滤过的钙约10g，其中大约99%以上被肾小管重吸收，随尿排出的钙仅约1.5%（约150mg）。肾小管的重吸收受甲状旁腺激素的严格控制。

(2) 磷的吸收与排泄

正常成人每日需磷量为1.0～1.5g，食物中普遍含磷，以无机磷酸盐和有机磷酸酯形式存在，主要以无机磷酸盐形式吸收。磷易于吸收，吸收率为70%，低磷时可达90%，因此，临床上缺磷极为罕见。磷吸收的主要部位是空肠，凡能影响钙吸收的因素也能影响磷的吸收。

磷的排泄途径也是经肠道和肾，但与钙相反，粪排磷占总排出量的20%～40%，而肾则占总排出量的60%～80%。

4. 血钙与血磷

(1) 血钙

红细胞内钙含量甚微，绝大部分的钙存在于血浆中，故血钙通常指血浆钙。测定时一般用血清，正常成人血清钙的平均含量为2.45mmol/L。血钙约有50%以游离Ca^{2+}形式存在，45%与血浆蛋白（主要是白蛋白）结合，其余5%与柠檬酸、磷酸盐等阴离子结合。与蛋白质结合的钙不能自由通过毛细血管壁，称非扩散钙；Ca^{2+}及阴离子结合的钙能通过毛细血管壁，称可扩散钙。血浆中只有Ca^{2+}直接起生理作用。Ca^{2+}与结合钙之间处于动态平衡，并受血浆pH等多种因素的影响。

当血浆pH下降时，$[Ca^{2+}]$升高；反之，血浆pH升高时，$[Ca^{2+}]$降低。

(2) 血磷

血磷一般指血浆无机磷酸盐中的磷，正常成人为1.2mmol/L左右，婴幼儿较高，约为1.3～2.3mmol/L。血磷主要以HPO_4^{2-}及$H_2PO_4^-$形式存在。

(3) 血钙与血磷的关系

血浆中钙磷含量之间关系密切，二者浓度以mmol/L表示，其乘积相当恒定，即$[Ca]\times[P]=2.5\sim3.5$。当乘积大于3.5时，促进钙磷在骨骼中沉积；当乘积小于2.5时，骨的钙化将发生障碍，甚至可促进骨骼中骨盐再溶解。

5. 成骨作用与溶骨作用

骨由骨细胞、骨盐和骨基质三部分组成。骨盐是骨中的无机盐，有两种形式，即无定形骨盐（磷酸氢钙）和羟磷灰石结晶。前者是骨盐沉积的初级形式，它进一步钙化、结晶即形成羟磷灰石；后者非常坚硬，从而使骨具坚硬性。骨基质中95%为胶原，其余为少量的蛋白多糖。胶原以胶原纤维形式存在，胶原纤维之间有无数间隙，骨盐就沉积在这些间隙中。骨基质使骨具有韧性。

骨的细胞有破骨细胞、成骨细胞和骨细胞。它们都起源于未分化的间充质细胞，间充质细胞转化为破骨细胞，后者再转化为成骨细胞。成骨细胞也可直接来自间充质细胞。成骨细胞逐渐从活跃状态变为静止状态，最后转变为骨细胞。

(1) 成骨作用

骨的生长、修复或重建过程称为成骨作用。在骨形成的开始阶段，成骨细胞合成分泌骨基质，构成骨盐沉积的骨架，成骨细胞被埋在骨基质内成为骨细胞。然后无定形盐如磷酸氢钙等沉积在胶原纤维表面，进而转变为羟磷灰石结晶，此即骨盐的沉积。最终形成坚硬的骨组织。

(2) 溶骨的作用

溶骨作用由破骨细胞活动引起，包括骨基质的水解及骨盐的溶解。骨盐的溶解又称脱钙。破骨细胞可释放溶酶体中的水解酶，使骨基质的胶原等分解；同时破骨细胞活动时产生一些有机酸（乳酸、柠檬酸等），使局部酸性增加，促进骨盐溶解。

成骨作用与溶骨作用是对立统一的，不断地交替进行，使骨组织更新。在生长发育期的小儿，成骨的作用大于溶骨作用；老年人则溶骨作用明显增强。

6. 钙、磷代谢的调节

体内调节钙磷代谢的激素主要有三种，即甲状旁腺素、降钙素和 1,25-二羟维生素 D_3。

(1) 甲状旁腺素（PTH）的作用

① 对骨的作用　PTH一方面能促进间叶细胞转化为破骨细胞，加强破骨细胞的活动，使骨盐溶解；另一方面又能抑制破骨细胞向成骨细胞的转化，抑制成骨作用。

② 对肾的作用　PTH可促进肾小管对钙的重吸收，抑制对磷的重吸收。

PTH总的作用是使血钙升高、血磷降低。PTH的分泌主要受血钙浓度的调节，当血钙浓度升高时，PTH分泌减少，血钙浓度降低时，则PTH分泌增加。

(2) 降钙素的作用

① 对骨的作用　降钙素（calcitonin，CT）抑制间充质细胞转变为破骨细胞，抑制破骨细胞的活动，组织骨盐的溶解和骨基质的分解，同时促进破骨细胞转化为成骨细胞，并加强其活性，使钙磷在骨中沉积。

② 对肾的作用　CT抑制肾小管对钙、磷的重吸收。

CT总的作用使血钙、血磷浓度均降低。

(3) 1,25-二羟维生素 D_3 [1,25-$(OH)_2D_3$] 的作用

① 对小肠的作用　1,25-$(OH)_2D_3$ 促进小肠对钙、磷的吸收。它能促进小肠上皮细胞内无活性的钙结合蛋白转变为有活性钙结合蛋白，同时加强细胞刷状缘上钙泵的活性，增强肠道钙的主动吸收。

② 对骨的作用　1,25-$(OH)_2D_3$ 一方面加速破骨细胞的形成，促进溶骨作用，使骨质中的钙和磷释放入血；另一方面由于小肠对钙磷的吸收增强，又促进成骨作用。整体而言，它促进了溶骨和成骨两个对立的过程，总的结果是促进骨的代谢，有利于骨骼的生长和钙化。

③ 对肾的作用　1,25-$(OH)_2D_3$ 促进肾小管对钙和磷的重吸收。

因此，1,25-$(OH)_2D_3$ 的作用是使血钙、血磷浓度均升高。

在正常人体内，PTH、CT、1,25-$(OH)_2D_3$ 三者相互联系、相互制约、相辅相成，共同维持血钙和血磷浓度的动态平衡，促进骨的代谢。

第四节　微量元素

微量元素是指含量占体重0.01%以下的元素。从动物体内发现的微量元素有50多种，其中有些微量元素具有特殊生理功能，如铁、锌、铜、硒、碘、钴、钼、氟、钒、铬、镍、锶、硅等。微量元素在量上虽然微不足道，但却具有十分重要的生理功能和生化作用，越来越引起人们的重视。下面仅就其中的几种微量元素进行简介。

一、铁

1. 铁的代谢概况

正常成人含铁 3～5g，女性稍低。成年男性和绝经期妇女每日需要量约 1mg，青春期妇女每日约需要 2mg，妊娠妇女约为 2.5mg，儿童约需 1mg。

铁的吸收部位主要在十二指肠和空肠上段。只有溶解状态的铁才被吸收。胃酸可促进铁的吸收，血红素中的铁可直接被吸收，Fe^{2+} 比 Fe^{3+} 易于吸收，食物中的维生素C、半胱氨酸等还原性成分有利于铁的吸收，食物中的植酸、鞣酸、草酸等妨碍铁的吸收。从小肠黏膜吸收入血的 Fe^{2+} 在铁氧化酶（又称铜蓝蛋白）的催化下氧化成 Fe^{3+} 后与转铁蛋白结合，大部分运至骨髓用于合成血红蛋白，小部分运至肝、脾等器官中储存。铁的主要储存形式是铁蛋白。铁大部分随粪便排出，小部分从尿中排出；皮肤出汗也可排出。

2. 铁的生理功能

铁是血红蛋白和肌红蛋白的组成成分，参与 O_2 和 CO_2 的运输，也是细胞色素体系、铁硫蛋白、过氧化物酶及过氧化氢酶的组成成分，在生物氧化和氧的代谢中起重要作用。

二、体内微量元素的代谢概况

1. 锌的代谢概况

成人体内锌的总量约 40mmol。锌广泛分布于所有组织，尤以视网膜、胰岛及前列腺等组织含锌量最高。血浆锌浓度为 80～110μg/dL，头发锌含量为 125～250μg/dL，发锌可作为含锌总量是否正常的重要指标之一。正常成人需锌量为 10～15mg/dL，月经期妇女为 25mg/d，孕妇或哺乳期妇女为 30～10mg/d，儿童为 5～10mg/d。

锌主要在小肠吸收。从小肠吸收的锌进入血液后，与金属蛋白载体结合，将锌运至门静脉，再输送到全身各组织中利用。人体中的锌为 25%～30% 储存在皮肤和骨骼内。

体内锌的作用如下。

① 锌参与酶的组成　锌的作用主要是通过含锌酶的功能来表达，目前已知的含锌酶达 200 多种，例如，碳酸酐酶、DNA 聚合酶、乳酸脱氢酶、谷氨酸脱氢酶等都含锌。补锌可加速学龄前儿童的生长发育，缺锌则发育停滞，智力下降。

② 锌对激素的作用　锌有加强胰岛素活性的作用。

③ 锌对大脑功能的影响　锌是脑组织中含量最多的微量元素。妊娠妇女缺锌会使后代的学习、记忆能力下降。

④ 锌与味觉、嗅觉有关。

2. 铜的代谢概况

正常成人总含铜约 2mmol，分布于各组织细胞中，其中肝、脑和心含量较多，成人血清铜含量约 0.02mmol/L。成人每日需要量为 1.5～2.0mg。铜主要在十二指肠吸收。

体内的铜 80% 以上随胆汁排出，约 5% 由肾排出，10% 由肠道排出。胆道阻塞时，肾和肠排铜增多。

铜的生理功能有：①参与生物氧化和能量代谢。铜是细胞色素氧化酶的组成成分，起传递电子的作用；②形成血浆铜蓝蛋白，参与铁代谢；③参与胺氧化酶、维生素C（抗坏血酸）氧化酶、超氧化物歧化酶等的组成；④参与毛发和皮肤的色素代谢。

3. 碘的代谢概况

正常人体内总含碘量为 25～40mg，约有 15mg 集中在甲状腺内，其余分布在其他组织中。按国际上的推荐，人体每日需碘量为：成人 100～300μg，儿童 50～75μg，在地方性甲状腺肿流行地区，应额外补充碘。

小肠是碘吸收的主要部位，吸收后的碘，在血浆内与蛋白质结合，有70%～80%被甲状腺滤泡上皮细胞摄取和浓聚。在甲状腺细胞内，I-被过氧化物酶催化转变为I_2（活性碘）。I_2随后参加甲状腺激素的合成。

碘的主要生理功能是参与合成甲状腺激素，即甲状腺素和三碘甲腺原氨酸，以调节物质代谢，并促进儿童生长发育。

人体中度缺碘会引起地方性甲状腺肿；严重缺碘会导致发育停滞，智力低下，生殖力丧失，甚至痴呆、聋哑，形成克汀病（或称呆小症）。防治的有效措施是供应碘化食盐或海产食品。

4. 硒的代谢概况

成人体内硒含量为4～10mg，广泛分布于除脂肪组织以外的所有组织。人体每日硒的需要量为50～200μg。食物硒主要在肠道吸收，维生素E可促成硒的吸收。体内硒主要经肠道排泄，小部分由肾、肺及汗排出。

硒主要作为谷胱甘肽过氧化酶的组成部分。硒还可加强维生素E的抗氧化作用，参与辅酶Q和辅酶A的组成；参与眼的感光过程；硒拮抗和降低许多重金属的毒性作用。

已发现硒缺乏与多种疾病有关，如克山病、心肌炎、大骨节病等。硒已被认为具有抗癌作用。硒能抑制淋巴肉瘤的生长，使肿瘤缩小；硒胱氨酸对人的急性与慢性白血病有治疗作用。低硒地区及血硒低的人群中癌的发病率高，尤以消化道癌和乳腺癌为甚。硒过多也会引起中毒症状。

5. 锰的代谢概况

成人体内含锰量为10～20mg，广泛分布于各组织。正常成人每日锰需要量为2.5～7.0mg。食物中的锰主要在小肠吸收，体内锰由胆汁和尿排泄。

体内锰主要为多种酶的组成成分或某些酶的激活剂。如RNA聚合酶、超氧化物歧化酶等。锰还参与骨骼的生长发育和造血过程，维持正常的生殖功能。缺锰时生长发育会受到影响，但摄入过多，可产生中毒。

6. 氟的代谢概况

成人体内含氟约2.6g，分布于骨、牙、指甲、毛发及神经肌肉中。氟的生理需要量为每日0.5～1.0mg。氟主要经胃肠道和呼吸道吸收，从尿中排泄。

氟与骨、牙的形成与钙磷代谢密切相关。缺氟可致骨质疏松，易发生骨折。氟过多也可引起中毒。适量的氟能被牙釉质中的羟磷灰石吸附，形成坚硬质密的氟磷灰石表面保护层，它能抵抗酸性腐蚀，抑制嗜酸细菌的活性，拮抗某些低氟酶对牙齿的不利影响，发挥防龋作用。因此，氟缺乏时较易发生龋齿。氟中毒也出现牙齿损害，表现为斑釉齿。几种必需微量元素的生理功能见表10-4。

表10-4 几种必需微量元素的生理功能

微量元素	主要生理功能
锌(Zn)	参与多种酶的组成,增强胰岛素的活性,促进机体生长发育
铜(Cu)	为多种酶的辅助因子,参与能量代谢、造血及铁代谢过程
碘(I)	参与甲状腺素的合成
硒(Se)	具有抗氧化、保护生物膜的作用,具有防止克山病的作用

微量元素	主要生理功能
氟(F)	参与骨、牙组织的组成,增加骨硬度及牙的耐酸蚀能力
钴(Co)	为维生素 B_{12} 的组分,并通过维生素 B_{12} 促进核酸和蛋白质合成
锰(Mn)	为多种酶的组成成分,参与骨的生成与造血过程
铬(Cr)	构成葡萄糖耐量因子(GTF),参与血糖调节及造血过程
钼(Mo)	多种含钼酶的组分,作为递电子体参与氧化还原及生物转化
镍(Ni)	多种酶的辅助因子,有增强胰岛素作用及刺激造血功能
钒(V)	促进骨盐沉积,具有抗龋齿、降血糖作用

第五节 酸碱平衡

体液的氢离子浓度即体液的 pH 是影响机体功能的重要因素。正常人体各种体液的 pH 有差异。细胞内液 pH 为 7.0,细胞外液稍高,血浆 pH 为 7.35~7.45。机体使体液 pH 维持在恒定范围内的过程称酸碱平衡。酸碱平衡对机体代谢及各种生理生化功能具有重要影响。

酸碱平衡

一、体内酸性和碱性物质的来源

人体内酸性和碱性物质部分来自物质的分解代谢,部分来自食物、药物及饮料等。正常膳食情况下,体内产生的酸性物质多余碱性物质。

1. 体内酸性物质的来源

(1) 体内物质代谢产生

代谢过程中产生的酸性物质可分为挥发性酸和固定酸两大类:

① 挥发性酸 糖、脂肪和蛋白质在体内完全氧化的终产物是二氧化碳和水,两者化合生成碳酸（$CO_2+H_2O \rightarrow H_2CO_3$）。由于 H_2CO_3 通过肺部时能重新分解出 CO_2 呼出体外,故将 H_2CO_3 称为挥发性酸。正常成人每日产生 CO_2 300~400L,相当于 10~20mL 碳酸,是体内产生量最多的酸性物质,释放的 H^+ 每日达 10~20mol。

② 固定酸 物质代谢不断地产生一些酸性物质,如丙酮酸、乳酸、β-羟丁酸、乙酰乙酸、尿酸等有机酸以及磷酸、硫酸等无机酸,这些酸性物质不能由肺呼出,过量时主要经肾排泄,所以称为固定酸或非挥发性酸。正常成人每日产生的固定酸约相当于 50~90mmol 的 H^+。

(2) 摄取食物或药物

机体从饮食中可直接获得一些酸性物质,如调味用的醋酸、饮料中的柠檬酸等。某些药物如氯化铵（NH_4Cl）、阿司匹林等在体内也可产生酸,但这些外源性酸性物质数量较少。

2. 体内碱性物质的来源

(1) 摄取成碱食物

水果、蔬菜中含丰富的有机酸盐,如苹果酸、柠檬酸的钠盐和钾盐,其有机酸根部分在体内可彻底氧化成 CO_2 和 H_2O,然后排出体外。余下的 Na^+、Ka^+ 则可 HCO_3^- 组成 $NaHCO_3$、$KHCO_3$,使体内碱性物质含量增加。所以,水果、蔬菜是成碱食物,为体内碱性物质的主要来源。

(2) 体内代谢产生

如氨基酸分解代谢产生的 NH_3、胺类等，但量少。

(3) 服用药物

如小苏打（$NaHCO_3$）、氢氧化铝、苯妥英钠、乳酸钠等。

知识链接

碱性食物益于健康

常吃碱性食物对健康有利。

① 蔬菜类　凡是绿叶蔬菜均属于碱性食物。它们富含丰富的维生素及矿物质，蔬菜中的大量纤维素能促进胃肠蠕动，帮助排便。

② 水果类　水果是食物中最易消化的碱性食物，是体内最好的清洁工。它可以迅速中和体内过多的酸性物质，维持体液的酸碱平衡，增强机体的抗病能力。

二、酸碱平衡的调节

机体对酸碱平衡的维持是在神经-激素系统统一调节下进行的，主要通过血液的缓冲作用、肺的呼吸功能以及肾的重吸收和排泄功能三方面的作用协同实现。

1. 血液的缓冲功能

较强的酸性或碱性物质进入血液后，被血液稀释和被缓冲体系缓冲，转变成为较弱的酸性或碱性物质，使血液 pH 不致发生明显的改变。

(1) 血液缓冲体系

血液缓冲体系包括血浆缓冲体系和红细胞缓冲体系。血浆缓冲体系的缓冲对（Pr 代表蛋白质）有：$NaHCO_3/H_2CO_3$、Na_2HPO_4/NaH_2PO_4、$NaPr/HPr$。红细胞缓冲体系的缓冲对（Hb 代表血红蛋白）有：$KHCO_3/H_2CO_3$、K_2HPO_4/KH_2PO_4、KHb/HHb、$KHbO_2/HHbO_2$。

血浆中以 $NaHCO_3/H_2CO_3$ 缓冲对的缓冲能力最强。血浆中 $NaHCO_3$ 平均浓度为 24mmol/L，H_2CO_3 平均浓度为 1.2mmol/L，两者浓度比为 20：1。红细胞中以 KHb/HHb 和 $KHbO_2/HHbO_2$ 缓冲对的缓冲能力最重要。

(2) 血液缓冲体系的缓冲作用

① 对挥发性酸的缓冲　体内代谢产生的 CO_2 进入血液后，绝大部分扩散入红细胞，经碳酸酐酶催化与 H_2O 反应生成 H_2CO_3，H_2CO_3 主要被 KHb/HHb 和 $KHbO_2/HHbO_2$ 缓冲对缓冲，最终以 CO_2 的形式经肺排出。

② 对固定酸的缓冲　体内代谢产生的固定酸主要由 $NaHCO_3$ 来缓冲，$NaHCO_3$ 在一定程度上能代表血浆对固定酸的缓冲能力。习惯上将血浆中的 $NaHCO_3$ 称为碱储。如固定酸（HA）进入血液后，发生的缓冲反应主要为：

$$HA + NaHCO_3 \longrightarrow NaA + H_2CO_3$$
$$H_2CO_3 \longrightarrow H_2O + CO_2$$

可见，固定酸经缓冲后转变为挥发性酸，挥发性酸又被分解为二氧化碳，经肺呼出体外。

③ 对碱的缓冲　碱性物质进入血液后，它主要由 H_2CO_3 来缓冲。如碱性物质（BOH）产生后，发生的缓冲反应主要为：

$$BOH + H_2CO_3 \longrightarrow BHCO_3 + H_2O$$

血液缓冲系统对体内酸碱物质的缓冲能力有一定限度，要维持酸碱平衡需要肺及肾的调节。

2. 肺在调节酸碱平衡中的作用

肺在调节酸碱平衡中的作用主要是通过改变呼吸频率及深度来调节 CO_2 的排出量，从而调控血液中 H_2CO_3 的含量，以维持酸碱平衡。

肺的呼吸运动受血液的二氧化碳分压和 pH 影响。当血液二氧化碳分压增高、pH 降低时，呼吸加快，排出 CO_2 增多，血液中 H_2CO_3 的含量下降。当血液二氧化碳分压降低、pH 增高时，呼吸变浅、变慢，排出 CO_2 减少，血液中 H_2CO_3 的含量上升。

知识链接

CO_2 与呼吸功能

CO_2 是维持呼吸中枢正常兴奋性所必需的一种重要的体液因素，其对呼吸的调节作用通过两条途径实现：一是刺激延髓中枢化学感受器，通过一定的神经联系兴奋延髓呼吸中枢；二是通过刺激外周化学感受器反射性地使呼吸加深加快。缺氧对延髓呼吸中枢无直接兴奋作用，但 CO_2 分压大于 70mmHg 以上时，呼吸中枢对 CO_2 失去敏感，缺氧就成为兴奋呼吸的主要因素。

考点提示：肺是如何调节酸碱平衡的

3. 肾在调节酸碱平衡中的作用

肾是调节酸碱平衡的主要器官，其对酸碱平衡的调节作用最根本、最持久，它主要通过以下三种作用来实现：

（1）$NaHCO_3$ 的重吸收

肾小管上皮细胞内的碳酸酐酶能催化 CO_2 和 H_2O 化合生成 H_2CO_3。H_2CO_3 解离成 H^+ 与 HCO_3^-，H^+ 分泌至管腔，与原尿中的 Na^+ 交换，使 Na^+ 重新进入肾小管上皮细胞内，与 HCO_3^- 结合生成 $NaHCO_3$，这一过程称为 $NaHCO_3$ 的重吸收（图 10-1）。

图 10-1 $NaHCO_3$ 的重吸收

（2）尿液的酸化

分泌至管腔的 H^+ 还可与 Na_2HPO_4 的 Na^+ 进行交换，结果是由管腔重吸收的 Na^+ 可

与细胞内产生的 HCO_3^- 结合，从而补充了血液在缓冲固定酸时所消耗的 $NaHCO_3$，有利于维持 $NaHCO_3/H_2CO_3$ 缓冲对的正常比值和血液 pH 的恒定。同时当原尿流经肾小管时，大部分 Na_2HPO_4 转换成了酸性的 NaH_2PO_4 随尿排出体外，这就是尿液的酸化（图 10-2）。

图 10-2 尿液的酸化

（3）泌 NH_3 作用

肾小管上皮细胞内的谷氨酰胺酶，能水解谷氨酰胺生成谷氨酸和氨，谷氨酸经谷氨酸脱氢酶作用可生成 α-酮戊二酸和氨，管壁细胞内的氨基酸经脱氨基作用，亦可产生小部分氨。NH_3 能与 H^+ 结合生成 NH_4^+，NH_4^+ 以 NH_4Cl 或 $(NH_4)_2SO_4$ 的形式随尿排出体外。

NH_4^+ 的排出是肾小管泌 H^+ 的另一种形式。体内酸增多时，NH_3 和 NH_4^+ 生成增多，$NaHCO_3$ 的重吸收也增多，反之减少（图 10-3）。

图 10-3 肾的泌 NH_3 作用

酸碱平衡的调节，必须依靠血液缓冲体系、肺的呼吸功能以及肾脏的排泄与重吸收作用这三个环节密切配合、协调一致，才能实现对酸碱平衡的有效调节。

考点提示：机体对酸碱平衡的调节主要依靠哪三方面

知识链接

酸性体质会生病

组成机体的众多细胞喜欢生活在弱碱性的体液中，如果是酸性体质，细胞就会出现各种各样的疾病。造成酸性体质的原因是摄入过多的酸性食品或环境污染等。酸性体液就像酸雨毁掉森林一样，慢慢地侵蚀血管，破坏骨骼，扰乱机体的整个生命代谢活动。

三、判断酸碱平衡常用的生化指标及其临床意义

1. 酸碱平衡紊乱

（1）呼吸性酸中毒

血浆的 H_2CO_3 浓度原发性升高为呼吸性酸中毒。一般与肺呼吸功能下降有关。常见于呼吸道梗阻，如喉痉挛、支气管异物、溺水等；肺部疾患，如肺不张、肺炎等；胸部损伤，如创伤、气胸、胸腔积液等；呼吸中枢抑制，如麻醉药使用过量等。

（2）呼吸性碱中毒

血浆的 H_2CO_3 浓度原发性下降为呼吸性碱中毒。精神性过度通气，是呼吸性碱中毒的常见原因，如癔症发作患者；甲状腺功能亢进患者；进入高原、高山或高空的人，由于缺氧时肺通气过度也可以造成 CO_2 排出过多而发生呼吸性碱中毒；另外使用人工呼吸过度也可能导致呼吸性碱中毒。

（3）代谢性酸中毒

血浆 $NaHCO_3$ 的浓度原发性下降为代谢性酸中毒，是临床上最常见的酸碱平衡失常。代谢性酸中毒常见原因有：

① 酸性物质产生过多　可见于各种原因引起的缺氧，如乳酸酸中毒。

② 肾脏排酸保碱功能障碍　如肾功能衰竭等。

③ 碱性物质丢失过多　如严重腹泻、肠瘘、肠道减压吸引术后等。

代谢性酸中毒时，血中 H^+ 浓度升高，刺激呼吸中枢，呼吸加深、加快，CO_2 排出增多；同时，肾的泌 H^+、泌 NH_3 作用及 $NaHCO_3$ 的重吸收作用加强。依据血 pH 是否正常可将代谢性酸中毒分为代偿性与失代偿性两类。

（4）代谢性碱中毒

各种原因引起的血浆 $NaHCO_3$ 浓度原发性升高为代谢性碱中毒。多见于胃酸大量丢失，如剧烈呕吐等；大量使用利尿剂、$NaHCO_3$ 摄入过多等。

代谢性碱中毒患者，血浆 $NaHCO_3$ 浓度升高，H^+ 浓度降低，呼吸中枢受到抑制，呼吸变浅、变慢，CO_2 排出减少；同时，肾的泌 H^+ 及泌 NH_3 作用减弱，$NaHCO_3$ 的随尿排出增加。代谢性碱中毒也分为代偿性与失代偿性两类。

2. 检查酸碱平衡的常用生化指标

（1）血浆 pH

正常人血浆 pH 7.35～7.45。血浆 pH 低于 7.35 为酸中毒，血浆 pH 高于 7.45 碱中毒。

（2）二氧化碳分压

二氧化碳分压（PCO_2）是指物理溶解于血浆中的 CO_2 而产生的张力。正常人动脉血 PCO_2 参考值为 4.5～6.0kPa，平均 5.3kPa。PCO_2 是微量肺泡通气量的良好指标，也是反

映呼吸性酸中毒或碱中毒的重要指标。动脉血 PCO_2 大于 6.0kPa 表示肺泡通气不足，体内 CO_2 蓄积；PCO_2 小于 4.5kPa 表示肺泡通气过度，CO_2 排出过多。

（3）血浆二氧化碳结合率

血浆二氧化碳结合率（CO_2-CP）是指在 25℃、PCO_2 为 5.3kPa 时，每升血浆中 CO_2 毫摩尔数。正常值为 22~31mmol/L。血浆二氧化碳结合率在代谢性酸中毒时降低，代谢性碱中毒时增高。但在呼吸性酸中毒时由于肾的代偿作用，二氧化碳结合率可大于正常值，而呼吸性碱中毒时可小于正常值。

（4）实际碳酸氢盐与标准碳酸氢盐

实际碳酸氢盐（AB）是指血浆中 HCO_3^- 的实际含量，是用与空气隔绝的血液标本测得的。标准碳酸氢盐（SB）是指血液在标准条件下（Hb 的氧饱和度 100%，PCO_2 5.3kPa，温度 37℃）测得的血浆中 HCO_3^- 的含量。SB 不受呼吸因素的影响，是判断代谢性酸碱成分变化的指标。

SB 平均值 24mmol/L。正常时，SB＝AB；若 AB＜SB，则提示有 CO_2 排出过多，为呼吸性碱中毒；若 AB＞SB，提示体内有 CO_2 蓄积，为呼吸性酸中毒；若 AB＝SB 且二者均降低，提示为代谢性酸中毒；若 AB＝SB 且二者均增高，则提示为代谢性碱中毒。

本章知识要点

1. 水的生理功能为：调节体温、运输作用、促进并参与物质代谢、润滑作用、维持组织的形态与功能。

2. 无机盐的生理功能：维持体液渗透压和酸碱平衡、维持神经肌肉的兴奋性、构成组织细胞成分、维持细胞正常的新陈代谢。

3. 成年人体液占体重 60% 左右，其中细胞内液占体重的 40%，细胞外液占体重的 20%。

4. 水的摄入包括：饮水、食物水、代谢水。水的排出包括：肺呼出、皮肤蒸发、消化道排出、肾排出。

5. 无机盐的摄入：人体通过每天的饮食摄入无机盐，NaCl 是主要摄入成分，K^+ 的摄入也依靠食物。有 90%~95% Na^+ 是通过肾脏排泄，少量由汗腺排出。

6. 体液调节包括：神经系统的调节、肾脏的调节、激素的调节。

7. 脱水和水肿是水盐代谢功能紊乱的两种情况。

8. 酸性物质主要由代谢产生，碱性物质主要来源于蔬菜、水果。

9. 酸碱平衡的调节包括三方面：血液的缓冲、肺的调节、肾脏的调节。

10. 酸碱平衡紊乱有四种类型：代谢性酸中毒、代谢性碱中毒、呼吸性酸中毒、呼吸性碱中毒。

阅读材料　水肿

复习导图

目标检测

一、名词解释

挥发性酸　固定酸　碱储

二、填空题

1. 体液是指_____，以细胞膜为界，分为_____和_____。
2. 细胞外液主要的阳离子是_____，主要的阴离子是_____。细胞内液主要阳离子是_____，主要阴离子是_____。
3. 影响体液含量的因素有_____、_____、_____。
4. 血浆与组织液的交换主要在_____进行；组织液与细胞内液的交换通过_____进行。
5. 水的生理功能有_____、_____、_____。
6. ADH 的分泌受_____、_____、_____的调节。脱水是指_____。
7. 正常成人血钠的参考值是_____，血钾参考值是_____。

8. 维持细胞外液渗透压的主要离子是_____，维持细胞内液渗透压的主要离子是_____。
9. 钾的排泄途径有_____、_____、_____。
10. 肾排钠的特点是_____；排钾的特点是_____。
11. 使神经肌肉应激性增强的离子是_____；小儿缺钙时，神经肌肉应激性_____；钾对心肌有_____作用。
12. 体内含量最多的无机盐是_____，它们主要分布于_____。
13. 血浆钙的存在形式有_____和_____，其中直接发挥作用的是_____。钙磷浓度乘积是_____。
14. 调节钙磷代谢的激素有_____、_____和_____。
15. 钙的主要排泄途径是_____；磷的主要排泄途径是_____。
16. 微量元素是指_____。
17. 铁的主要功能是_____；铜的主要作用是_____。
18. 碘的主要功能是_____，严重碘缺乏可导致_____。
19. 妊娠妇女缺乏_____会使后代的学习、记忆能力下降。
20. 氟的主要功能是_____；锰的主要功能是_____。

三、简答题

1. 水的来源和去路各有哪些？出入量各是多少？
2. 无机盐的功能有哪些？
3. 给患者补钾时应遵循什么原则？
4. 钙的生理功能有哪些？PTH、CT、1,25-$(OH)_2D_3$是怎样调节血钙、血磷浓度的？
5. 影响钙吸收的因素有哪些？
6. 钙磷浓度乘积有何生理意义？
7. 影响铁吸收的因素有哪些？
8. 锌的生理功能有哪些？
9. 对缺碘地区的人群应采取的预防措施是什么？
10. 硒有哪些功能？
11. 正常人血浆 $NaHCO_3/H_2CO_3$ 的比值为多少？

生物化学实验指导

第一部分 实验室规则与安全

一、实验室规则

1. 每位同学应自觉遵守课堂纪律，维护课堂秩序，不迟到，不早退，不大声谈笑。

2. 实验前须认真预习，熟悉实验目的、原理、操作步骤，懂得每一操作步骤的意义，并了解所用仪器的使用方法，否则不能开始实验。

3. 实验过程中要听从教师的指导，严肃认真地按照操作规程进行实验，并把实验结果和数据及时、如实记录在实验记录本上，文字要简练、准确。完成实验后经教师检查同意，方可离开实验室。

4. 实验台面应随时保持整洁，仪器、药品摆放整齐。公用试剂用完后，应立即盖严放回原处。勿使试剂、药品洒在实验台面和地上。实验完毕，仪器洗净放好，将实验台面擦拭干净，才能离开实验室。

5. 使用仪器、药品、试剂和各物品必须注意节约；洗涤和使用仪器时，应小心仔细，防止损坏仪器；使用贵重精密仪器时，应严格遵守操作规程，发现故障须立即报告教师，不得擅自动手检修。

6. 实验室内严禁吸烟，加热用的电炉应随用随关，严格做到：炉火在时人在，人走炉火关。乙醇、丙酮、乙醚等易燃品不能直接加热，并要远离火源操作和放置。实验完毕后应立即拔去电炉开关，关好水龙头并拉下电闸。离开实验室以前应认真、负责地检查水电，严防发生安全事故。

7. 废液体可倒入水槽内，同时放水冲走。强酸、强碱溶液必须先用水稀释。废纸屑及其他固体废物和带渣滓的废物倒入废品缸内，不可倒入水槽或到处乱扔。

8. 要精心使用和爱护仪器，如使用分光光度计时，不能将比色杯直接置于分光光度计上，并注意拿放比色杯时，不要打碎。仪器损坏时，应如实向教师报告，并填写损坏仪器登记表，然后补领。

9. 实验室内一切物品，未经本室负责教师批准，严禁带出室外，借物必须办理登记手续。

10. 每次实验课由班长或课代表负责安排值日生。值日生的职责是负责当天实验室的卫生、安全，组织同学填写实验室登记本等一切服务性的工作。

二、实验室安全

在生物化学实验室中，可能接触到一些有毒性、腐蚀性、易燃、易爆炸的化学药品或危险品，使用的是易碎的玻璃、瓷质等器皿，实验装置需要搭配水、电、汽，有高速运转的离心机，使用电炉、电烘箱等高温电热设备等，工作的环境多变，操作中稍有不慎，电、水、火、毒、伤等事故均可能发生，危及人体健康乃至生命，造成国家财产的重大损失。因此，在实验前和实验过程中加强安全教育与管理的工作十分重要。通过安全教育，建立良好的安全意识，做到严格按规范操作。学生应该熟悉实验室安全及防护知识，万一发生事故，应及时报告老师并采取适当的急救措施。

(一) 实验室安全原则

1. 安全用电，慎之又慎

(1) 实验室管理人员必须经常检查电源线路及插座，发现电线绝缘胶皮老化或插座破裂等隐患要及时维修、更换。

(2) 不得超负荷使用电器设备。保险丝熔断后应寻找原因，排除故障或确认无危险后用相同保险丝更换，不得用铁丝、铜丝和粗保险丝代替。

(3) 使用电学仪器或设备时，要注意电压、电流是否符合设备标牌规定的要求。必要时应使用稳压器或调压器。

(4) 严格按照电器使用规程操作，不能随意拆卸、玩弄电器。

(5) 严防触电。电闸是控制局部电路、实施维修的必要装置，原则上谁拉闸 (维修后) 谁关闭。发现闸刀被拉下，在情况不明的情况下不能贸然合闸，以免他人触电。绝不可用湿手或当眼睛旁视时开关电闸和电器开关。检查电器设备是否漏电时应使用试电笔。凡是漏电的仪器一律不能使用。

2. 水火无情，注重防范

(1) 水是宝贵的资源，应注意节约用水，使用完毕应随手关闭水龙头。工作完毕离开实验室前应检查一下室内所有水龙头是否已经关严并养成习惯。水槽内不可堆积仪器或杂物，以防排水不利时溢出槽外，另外要随时保证地板上地漏畅通。

(2) 实验室必须配备一定数量的消防器材，并按消防规定保管、检修和使用。所有在实验室工作的人员，都应接受消防器材使用培训。

(3) 实验室发生火灾主要是不安全用电，不正确用火，不合理使用与处置可燃易爆试剂，如乙醚、丙酮、乙醇、苯、金属钠、白磷等引起的。实验室内严禁吸烟。冰箱内不许存放可燃液体。实验室内如必须存放少量的即将使用的可燃物，应远离火源和电器开关。倾倒可燃性液体时，室内不得有明火或开启电器。低沸点的有机溶剂不准在火焰上直接加热，只能利用带回流冷凝管的装置在水浴上加热或蒸馏。

(4) 如果不慎倒洒出相当数量的可燃液体，应立即切断室内所有的火源和电加热器的电源；打开窗户，用毛巾或抹布擦拭洒出的液体，回收到带塞的瓶内。

(5) 可燃和易爆炸物质的残渣 (如金属钠、白磷、火柴头等) 不得倒入污物桶或水槽中，应收集在指定的容器内。可燃的有机溶剂废液也不能倒入水槽，须回收在指定带塞的瓶内。

3. 严防中毒，注意安全

(1) 毒物应按实验室规定办理审批手续后领取，并由专人妥善保管。生物危险品或放射性物质存放及操作的实验室，不同类型的实验化学药品存放处应有国际通用标志。

(2) 使用毒性物质和致癌物必须根据试剂瓶上标签说明严格操作，安全称量、转移和保管。操作时应戴手套，必要时戴口罩或防毒面罩，并在通风橱中进行。沾过毒性物质、致癌物的容器应单独清洗、处理。

(3) 水银温度计、气量计等重金属设备破损时，必须立即采取措施回收汞，并在污染处撒上一层硫黄粉以防止中毒。

4. 规范操作，避免伤害

使用玻璃、金属器材或动力设备时，注意防止割伤、机械创伤。清除碎玻璃不可用抹布，以免划伤或扎伤手部。量取浓酸、浓碱强腐蚀性液体需格外小心。用吸量管量取液体试剂尤其是有毒物品时，必须用橡皮球，不得用口吸取。

（二）实验室灭火法

1. 实验中一旦发生了火灾，切不可惊慌失措，应保持镇静。首先立即切断室内一切火源和电源，然后再根据具体情况积极正确地进行抢救和灭火。

2. 较大的火灾事故应立即报警，必须清楚说明发生火灾的实验室的确切地点。

3. 导线着火时应切断电源或使用四氯化碳灭火器灭火，不能用水及二氧化碳灭火器灭火，以免人员触电。

4. 可燃性液体着火时，应立即转移着火区域内的一切可燃物质。若着火面积较小，可用石棉布、湿布或沙土覆盖，隔绝空气使之熄灭。但覆盖时切忌忙中生乱，不要碰破或打翻盛有可燃液体的器皿，避免火势蔓延。绝对不要用水灭火，否则会扩大燃烧面积。金属钠着火时可用沙子覆盖。

5. 衣服着火切忌奔走，应卧地滚动灭火。

（三）实验室急救

在实验过程中不慎发生受伤事故，应立即采取适当的急救措施。

1. 玻璃割伤及其他机械损伤。首先必须检查伤口内有无玻璃或金属物等碎片，然后用硼酸水洗净，再涂擦碘酒，必要时用纱布包扎。若伤口较大或过深而大量出血，应迅速在伤口上部和下部扎紧血管止血，并立即到医院诊治。

2. 强碱（如氢氧化钠、氢氧化钾）、钠、钾等触及皮肤而引起灼伤时，要先用大量自来水冲洗，再用5％硼酸溶液或2％乙酸溶液涂洗。

3. 强酸、液溴等触及皮肤而致灼伤时，应立即用大量自来水冲洗，再以5％碳酸氢钠溶液洗涤。

4. 如酚类试剂触及皮肤引起灼伤，可用酒精洗涤。

5. 若煤气中毒时，应到室外呼吸新鲜空气，严重时应立即到医院诊治。

6. 水银容易由呼吸道进入人体，也可以经皮肤直接吸收而引起积累性中毒。严重中毒的征象是口中有金属味，呼出气体也有气味；流唾液，牙床及嘴唇上有硫化汞的黑色；淋巴结及唾液腺肿大。若不慎中毒时，应送医院急救。急性中毒时，通常用碳粉或呕吐剂彻底洗胃，或者食入蛋白（如1L牛奶加3个鸡蛋清）或蓖麻油解毒并使之呕吐。

7. 触电。触电时可按下述方法之一切断电路：

（1）关闭电源。

（2）用干木棍使导线与被害者分开。

（3）使被害者和土地分离，急救时急救者必须做好防止触电的安全措施，手或脚必须绝缘。

第二部分　实验室操作技能

一、分光光度计的使用

1. 原理

分光光度法也叫吸光光度法，是基于物质对光的选择性吸收而建立起来的分析方法，包括比色法、可见光及紫外光分光光度法及红外光谱法等。本实验主要讨论可见光区的分光光度法。

光是一种电磁波，具有一定的波长和频率。可见光的波长范围在 400～760nm，紫外光为 200～400nm，红外光为 760～500000nm。可见光因波长不同呈现不同颜色，波长在一定范围内呈现不同颜色的光称单色光。太阳或钨丝等发出的白光是复合光，是各种单色光的混合光。利用棱镜可将白光分成按波长顺序排列的各种单色光，即红、橙、黄、绿、青、蓝、紫等，这就是光谱。有色物质溶液可选择性地吸收一部分可见光的能量而呈现不同颜色，而某些无色物质能特征性地选择紫外光或红外光的能量。物质吸收由光源发出的某些波长的光可形成吸收光谱，由于物质的分子结构不同，对光的吸收能力不同，因此每种物质都有特定的吸收光谱，而且在一定条件下其吸收程度与该物质的浓度成正比，比色法就是利用物质的这种吸收特征对不同物质进行定性或定量分析的方法。

在比色法分析中，有色物质溶液颜色的深度决定于入射光的强度、有色物质溶液的浓度及液层的厚度。当一束单色光照射溶液时，入射光强度愈强，溶液浓度愈大，液层厚度愈厚，溶液对光的吸收愈多，它们之间的关系，符合物质对光吸收的定量定律，即 Lambert-Bear 定律。这就是比色法用于物质定量分析的理论依据。

Lambert-Beer 定律认为当一束单色光线通过一有色溶液后，若溶液的厚度不变，其透过光的强度与溶液的浓度有关，溶液的浓度越大，则透过光的强度越弱。溶液的吸光度（A）与溶液的浓度（c）和液层厚度（L）的乘积成正比，即

$$A = KcL$$

式中，K 为常数，K 的数值与入射光的波长和溶液的性质有关。在比色分析中，相同条件下对两个性质相同而浓度不同的溶液进行测定，一个为已知浓度的标准溶液，一个为未知浓度的溶液。

设：c_1 为标准溶液的浓度；c_2 为未知溶液的浓度；A_1 为测得的标准液的浓度；A_2 为测得的未知液的浓度。

根据 $A = KcL$，则 $A_1 = K_1 c_1 L_1$，$A_2 = K_2 c_2 L_2$

两个关系式相比得

$$\frac{A_1}{A_2} = \frac{K_1 c_1 L_1}{K_2 c_2 L_2}$$

在使用比色计时，溶液放在固定的比色杯中进行比色，故 $L_1 = L_2$，又因为是同一溶液，K 值相同，$K_1 = K_2$，故

$$\frac{A_1}{A_2} = \frac{c_1}{c_2}$$

移项得

$$c_2 = \frac{A_2}{A_1} \times c_1$$

比色分析法具有灵敏度高、简便快速、样品用量极微等优势，是临床医学检验中较为理想的分析方法。

分光光度法是在比色法的基础上发展起来的，其原理与比色分析法相同，也是以 Lambert-Beer 定律为理论依据，所不同的是分光光度法所采用的单色光是由棱镜或光栅分离出来的，这就增大了对波长的选择范围，进一步提高了仪器的灵敏度，使测定结果更加精确。

在生化检验中常用的分光光度计有可见光分光光度计（如721分光光度计）和紫外分光光度计（754型分光光度计）。

2. 721分光光度计的使用

（1）721分光光度计使用前准备工作

检查仪器各调节钮的起始位置是否正确，检查电源电压是否与仪器要求相符。接通电源开关，打开样品室暗箱盖，使电表指针处于"0"位，预热20min后，再选择需用的单色光波长和相应的放大灵敏度挡，用调"0"电位器调整电表为$T=0\%$。

（2）样品的检测

① 取3只比色杯，分别装入空白液、标准液和测定液，依次放入比色槽内。

② 盖上样品室盖使光电管受光，推动试样架拉手，使参比溶液池（溶液装入2/3~4/5高度，置第一格）置于光路上，调节100%透射比调节器，使电表指针指$T=100\%$。

③ 重复进行打开样品室盖，调0，盖上样品室盖，调透射比为100%的操作至仪器稳定。

④ 盖上样品室盖，推动试样架拉手，使样品溶液池置于光路上，读出吸光度值。读数后应立即打开样品室盖。

⑤ 平行测定三次，取算数平均值。

（3）测量完毕后仪器整理

测量完毕，取出比色皿，洗净后倒置于滤纸上晾干。各旋钮置于原来位置，电源开关置于"关"，拔下电源插头。

注意：放大器各挡的灵敏度为："1"×1倍；"2"×10倍；"3"×20倍，灵敏度依次增大。由于单色光波长不同时，光能量不同，需选不同的灵敏度挡。选择原则是在能使参比溶液调到$T=100\%$处时，尽量使用灵敏度较低的挡，以提高仪器的稳定性。改变灵敏度挡后，应重新调"0"和"100"。

二、标准曲线的绘制

1. 原理

标准曲线是指通过测定一系列已知组分的标准物质的某理化性质，而得到的性质的数值曲线。标准曲线是标准物质的物理化学属性跟仪器响应之间的函数关系。建立标准曲线的目的是推导待测物质的理化属性。在生物化学实验中，常用标准曲线法进行定量分析，通常情况下的标准工作曲线是一条直线。与校正曲线不同，它是以标准溶液及介质组成的标准系列，标绘出来的曲线。校正曲线的标准系列的伴生组分必须与试样相匹配，以便保证测量结果的准确。只有标准曲线与校正曲线相重合的条件下，才可以用标准曲线来代替校正曲线。标准曲线最大的意义在于对照，无论是哪种标准曲线都是一种一定状态下的参照物，对照物品与标准曲线对照后，就可以分析出差异或不同。

2. 绘制方法

（1）标准液浓度的选择

在制备标准曲线时，标准液浓度选择一般应能包括待测样品的可能变异最低值与最高值，一般可选择5种浓度。浓度差距最好是成倍增加或呈等级增加，并应与被测液同样条件下显色测定。

（2）标准液的测定

在比色时，读取光密度至少读2~3次，求其平均值，以减少仪器不稳定而产生的误差。

(3) 标准曲线图的绘制

一般常用的是光密度-浓度标准曲线。

① 用普通方格纸作图。图纸最好是正方形（长：宽＝1：1）或长方形（长：宽＝3：2），以横轴为浓度，纵轴为光密度，一般浓度的全距占用了多少格，光密度的全距也应占用相同的格数。

在适当范围内配制各种不同浓度的标准液，求其光密度，绘制标准曲线，以浓度位置向上延长、光密度位置向右延长，交点即为此坐标点。然后，将各坐标点和原点连成一条线，若符合 Lambert-Beer 定律，则系通过原点的直线。

② 若各点不在一直线，则可通过原点，尽可能使直线通过更多点，使不在直线上的点尽量均匀地分布在直线的两边。

③ 标准曲线绘制完毕以后，应在坐标纸上注明实验项目的名称，所使用比色计的型号和仪器编号、滤光片号码或单色光波长以及绘制的日期、室温。

④ 绘制标准曲线。一般应作二次或三次以上的平行测定，重复性良好，曲线方可应用。

⑤ 绘制好的标准曲线只能供以后在相同条件下操作测定相同物质时使用。当更换仪器、移动仪器位置、调换试剂及室温有明显改变时，标准曲线需重新绘制。

⑥ 从标准液的含量换算成待测液的浓度。

三、低速离心机的使用

1. 原理

离心沉淀器又称电动离心机，是利用离心力对混合溶液进行分离和沉淀的一种专用仪器。离心机按其转速不同可分为普通离心机（1000～4000r/min）、高速离心机（20000～25000r/min）、超速离心机（＞80000r/min）。普通离心机有台式和立式两种类型，台式离心机是生化实验常用的仪器，用于分离血清、沉淀蛋白等。

2. 使用方法

（1）将欲离心的液体置于离心管或小试管内，并检查离心管或小试管的大小是否与离心机的套管相匹配。

（2）将盛有离心液的两个试管分别放入离心机的套管中，然后连套管一起分置于粗天平的两侧，通过往离心管与套管之间滴加水来调节两边的重量使之达到平衡。

（3）将已平衡的两只装有离心管的套管，分别放入离心机相互对应的两插孔内，盖上离心机盖；打开电源开关，逐挡扭动旋钮，缓慢增加离心机转速，直至所需数值。达到离心所需时间后，将转速旋钮逐步回零，关闭电源，离心机自然停止转动后（不可人为制动），取出离心管。

注意：离心机的起动、停止都要慢，否则离心管易破碎或液体从离心管中溅出。离心过程中，若听到特殊响声，应立即停止离心，检查离心管。若离心管已碎，应清除并更换新管；若离心管未碎，应重新平衡。

第三部分 实验项目

实验一 温度、pH 对酶促反应的影响

【目的】

通过实验观察温度、pH 对酶促反应的影响。

【原理】

淀粉在淀粉酶催化下水解，其最终产物是麦芽糖。在水解反应过程中淀粉的分子量逐渐变小，形成若干分子量不等的过渡性产物，称为糊精。向反应系统中加入碘液可检查淀粉的水解程度：淀粉遇碘呈蓝色；麦芽糖对碘不显色；糊精中分子量较大者呈蓝紫色；随糊精的继续水解，对碘呈橙红色。

根据颜色反应，可以了解淀粉被水解的程度。在不同温度、不同酸碱度下，唾液淀粉酶活性不同，淀粉水解程度也不一样。因此，通过与碘反应的颜色判断淀粉被水解的程度，进而了解温度、pH对酶促反应的影响。

【试剂】

（1）1%淀粉溶液　取可溶性淀粉1g加5mL蒸馏水，调成糊状，再加80mL蒸馏水，加热并不断搅拌，使其充分溶解，放冷，最后用蒸馏水稀释至100mL。

（2）唾液稀释溶液　将痰咳尽，用水漱口（去除食物残渣、洗涤口腔），含蒸馏水约30mL，作咀嚼运动，2min后吐入烧杯中备用（不同人甚至同一人在不同时间所采集的唾液中淀粉酶的活性均不一样，结果会有差别，若想得到满意结果，应事先确定稀释倍数）。

（3）pH 6.8缓冲液　取0.2mol/L Na_2HPO_4 溶液772mL，0.1mol/L柠檬酸溶液228mL，混合后即成。

（4）pH 3.0缓冲液　取0.2mol/L Na_2HPO_4 溶液205mL，0.1mol/L柠檬酸溶液795mL，混合后即成。

（5）pH 8.0缓冲液　取0.2mol/L Na_2HPO_4 溶液972mL，0.1mol/L柠檬酸溶液28mL，混合即成。

（6）稀碘溶液　取碘2g，碘化钾4g，溶于1000mL蒸馏水中，贮于棕色瓶中。

【器材】

10mm×100mm试管、试管架、恒温水浴、沸水浴、冰浴、蜡笔。

【操作】

1. 温度对酶促反应的影响

（1）取3支试管，编号，每管各加入pH 6.8缓冲液20滴，1%淀粉10滴。

（2）将第一管放入37℃恒温水浴中，第二管放入沸水浴中，第三管放入冰浴中。

（3）各管放置5min后，分别加稀释唾液5滴，再放回原处。

（4）放置10min后取出，分别向各管加入稀碘液1滴，观察3管中颜色的区别，说明温度对酶促反应的影响。

2. pH对酶促反应的影响

（1）取3支试管，编号，按下表加入试剂。

管序	pH 3.0缓冲液	pH 6.8缓冲液	pH 8.0缓冲液	1%淀粉溶液	稀释唾液
1	20滴	—	—	10滴	5滴
2	—	20滴	—	10滴	5滴
3	—	—	20滴	10滴	5滴

（2）将上面各管摇匀放入37℃恒温水浴中保温。

（3）5~10min后取出，分别加入1滴稀碘溶液，观察3管颜色的区别，说明pH对酶促反应的影响。

【思考题】

通过实验，温度、pH 是如何影响酶促反应的？

实验二　血清蛋白醋酸纤维薄膜电泳

【目的】

了解电泳法分离血清蛋白质的原理、醋酸纤维薄膜电泳法的操作方法及临床意义。

【原理】

血清中各种蛋白质离子在电场的作用下，向着与其电性相反的电极移动。由于各种蛋白质等电点不同，从而在同一 pH 环境中所带电荷量有所不同，同时分子大小不同，所以在同一电场中的泳动速度不同。通常情况下，所带电荷多而颗粒小者，泳动速度快，反之则慢。据此，可用电泳法将血清中各种蛋白质加以分离。

电泳的方法很多，醋酸纤维薄膜电泳法具有微量、简便、快速、分辨力高、对样品无拖尾和吸附现象等优点，广泛应用于血清蛋白、血红蛋白、糖蛋白、脂蛋白、同工酶等的分离和测定。在测定血清蛋白质时，因各种血清蛋白质的等电点在 pH 7 以下，在 pH 8.6 缓冲液中带负电，在电场中向阳极泳动，可分为清蛋白、α_1-、α_2-、β-和 γ-球蛋白 5 条区带。经染色、比色，可算出各部分蛋白质的相对百分含量。

【试剂】

(1) 巴比妥缓冲液（pH 8.6，0.07mol/L，离子强度 0.05）　称取巴比妥钠 12.76g、巴比妥 1.66g，加蒸馏水约 500mL，加热溶解，冷却至室温后，加蒸馏水至 1000mL。

(2) 染色液　称取氨基黑 B_{10} 0.5g，加入冰醋酸 10mL、甲醇 50mL、蒸馏水 40mL，混匀，在具塞试剂瓶内贮存。

(3) 漂洗液　取 95％乙醇 45mL、冰醋酸 5mL 及蒸馏水 50mL，混匀，在具塞试剂瓶内贮存。

(4) 0.4mol/L NaOH 溶液。

(5) 透明液　取冰醋酸 20mL 和无水乙醇 80mL，混匀，装入试剂瓶，塞紧备用。

【器材】

醋酸纤维薄膜、培养皿、滤纸、镊子、剪子、加样器、直尺、铅笔、玻璃板（8cm×12cm）、试管、试管架、吸量管架、电泳仪以及分光光度计或吸光度计。

【操作】

1. 准备

裁剪尺寸合适的滤纸条，叠成四层贴在电泳槽的两侧支架上，一端与支架前沿对齐，另一端侵入电泳槽的缓冲溶液内，是滤纸全部润湿，驱除其中气泡，此即滤纸桥。

量取缓冲液 700~800mL 倒入电泳槽之一侧，打开中央活塞，使液体通过导管流入另一侧，以使管中气泡排出，然后再向另一侧倒入缓冲液，使两侧电极槽内液面达到水平状态。一般需平衡 15~20min。平衡后将活塞关好。

将醋酸纤维薄膜切成 2cm×8cm 大小，在无光泽面的一端约 1.5cm 处，用铅笔画一直线作为点样位置，并编号。将薄膜无光泽面向下，浸入盛于培养皿中的巴比妥缓冲液内，待完全浸透（约 20min），即薄膜已无白斑后，取出，夹在滤纸中间，轻轻吸去多余的缓冲液。

2. 点样

取少量血清置于玻璃板上，用加样器取血清 2～3μL 均匀地加于点样线上，待血清渗入膜内后，移开加样器。应使血清形成一定宽度、粗细均匀的直线。

3. 电泳

将薄膜点样的一端靠近阴极侧，无光泽面向下，平整地贴于电泳槽支架的滤纸桥上，使其平衡约 5min，打开电源开关，调节电压为 100～160V，电流为 0.4～0.6A/cm 膜宽，通电 40～50min，待电泳区带展开约 3.5cm 即可关闭电源。

4. 染色

用镊子小心取出薄膜，浸入染色液中染色 2min，然后取出，浸入盛有漂洗液培养皿中反复数次，直至背景颜色脱净为止。一般每隔 10min 左右换一次漂洗液，连续漂洗 3 次即可。此时即得 5 条蛋白色带，从阳极端起，依次为清蛋白、α_1-、α_2-、β 和 γ-球蛋白。

5. 定量

(1) 洗脱法　将漂净的薄膜用滤纸吸干后，剪下各蛋白区带，并于空白部位剪一相当于清蛋白宽度的薄膜作为空白。分别浸入 0.4mol/L NaOH 溶液中，清蛋白管为 4mL，其余各管为 2mL。振摇数次，约经 30min，蓝色即可完全浸出。用分光光度计比色，于 580～620nm 波长下，以空白管调零，测定各管的吸光度，按下式计算各部分蛋白质所占百分比（相对百分含量）

$$清蛋白\% = \frac{清蛋白管吸光度 \times 2}{T} \times 100$$

$$\alpha_1\text{-球蛋白}\% = \frac{\alpha_1\text{-球蛋白管吸光度}}{T} \times 100$$

$$\alpha_2\text{-球蛋白}\% = \frac{\alpha_2\text{-球蛋白管吸光度}}{T} \times 100$$

$$\beta\text{-球蛋白}\% = \frac{\beta\text{-球蛋白管吸光度}}{T} \times 100$$

$$\gamma\text{-球蛋白}\% = \frac{\gamma\text{-球蛋白管吸光度}}{T} \times 100$$

T = 清蛋白管吸光度 $\times 2 + \alpha_1$-球蛋白管吸光度 + α_2-球蛋白管吸光度 + β-球蛋白管吸光度 + γ-球蛋白管吸光度

(2) 吸光度计法　将干燥的薄膜放入计算机控制的自动扫描吸光度计内，通过反射（用已透明的薄膜时，通过透射）对蛋白质区带进行扫描，自动绘出电泳图形，并直接打印出各部分蛋白质的相对百分含量。

薄透明膜的制备方法是：将完全干燥的薄膜置于透明液中浸泡 3min，然后取出，贴于玻璃板上不要存留气泡。约经 2～3min 薄膜便完全透明。待干后撕下压平。可长期保存。

【正常值】

清蛋白：57%～72%；α_1-球蛋白：2%～5%；α_2-球蛋白：4%～9%；β-球蛋白：6.5%～12%；γ-球蛋白：12%～20%。

【临床意义】

1. 慢性肝炎、肝硬化时，清蛋白降低，γ-球蛋白升高 2～3 倍。
2. 肾病综合征时，清蛋白降低，α_2-及 β-球蛋白升高。

3. 结缔组织病（如红斑狼疮、类风湿性关节炎等）时，清蛋白降低，γ-球蛋白显著升高。
4. 多发性骨髓瘤时，清蛋白降低，γ-球蛋白增多，于β和γ区带之间出现"M"带。

【思考题】
1. 电泳时，醋酸纤维薄膜点样的一端应靠近哪一电极？为什么？
2. 血清醋酸纤维薄膜电泳可将血清蛋白一次分为哪几条区带？
3. 血清蛋白电泳分析有何临床意义？

实验三 比色分析法和 721 分光光度计的使用

【目的】
了解分光光度法的基本原理；熟悉 721 分光光度计的操作方法，为今后使用该仪器奠定基础。

【原理】
有色溶液颜色的深浅与其中呈色物质的含量成正比关系。在定量分析中，利用比较有色物质溶液的颜色深浅来测定物质含量的分析方法称为比色法。被测物质中，有的本身就是有色物质，但多数被测物质本身无色或颜色很浅，需加入某些化学试剂使被测物质与之发生反应生成有色物质。

物质颜色是由于物质吸收某种波长的光线以后，通过或反射出某种颜色的结果。当一定波长的单色光通过该物质的溶液时，该物质都能有一定程度的吸光作用，单位体积内溶液中该物质的质点数越多，对光线吸收就越多。因此，利用物质对一定波长光线吸收的程度测定物质含量的方法，称为分光光度法。

分光光度法依据 Lambert-Beer 定律。设一束单色光 I_0 射入溶液，由于部分光线被溶液吸收，通过的光线为 I_t，则 I_t/I_0 之比为透光度，若透光度为 T（％）。则

$$T = \frac{I_t}{I_0} \times 100\%$$

透光度（T）的倒数 $\left(\frac{1}{T}\right)$ 反映了物质对光的吸收程度。在实际应用时，取 $\frac{1}{T}$ 的对数值，作为吸光度用 A 表示，即

$$A = \lg\left(\frac{1}{T}\right) = -\lg T$$

吸收度（A）又称消光度（E）或光密度（OD）。

根据 Lamber-Beer 定律推导，当一束平行单色光通过均匀、无散射现象的溶液时，在单色光强度、溶液温度等条件不变的条件下，溶液对光的吸收度（A）与溶液的浓度（c）及液层厚度（L）的乘积成正比。即

$$A = KcL$$

在实际比色时，标准溶液与被测溶液适用完全相同的比色杯，即液层厚度（L）相同。K 为常数，测定同一种物质，$K_{标} = K_{测}$。所以，将此简化为仅是溶液对光吸收度（A）与其浓度（c）之间的关系。即溶液的浓度越大，吸光度越大。

可以通过测定吸光度求知某一溶液的浓度。

设：测定管的吸光度和浓度分别为 $A_{测}$ 和 $c_{测}$，标准管吸光度和浓度分别为 $A_{标}$ 和 $c_{标}$，根据 $A = KcL$ 得知：

$$A_{测} : A_{标} = c_{测} : c_{标}$$

则
$$c_{测} = \frac{A_{测}}{A_{标}} \times c_{标}$$

上式中 $c_{标}$ 为已知，$A_{测}$ 与 $A_{标}$ 可在比色时读出数值，把这些数值代入公式，即可求出测定管浓度。

721 分光光度计为光电管换能、电子放大、指针直读式棱镜分光光度计。仪器的内部包括光路系统和电子电路系统。主要部件有光源灯、单色光器、入射光及出射光调节系统、比色皿座、光电管电子放大器等。仪器的光学系统为棱镜分光器，并采用自准光路以获得单色光束。

测定有色溶液的吸光度时，溶液必须是透明的。入射光的波长应该是溶液对光能有最大吸收的波长，这就是要求选用单色光，使入射光的光能再通过溶液时被最大限度地吸收，使透光的光明显减少。因此，测定时应根据溶液的颜色选用适当波长的光线。分光光度计能提供波长范围极窄、接近于单色光的入射光。测定有色溶液时，选用入射光的波长在可见光范围内（波长 400~760nm）。

由钨丝白炽灯发出的白光经透镜聚焦于平面转角镜，转角 90°该向射入狭缝，狭缝正好位于球面准直镜的焦面上，当入射光经过准直镜反射后，就以一束平行光射棱镜，光射入后，就在其中色散成可见光谱，仍以原路反射又回到球面准直镜上，由准直镜将各单色光反射到狭缝，通过转动与玻璃棱镜联动的波长挑选盘钮，可选出所需波长的单色光。经狭缝射出的单色光通过聚光透镜、比色杯、光路闸门等，最后到光电管上，产生光电流，由 T-A 标尺上的指针随光电管接受光线强弱而指示出来，直接读出吸收度 A 值或透光度 T 值。

【操作】

1. 溶液的配制

配制不同浓度的重铬酸钾溶液（比色是选用单色光波长为 440nm）。选择一中间浓度作标准液，其余的为测定液，蒸馏水为空白液。逐一测定 A 值，并分别计算出各测定液浓度。

2. 721 分光光度计的使用

(1) 接通电源，打开开关指示钮，打开比色箱盖。

(2) 选择所需波长，转动灵敏度旋钮，选择适宜灵敏度。

(3) 转动"0"旋钮，使检流针指针对准 T 为 0，将空白液、标准液、测定液分别倒入 3 个比色杯中，将比色杯放入比色盒，再将比色盒放入比色箱中，使空白液对准光路，和上比色箱盖。

(4) 转动"100"旋钮，使检流针指针对准 T 为 100%（A 为 0）。预热 20min，观察指针是否稳定。

(5) 热后，反复几次调节 $T=0$、$T=100\%$，即开盖调"0"，闭盖调"100"。

(6) 轻轻拉动比色槽拉杆，先后将标准液、测定液对准光路，分别记录 $A_{标}$ 数值和 $A_{测}$ 数值。

(7) 比色完毕，关闭电源，拔下插头，恢复各旋钮至原来位置。取出比色杯，合上比色箱盖，套上布罩。将比色杯洗净后倒置晾干。

(8) 计算 根据记录的 $A_{测}$、$A_{标}$ 和已知的 $c_{标}$ 3 个数值，按 $c_{测} = \frac{A_{测}}{A_{标}} \times c_{标}$ 公式算出 $c_{测}$ 数值。

实验四 血清丙氨酸氨基转移酶测定（赖氏比色法）

【目的】

了解不同的组织器官 ALT 的活性大小。

【原理】

丙氨酸与 α-酮戊二酸在 pH 7.4 时，经 ALT 催化进行转氨基作用生成丙酮酸和谷氨酸。丙酮酸与 2,4-二硝基苯肼作用，生成棕红色丙酮酸-2,4-二硝基苯腙，用颜色深浅表示酶活性。

【试剂】

（1）0.1mol/L 磷酸盐缓冲液（pH 7.4） 称取磷酸氢钠（Na_2HPO_4）11.928g、磷酸二氢钾（KH_2PO_4）2.176g，加蒸馏水溶解并稀释至 1000mL。

（2）ALT 基质液 称取 DL-丙氨酸 1.79g、α-酮戊二酸 29.2mg 于烧瓶中，加 0.1mol/L pH 7.4 磷酸盐缓冲液 80mL，煮沸溶解后待冷，用 1mol/L NaOH 调节 pH 至 7.4（约加 0.5mL），再用 0.1mol/L 磷酸盐缓冲液稀释到 100mL，混匀加氯仿数滴置冰箱可保存数周。

（3）2,4-二硝基苯肼溶液 2,4-二硝基苯肼 19.8mg 用 10mol/L HCl 10mL 溶解后，加蒸馏水 100mL，置于棕色瓶内，冰箱保存。

（4）0.4mol/L 氢氧化钠溶液 将 16g 氢氧化钠溶解于水中，并加水至 1000mL。

【器材】

乳钵和细砂、滴管、试管、试管架、恒温水箱。

【操作】

（1）将家兔处死后，立即取出肝组织和肌组织，分别以冰生理盐水洗去血液。取 10g 新鲜肝组织和肌组织，分别剪碎，加 pH 7.4 缓冲液 10mL，加细砂研碎，研成匀浆后再加 pH 7.4 缓冲液 20mL 混匀，用棉花过滤，此即为肝组织和肌组织的浸提液。

（2）取试管 2 支，按下表操作。

管序	ALT 基质液	肝浸液	肌浸液	置 37℃ 水浴	2,4-二硝基苯肼	置 37℃ 水浴	0.4mol/L 氢氧化钠溶液
1	1mL	3 滴	—	20min	10 滴	20min	5mL
2	1mL	—	3 滴	20min	10 滴	20min	5mL

【思考题】

比较两管颜色，说明哪种组织 ALT 活性高，为什么？

实验五 尿酮体定性实验

【目的】

1. 了解组织匀浆的制备方法。
2. 证明酮体生成是肝特有的功能。

【原理】

本实验用丁酸作为底物，与新鲜肝匀浆一起保温，利用肝组织中合成酮体的全套酶系，催化丁酸合成酮体，根据酮体中的乙酰乙酸与丙酮可与含有亚硝基铁氰化钠的显色粉作用，生成紫红色化合物的反应鉴定酮体的存在。而经同样处理的肌匀浆，则不产生酮体，与显色粉作用无颜色出现。

【试剂】

（1）生理盐水。

（2）洛克（Locke）溶液　氯化钠 0.9g、氯化钾 0.042g、氯化钙 0.024g、碳酸氢钠 0.02g、葡萄糖 0.1g，将上列各试剂放入烧杯中，加蒸馏水 100mL，溶解后混匀，置冰箱中保存备用。

（3）0.5mol/L 丁酸溶液　取 44.0g 正丁酸溶于 0.1mol/L 氢氧化钠溶液中，溶解后用 0.1mol/L 氢氧化钠稀释至 1000mL。

（4）0.1mol/L 磷酸盐缓冲液（pH 7.6）准确称取 $Na_2HPO_4 \cdot 2H_2O$ 7.74g 和 $NaH_2PO_4 \cdot H_2O$ 0.897g，用蒸馏水稀释至 500mL，精确测定 pH。

（5）15% 三氯醋酸溶液。

（6）显色粉　亚硝基铁氰化钠 1g、无水碳酸钠 30g、硫酸铵 50g，混合后研碎。

【操作】

（1）肝匀浆和肌匀浆的制备　取小鼠一只，断头处死，迅速剖腹，取出肝组织和肌组织，分别放入研钵中，加入生理盐水（按重量∶体积＝1∶3），研磨成匀浆。

（2）取试管 4 支，编号后按下表加入各种试剂。

管序	洛克溶液	0.5mol/L 丁酸溶液	0.1mol/L 磷酸盐缓冲液	肝匀浆	肌匀浆	蒸馏水
1	15 滴	30 滴	15 滴	20 滴	—	—
2	15 滴	—	15 滴	20 滴	—	30 滴
3	15 滴	30 滴	15 滴	—	—	20 滴
4	15 滴	30 滴	15 滴	—	20 滴	—

（3）将上列 4 支试管摇匀后，放置于 37℃ 恒温水浴中保温。

（4）40～50min 后，取出各管，各加入 15% 三氯醋酸 20 滴，混匀，离心 5min（3000r/min）。

（5）取白瓷反应板一块，从上述 4 支试管中各取出 10 滴离心液分别置于反应板的 4 个凹中，然后向 4 个凹中各加入显色粉一小匙（约 0.1g），观察并记录每凹所产生的颜色反应。

【思考题】

1. 本实验中，第 1 及第 4 管离心液，与显色粉各产生什么颜色反应，并说明原因？
2. 何谓酮体？酮体在何处生成？何处利用？为什么？

实验六　胡萝卜素的柱色谱分离法

【目的】

1. 通过本实验了解并掌握吸附色谱技术的基本原理和方法。
2. 熟悉应用吸附色谱技术分离胡萝卜素的原理及方法。

【原理】

存在于胡萝卜、辣椒及绿叶蔬菜中的胡萝卜素和其他的一些植物色素，可用酒精、石油醚和丙酮等有机溶剂提取出来，且能被氧化铝所吸附。由于胡萝卜素与其他植物色素的化学结构各不相同，因此，它们被氧化铝吸附强度以及在有机溶剂中的溶解度都不相同，所以提取液利用氧化铝吸附，再用石油醚等冲洗色谱柱，即可分离成不同色带。在这些植物色素中，胡萝卜素吸附程度最差，色带在最前面，最先被洗脱下来。

【试剂】

石油醚、1%丙酮石油醚、95%乙醇、无水Na_2SO_4、Al_2O_3、干红辣椒皮（自备）。

【器材】

玻璃色谱柱（1cm×16cm）、铁架台、研钵、滴管等。

【操作】

1. 提取

称取干红辣椒皮2g，剪碎后放研钵中，加95%乙醇4mL，研磨至提取液呈深红色，再加石油醚6mL研3~5min。此时若石油醚挥发过多，可再加油4mL左右，提取液颜色愈深，则表明提取的胡萝卜素越多。取出提取液，置40~60mL分液漏斗中，用20mL蒸馏水洗涤数次，直至水层透明为止，以除去提取液中的乙醇。将红色石油醚自漏斗口倒入干燥试管中，加少量无水Na_2SO_4除去水分，用塞子塞紧管口，以免石油醚挥发。

2. 色谱柱的制备

取1cm×16cm玻璃色谱柱，在其底部放置少量棉花，然后倒入石油醚-氧化铝悬液，氧化铝即可均匀沉积在玻璃色谱柱内，液柱高要达到10cm左右。在柱床上铺一张圆形滤纸片（略小于色谱柱内径），将色谱柱垂直夹在铁架台上备用。

3. 分离

当色谱柱中石油醚液面与柱床相切时，立即用吸管吸取试管中样品液1mL，沿色谱柱内壁加入色谱柱上端。待样品液完全流入色谱柱即用1%丙酮石油醚冲洗，使吸附在柱上的色素物质逐渐展开成数条颜色不同的色带。仔细观察色带的位置、宽度与颜色深浅。

【注意事项】

1. 氧化铝应先用高温处理以除去水分，这样可提高其吸附能力。
2. 石油醚提取液中的乙醇必须洗净，否则吸附不好，色素也弥散不清。
3. 展开溶剂中丙酮可增强洗脱效果，但含量不宜过高，以免洗脱过快使色带分离不清晰。

【思考题】

1. 什么叫吸附色谱，为什么胡萝卜素的色带跑在最前面？
2. 如果氧化铝有水分，对胡萝卜素分离有何影响？

实验七　血清钙测定（邻甲酚酞络合酮法）

【目的】

1. 掌握邻甲酚酞络合酮法测定血清中总钙的原理。
2. 熟悉邻甲酚酞络合酮法测定血清中总钙的操作方法、注意事项。
3. 了解血清钙临床意义及评价。

【原理】

邻甲酚酞络合酮是金属络合指示剂，同时也是酸碱指示剂，在pH为11的碱性溶液中与钙络合生成紫红色螯合物，与同样处理的钙标准液比色，可求得血清钙含量。

【试剂】

(1) 邻甲酚酞络合酮显色剂　称取8-羟基喹啉500mg，置烧杯中，加浓盐酸5mL，使其溶解并转入 500mL 容量瓶中，再加入邻甲酚酞络合酮 25mg，待完全溶解后，加 TritonX-100 液 1mL，混匀，然后加去离子水至刻度，置聚乙烯瓶内保存。

（2）1mol/L AMP 碱性缓冲液　称取 2-氨基-2-甲基-1-丙醇（AMP）89.14g，置于 1000mL 容量瓶内，加 500mL 去离子水溶解，待完全溶解后加至刻度，置聚乙烯瓶内保存。

（3）显色应用液　试剂 1 和试剂 2 等量混合而成，用时配制。

（4）钙标准液（2.5mmol/L）　精确称取经 110℃ 干燥 12h 的碳酸钙 250mg，置于 1000mL 容量瓶内，加稀盐酸（1 份浓盐酸加 9 份去离子水）7mL 溶解后，加去离子水约 900mL，然后用 500g/L 醋酸铵溶液调节 pH 至 7.0，最后加去离子水至刻度，摇匀。

【操作】

取 3 支试管，按下表加入试剂，混匀，10min 后，用分光光度计，波长 575nm 处，空白管调零，读取各管的吸光度。

加入物	测定管	标准管	空白管
血清	0.05mL	—	—
钙标准液	—	0.05mL	—
去离子水	—	—	0.05mL
显色应用液	4.0mL	4.0mL	4.0mL

【计算】

$$血清钙（mmol/L）=\frac{测定管吸光度}{标准管吸光度}\times 2.5$$

【参考值范围】

成人：2.03～2.54mmol/L（8.11～10.15mg/dL）；儿童：2.25～2.67mmol/L（8.98～10.78mg/dL）。

【临床意义】

1. 血钙增高

常见于下列疾病：甲状旁腺功能亢进症、维生素 D 过多症、多发性骨髓瘤、肿瘤的广泛骨转移、阿狄森病、结节病等。

2. 血钙降低

血钙降低可引起手足抽搐，常见于下列疾病：各种原因引起的甲状旁腺功能减退；肾病综合征，由于血浆白蛋白降低，使蛋白结合钙降低，最终导致血中总钙量的变化，但这种变化一般不影响离子钙的浓度；佝偻病和骨软化病，体内缺乏维生素 D，使钙吸收有障碍，血清钙、磷均偏低；吸收不良性低血钙，在严重乳糜泻时，饮食中的钙与不吸收的脂肪酸生成钙皂而排泄。

【注意事项】

1. 用血清或肝素抗凝血浆标本，不能用钙螯合剂（如乙二胺四乙酸二钠盐）及草酸盐作抗凝剂的标本。

2. 邻甲酚酞络合酮灵敏度很高，所用的器皿如有微量的钙污染也会引起较大的测定误差，测定最好用一次性的塑料管，所有试剂应在聚乙烯瓶中保存。如果条件不允许而用玻璃试管和玻璃瓶时，必须经稀盐酸泡洗，再用去离子水冲洗干净后方可使用。

3. 用来做血清钙测定的碱性缓冲液较多，可根据条件选用，常用的有乙二胺-氰化钾、乙二胺-醋酸钾-盐酸、乙二胺-乙二醇、乙醇胺-硼酸等。用乙二胺-乙二醇缓冲液测定较稳定；乙醇胺-硼酸缓冲液缓冲容量较大，可使空白试剂的吸光度保持较低读数。

4. 若试剂吸光度较高时，则标准曲线不通过零点，产生负截距。遇此情况，可在试剂中加入适量的乙二胺四乙酸二钠盐（应呈淡紫色）或用 1.25mmol/L、2.50mmol/L 标准液做二点定标。

5. 测定过程中加入的 8-羟基喹啉发挥络合镁离子的作用，以消除标本中镁离子的干扰。

【评价】

1. 本法试剂单一，操作简便，既适用于手工操作，也适用于各种自动分析仪，准确度和精确度均较高，是目前国际推荐的测定血钙的常规方法。钙浓度在 1.25～5.0mmol/L 范围内线性良好，且显色稳定，在显色后 30min 内吸光度无波动。

2. 变异系数批内为 1.08%～1.60%，批间为 3.05%～4.12%；回收率为 98%～101.5%，平均为 99.75%。本法与原子吸收法比较，相关系数 $\gamma=0.9645$，回归方程 $y=0.9833x+0.119$。

3. 血清钙测定最常见的干扰因素是胆红素、血红蛋白、脂质和镁。血清胆红素在 $342\mu mol/L$、Hb2g/L、三酰甘油 4.3mmol/L 和镁 2.06mmol/L 时均不影响测定结果。

【思考题】

1. 阐述邻甲酚酞络合酮法的测定原理。
2. 如何提高测定的准确性？
3. 血清钙测定有何临床意义？

参 考 文 献

[1] 李宗根. 生物化学. 北京：人民卫生出版社，1999.
[2] 李刚. 生物化学. 2版. 北京：科学技术文献出版社，2002.
[3] 王境岩. 生物化学. 3版. 上册. 北京：高等教育出版社，2002.
[4] Vance D E，Vance J E. Biochemistry of Lipids，Lipoproteins，and Membranes，New Comprehensive Biochemistry，Vol. 36，New York：Elsevier Science Publishing Co.，Inc.，2002. An excellent collection of reviews on various aspects of lipid structure，biosynthesis，and function.
[5] 周爱儒. 生物化学. 6版. 北京：人民卫生出版社，2003.
[6] 周爱儒. 生物化学学习指南. 2版. 北京：北京大学医学出版社，2004.
[7] 潘文干. 生物化学. 5版. 北京：人民卫生出版社，2005.
[8] 张跃林. 生物化学. 北京：化学工业出版社，2007.
[9] 刘群良. 生物化学. 北京：化学工业出版社，2011.
[10] 李玉白. 生物化学. 北京：中国协和医科大学出版社，2016.
[11] 李清秀. 生物化学. 3版. 北京：人民卫生出版社，2018.